KB051190

그 끝에는
내가 있었다

손자를 위해 떠난 70일간의 유럽 배낭여행

그 끝에는 내가 있었다

| 글·사진 이점우 |

푸른길

차례

Contents

#3 벨기에, 네덜란드, 덴마크 · 74

#4 노르웨이, 스웨덴, 핀란드 · 99

Prologue

2014년 6월 19일, 32개월이 된 외손자를 위해 70일간의 유럽 배낭여행을 떠났다. 어린것이 해외여행에 잘 적응할까? 긴 일정인데 건강하고 안전하게 다녀올 수 있을까? 떠나기 전에 걱정을 많이 했다. 하지만 '세 살 석 버릇이 여든까지 간다' 라는 속담을 믿고 공감하기에 이번 여행이 절호의 기회라고 생각하고 용기를 냈다.

걱정한 만큼 사전 준비를 철저히 했다. 꼼꼼하게 일정표를 짜고 그에 따라 교통편과 숙소를 예약했다. 딸은 여행 가이드, 남편은 손자의 안전, 나는 식사와 빨래를 맡기로 했다. 일정표는 어디까지나 계획이다. 현지 여행은 손자에게 초점을 맞추어 손자의 건강 상태와 흥미에 따라 일정을 조율하고 행동하기로 다짐했다.

손자를 데리고 여행을 하게 된 데는 몇 가지 이유가 있다. 첫째, 32개월 된 손자가 여행으로 얻는 것이 많다는 확신이 있었다. 여행은 매일매일 새로운 경험의 연속이다. 볼거리를 찾아다니는 그 자체가 색다른 감동이다. 감동은 마음을 움직여 행동으로 유도한다. 재미와 흥미에 따라 행동하고 말하는 것을 놓치지 않고 즉각 반응해준다면, 자발성이 싹트는 시기의 손자에게 여행은 더없이 좋은 기회다. 딸은 직장 일로, 할머니인 나 또한 전적으로 손자를 봐줄 수 없어 첫돌이 막 지난 손자를 어린이집에 보냈다. 아침 9시에 가서 오후 6시경에 돌아온다. 깨어서 가족과 함께하는 시간은 하루에 고작 5시간이 채 되지 않는다. 잡다한 일상에서 벗어난 여행이다. 손자에게 초점을 맞추어 24시간 엄마와 함께하는 70일간의 여행은 손자의 일생에 다시없는 기회다.

둘째, 나와 같은 후회를 딸에게 남겨줄 수는 없었다. 10여 년 전 남편은 딸에게 "유럽 여행은 너와 함께하겠다"고 말했다. 딸은 그것을 아버지와의 약속이라고 생각했다. 그러나 공부하느라 늦게 결혼하여 자식을 낳다 보니 쉽게 그 기회를 얻지 못했다. 대학에서 학생들을 가르치는 딸은 안식년을 맞아 더 늦기 전에 그 약속을 지키고 싶다고 했다. 나는 펄쩍 뛰며 반대했다. 남편과 단둘이 떠난 여행도 현지에서 일어나는 문제와 서로의 의견 차이로 힘이 드는데 어린 손자와의 긴 여행에서 그 어려움과 고생은 불을 보듯 뻔했다. "후회를 남기지 않게 해주세요!" 남편과 내 나이를 생각하고 하는 말이었다. 나는 후회라는 말에 손을 들었다. 언제까지나 살아 계실 줄 알았던 내 엄마가 어느 날 갑자기 저세상으로 떠나자 밀어두었던 일들이 한꺼번에 떠올랐다. 모든 것이 허사가 되었음을 알고 나는 가슴을 쳤다.

셋째, 덤으로 얻는 게 있다. 여행 자율화가 시작된 1990년에 형제들과 미국을 다녀온 후 배낭여행을 계획했다. 1993년 북미 대륙 최북단 에스키모 마을 배로(Barrow)에 다녀오면서 최소의 경비로 최대의 효과를 얻는 배낭여행에 자신감이 생겼다. 20년 넘게 해온 배낭여행의 횟수가 거듭되면서 '걷는 만큼 보인다', '감동은 준비에 비례한다', '여행은 종합학습이다', '여행은 마약과 같다' 등의 여행 슬로건을 만들어가며 세계일주를 계획했다. 이번 유럽 여행을 하면 세계일주의 꿈을 이룬다.

넷째, 어려서부터 바쁜 나를 도와준 딸에게 보답하고 싶었다. 손자를 위한 여행으로 효과를 얻는다면 딸에게 빚진 것을 되갚는 것이 된다. 딸은 이미 고행과 체험학습에 가까운 내 여행 방법을 잘 알고 있다. 손자를 데리고 유럽 여행을 가자고 제의했을 때는 딸 나름대로 어린 자식에게 부모의 역할을 제대로 하고 싶다는 의도가 있다.

불가능을 가능하게 준비한다면 얻는 게 한두 가지가 아니다. 시간과 돈을 투자할 가치가 있다. 생각을 바꾸니 용기가 생겼다.

나는 중년기를 보내며 '나를 찾겠다'고 발버둥을 쳤다. 살아온 날들이 허망하고 후회가 쌓여 우울증에 빠질 때가 있었다. 거기에서 벗어나려고 배낭여행을 시작했다. 초등학교 교사였기에 방학을 이용했고, 기본적으로 남편과 함께 여행했다. 가족여행으로 렌터카를 이용하여 호주와 뉴질랜드를 일주하고, 배낭을 메고 동남아 여러 나라를 육로로 이동하며 국경이 바뀌어 달라지는 문화를 경험했다. 때로는 언니나 친구와 떠났고 나 혼자 떠나기도 했다. 특히 딸과 둘이 떠난 한 달간의 인도와 네팔 여행은 잊을 수 없다. 히말라야 산 아래 오지 마을에서 하룻밤을 새우며 키우고 자라면서 가졌던 고마움을 말하고 섭섭함을 털어냈다. 캘커타의 서더스트리트에서 헐벗고 비참하게 살아가는 사람들을 보면서 우리는 축복받은 사람이라 했다. 여행은 누구와 함께하느냐에 따라 볼거리가 다르고 느낌과 감동에 차이가 있다. 남편과 나, 딸과 손자, 넷이 합심

한다면 분명 또 다른 여행의 맛을 알게 되리라고 믿으며 70일간의 여행을 떠났다.

출발!

가슴이 떨린다. 가족과 함께하는 여행은 언제나 푸근하고 신난다. 인천공항 청사에 들어서니 손자는 가방을 실은 카트를 혼자 밀려고 한다. 키보다 큰 카트를 미느라 끙끙대며 자신도 여행에 일조하겠다는 의지를 보인다. '시작이 반이다!' 맡기니 비틀비틀 제법이다. 할 수 있다는 것을 뽐내며 함박웃음이다.

탑승을 기다리는 동안 손자가 출국대기실 유리창 너머 커다란 비행기를 가리키며 "와! 크다. 높이 날아라!" 하고 외친다. "저 비행기를 우리가 타고 갈 거야. 정말 재미있겠지?" 딸의 말에 손자는 앞으로 할 비행에 대한 기대감에 부푼 표정이다.

탑승 후 창가에 자리를 잡은 손자는 안전벨트를 매고 무릎담요를 덮고 이어폰까지 낀 제법 의젓한 꼬마 승객이다. 비행기가 속력을 내자 잔뜩 긴장하더니 땅을 박차고 떠오르는 순간 눈을 크게 뜨고 "와! 재미있다!" 고 한다. 구름 위를 나르는 창밖을 내다보고 좌석 앞 작은 PC로 만화영화를 골라 본다. 기내에서 받은 색칠공부도 하고 어린이용 기내식을 맛있게 먹으며 비행시간을 즐긴다. 인천에서 모스크바를 거쳐 영국까지 잘 놀고 잘 먹고 잘 잔다.

손자가 비행기에서 적응을 잘하니 나 또한 마음 편히 쉬며 일정표를 찬찬히 다시 보았다. 70일 동안 유럽 전체를 둘러보는 계획이다. 모스크바 항공으로 영국 런던에 도착하여 프랑스를 거쳐 서유럽, 북유럽, 동유럽, 남유럽을 섭렵하고, 돌아오는 길에 모스크바와 상트페테르부르크를 구경하는 루트이다. 젊은 대학생의 배낭여행 일정표다. 무리가 따를 수밖에 없는 계획이다. 옆에 앉은 남편이 이번 여행은 욕심을 자제하고 손자를 생각해야 한다며 나의 다짐을 다시 일깨운다.

런던행으로 환승하기 위해 모스크바 공항에서 4시간 체류했다. 공항 내 어린이 놀이방을 찾았다. 작은 공간은 어두운 조명에 색 바랜 의자가 초라하다. 장난감 종류도 많지 않고 모양과 색은 볼품이 없다. '국제공항이 아닌가?' 러시아의 생활수준을 엿볼 수 있었다.

누구나 첫인상은 깊이 각인된다. 손자가 외국 아이들과 처음으로 어울리는 것이라 어떻게 접근하는지 유심히 살폈다. 노란 머리카락에 파란 눈동자, 하얀 피부를 가진 아이들이 알아듣지 못하는 말로 놀고 있다. 러시아어만이 아니라 영어, 프랑스어 등 각국 언어다. 손자는 주위를 살피더니 장난감을 하나씩 만져보고 아이들이 놀고 있는 미끄럼틀로 올라간다. 몇 번 오르락내리락 함께 미끄럼을 타더니 금방 서로 마주 보고 웃는다. 편견 없는 아이들은 쉽게 친구가 된다. 언어가 통하지 않아도 노는데 문제가 없다. 눈빛과 표정은 만국 공통어이다. 손자는 장난감을 양보하고 친구들과 놀이 팀이 되어 함께 어울린다. 70일간 가는 곳마다 만날 아이들과도 신나게 잘 놀겠구나 하고 생각하니 배낭여행 초기의 내 모습이 떠오른다.

동남아 여행 때, 싱가포르 해변가의 머라이언 상을 찾았다. 하반신이 물고기인 사자상은 햇빛에 따라 사자의 얼굴이 다르게 보여 싱가포르의

_ 공항 내 어린이 놀이방. 손자는 아이들 가까이 다가서서 유심히 살피더니 슬그머니 옆에 있는 큼직한 자동차 하나를 고른다. 옆에 있던 아이가 쳐다보자 얼른 내주고 그 대신 작은 장난감을 집어 든다. 달라는 것도 아닌데 선뜻 내미는 것을 보니 조금은 주눅이 든 모양이다.

상징으로 유명세를 탄다. 머라이언 상 앞에서 기념촬영을 하려는 사람들이 줄을 이었다. 우리도 사진을 찍으려고 기다리는데 여러 번 밀려났다. "비켜요, 우리 차례예요" 우리말로 소리쳤더니 내 표정을 보고 비켜주었다. '우리말이 통하네!' 그 후 나는 다급하거나 꼭 강조하고 싶을 때는 서툰 영어를 구사하려 머뭇거리지 않고 간단명료하게 우리말을 한다. 그래도 끄떡없이 여행을 잘하고 있다. 여행에서 가장 중요한 것은 적극성과 용기이다. 내가 겁 없이 세상 구경을 하고 있는 것은 처음의 이런 경험에서 비롯한다. 손자의 놀이에서 이 두 가지를 보게 되어 일단 안심이다.

간추린 여행 경로

스웨덴
노르웨이
오슬로
덴마크
코펜하겐
오덴세
영국
아일랜드
함부르크
잔세스칸스
베를린
암스테르담
독일
옥스퍼드
네덜란드
런던
벨기에
브뤼셀
바뇌
장크트 고아르스하우젠
프랑크푸르트
프라하
체코
체스키크룸로프
파리
뮌헨
빈
취리히
퓌센
잘츠부르크
베른
루체른
오스트리아
인터라켄
프랑스
스위스
밀라노
베네치아
피사
피렌체
아를
모나코
마르세유
니스
칸
아시시
산티아고
이탈리아
로마
바르셀로나
살라망카
세고비아
나폴리
폼페이
포르투갈
아빌라
마드리드
소렌토
파티마
톨레도
스페인
리스본
세비야
그라나다

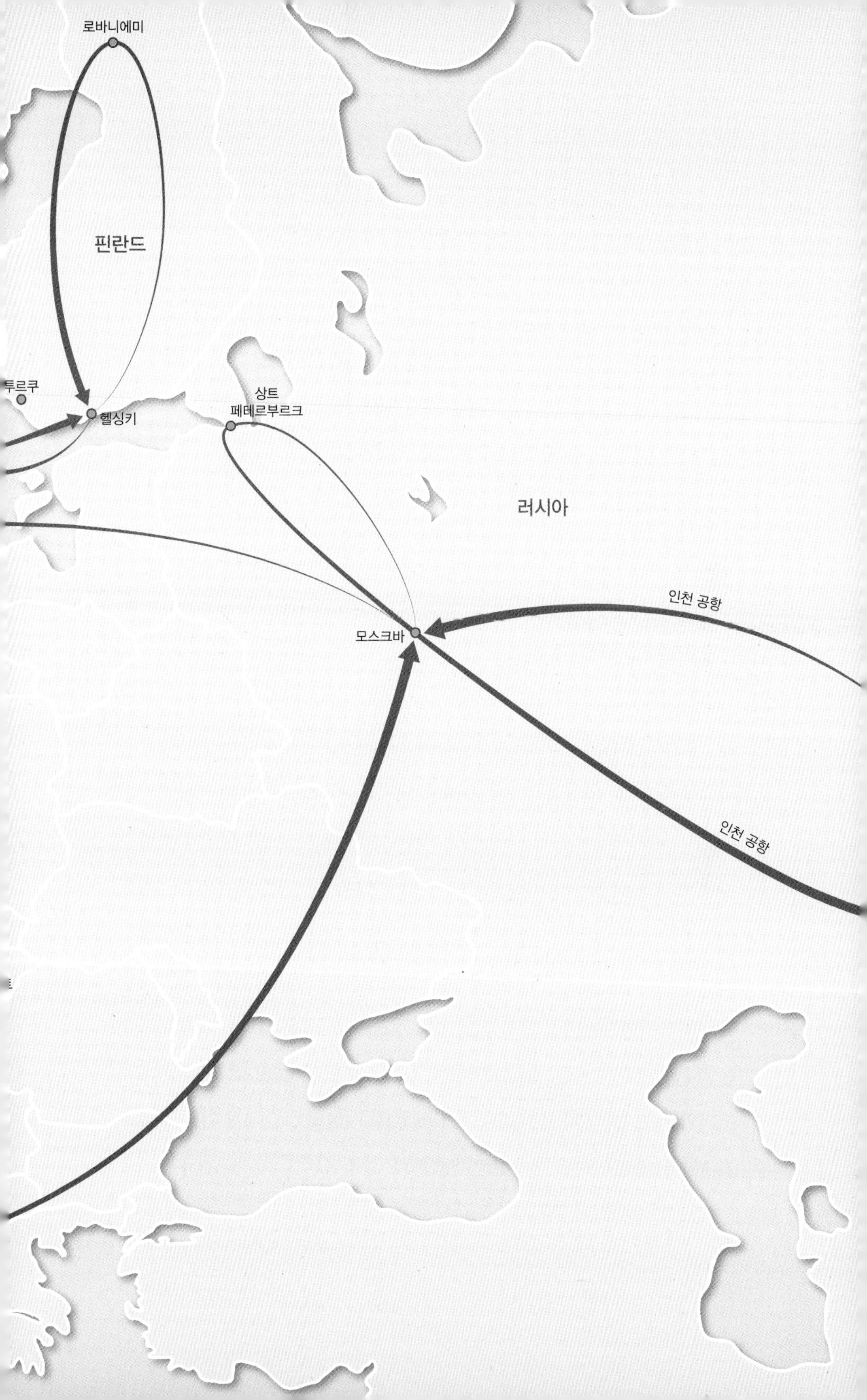
로바니에미
핀란드
투르쿠
헬싱키
상트
페테르부르크
러시아
인천 공항
모스크바
인천 공항

영국

경비를 감안한 숙소

공항에서 전철을 두 번 갈아타고 시 외곽에 있는 뉴크로스의 예약된 숙소를 찾았다. 도심에서 1시간 정도 떨어진 아파트 단지다. 지하철과 453번, 53번 버스노선이 있어 시내 이동은 편리하다. 작은 평수에 부엌과 목욕탕은 공동 사용이고 방 3개를 각각 빌려주는 민박형 숙소다. 취사도구가 충분하고 가까이 마트도 있다. 5일간 체류 경비를 감안하여 잡은 숙소다. 인터넷으로 예약하고 열쇠 번호를 받아 체크인 했다.

손자가 뛰어다니며 소란을 피울까봐 신경이 쓰였다. 투숙한 여행객들은 부엌에서 마주치면 미소로 인사하고 서로 불편함이 없도록 배려한다. 고기와 채소, 과일 값이 우리나라와 비슷하다. 대형 마트에서 필요한 양을 한꺼번에 구입하여 냉장고에 보관했다. 고춧가루를 비롯해 갖가지 양념을 준비했기에 양배추 김치도 담그고 된장국도 끓였다.

새벽에 일어나 조용한 시간에 조리기구를 사용하니 우리 집 부엌처럼 편하다. 아침을 든든히 먹고 점심까지 준비해 작은 배낭에 나눠 담았다. 두 사람 이상이 되면 어디서 무엇을 먹을지 서로 의논하고 식당을 찾아 다니며 시간을 보내고 신경을 써야 한다. 음식을 준비하면 자유롭다. 좋은 장소를 만나면 휴식을 겸한 점심으로 느슨하게 쉬면서 먹고 볼거리를 조율하니 효과적으로 관광할 수 있다.

5일간 한곳에 머무니 여러 가지로 편하다. 손자의 옷은 손빨래해 낮 동안 널어놓으면 바짝 마르고, 짐은 사용빈도에 따라 분류하니 매일 번거롭지 않고 방도 넓게 사용한다.

시 외곽에 있어 좋은 점도 있다. 아침마다 빨간 2층 버스 맨 앞자리에 앉아 런던 시내로 이동한다. 정거장마다 출근을 서두르며 타고 내리는 사람들의 모습에서 생생한 런던을 만난다. 며칠간 같은 거리를 오가니 거리의 풍경이 눈에 익어 런던다움을 발견한다. 사람들의 표정과 멋스러운 옷차림, 친절한 미소는 맑은 날씨만큼 상큼하다. 웨스트민스터 다리를 지나며 템스 강 변의 국회의사당과 빅뱅, 런던아이를 비롯한 역사적인 건물을 자주 마주하니 한 번 보고 지나가는 여행과는 질이 다르다.

숙소를 잘 잡아 일찍 일어나 서두르니 좋은 구경을 하면서도 경비를 절약한다. 런던을 떠나는 날 새벽 5시경에 일어나 김밥을 준비했다. 부엌 정리도 말끔히 하고 방도 깨끗하게 청소했다. 체크인 후 주인을 한 번도 만나지 못했다. 우리가 없는 낮 시간에 쓰레기통을 비우고 집을 관리하니 떠나는 날도 우리는 그냥 체크아웃을 했다. 인터넷으로 예약하고 숙박료를 지불하기에 간판도 없다. 그래도 방 3개는 날마다 여행객들로

_ 템스 강 변의 런던아이.
_ 런던 시청. 특이한 모양 때문에 '유리 달걀(The Glass Egg)'이라는 별명을 갖고 있다.

찬다. 주인은 런던 시내에 같은 형태의 숙소 몇 개를 운영한다. 배낭여행객들에게는 숙박료가 싸고 편리하며 운영자 입장에서는 인건비를 절약하는 합리적인 시스템이다. 언제나 관광객들로 넘쳐나는 세계적인 관광지이기에 가능하겠지만 말이다.

여행에서 돌아와 지역신문에서 내가 사는 서울 송파구가 관광특구로 지정되어 민박형 숙소 운영에 대한 설명회가 있다는 광고를 보았다. 나도 관심을 두게 된다.

실재를 보는 감동

교통이 혼잡해지기 전에 웨스트민스터 다리로 갔다. 강바람을 쐬며 사진으로 눈에 익은 런던의 중심 풍경 속을 걸었다. 템스 강 변에 일직선으로 지어진 국회의사당은 세계 최초로 의회민주주의를 발전시킨 영국의 상징답게 크고 아름답다. 강물에 비친 건물의 잔영까지 합치니 한 폭의 예술 작품이다. 11세기까지 궁전으로 사용했고 1834년 대화재 후 재건하여 지금의 국회의사당이 되었다. 다리 근처의 빅벤이 15분마다 은은하게 종소리를 울리며 의사당 건물을 받쳐준다. 다리 위에서 바라보는 광경은 시간대에 따라 그 느낌이 다르다. 새벽에는 종소리와 함께 상큼하고, 낮에는 많은 교통량과 관광객으로 활력이 넘친다. 석양이 지는 저녁나절에는 역사적인 분위기가 느껴진다.

딸은 여행을 떠나기 전에 각 나라를 상징하는 건물이나 조각, 그림, 공연, 행사 등에 관한 사진이나 그림책을 손자에게 보여주며 설명을 했다. 어디서 무엇을 보게 된다는 사전 조사인 셈이다. 손자는 버킹엄 궁전 근

_ 웨스트민스터 다리에서 바라본 국회의사당. 11세기까지 궁전으로 사용했고 1834년 대화재 후 재건하여 지금의 국회의사당이 되었다.

위병 교대식에 관심을 두었다. 손자가 이야기와 책으로 접한 것을 직접 보는 감동을 어떻게 표현할지 궁금했다. 런던 관광의 시작을 궁전 교대식으로 잡았다.

이른 시간 궁전 앞에 도착하니 조용하다. 정문에 부동자세의 근위병이 보초를 서고 있다. 손자가 다가가서 빤히 쳐다본다. 그림책에서 본 모습이라 겁 없이 만지려 한다. 눈동자를 움직이자 "사람이다!" 외치더니, 획 돌아서서 두 팔을 흔들며 절도 있는 걸음으로 걷는다. 남편은 손자 뒤에서 "하나 둘!" 구령을 붙인다. 신이 난 손자는 팔을 더 높이 흔들며 씩씩하게 앞으로 나아간다. 엄마에게 들은 이야기를 떠올려 행동으로 표현한다.

버킹엄 궁전은 원래 버킹엄 공작이 살던 집이다. 1762년 조지 3세가 구입하여 몇 차례 개축하고 빅토리아 여왕이 처음으로 옮겨와 살면서 지

_ 빅토리아 여왕 기념탑. 탑 꼭대기의 황금 천사 조각상이 아침 햇살에 빤짝인다.

금에 이르렀다. 정문 앞 광장에는 빅토리아 여왕 기념탑이 우뚝 서 있다. 탑 꼭대기의 황금 천사 조각상이 아침 햇살에 빤짝인다. 기념탑 주위를 한 바퀴 돌며 조각을 구경하는데 손자와 남편이 내 뒤에서 행진하며 다가온다. 나도 팔을 높이 들고 그 뒤를 따라 걸었다.

근처 호스 가즈에서 30분 먼저 열리는 기마병 교대식을 보기로 하고 서둘러 이동했다. 이미 많은 관광객이 기마병이 나오길 기다리고 있다. 하얀 고깔모자에 검은 유니폼을 차려입은 병사들이 건장한 말을 타고 줄지어 나와 일렬종대로 선다. 잠시 후 임무를 마치고 돌아온 한 무리의 말이 마주 서자 손자는 어리둥절해한다. 많은 말들을 한자리에서 보는 것은 난생처음이라 입을 다물지 못한다. 딸은 손자를 높이 추켜올리고 "책에서 보았지?" 하며 관심을 불러일으킨다.

교대식을 마치자 말을 탄 기마병 한 사람이 관광객들에게 다가와 사진을 찍도록 배려한다. 손자가 겁을 먹고 움칠하자 딸이 "저 입 좀 봐! 물지 않겠지?" 하며 그물로 입막음을 한 말의 등을 쓰다듬는다. 그제야 손자도 따라서 윤기가 자르르 흐르는 털을 쓰다듬으며 말에 대한 두려움을 떨친다. "따뜻하다!" 말의 온기를 느낀 손자는 여행하는 동안 관광지에서 말을 만나면 다가가서 이야기를 한다. 그리고 마차를 타자고 조른다. 선물가게에 들어가면 장난감 말을 고르고, 여행을 마치고 돌아와 말 그림이 있는 옷을 골라 입으며, 용돈을 털어 날개 달린 백마를 사서 거실에 세워두고 좋아한다. 첫 시도가 아주 중요함을 보여준다. 손자는 백지에 밑그림의 선을 하나씩 그려간다. 어떤 그림이 될까? 그 그림이 바로 손자의 인생이 될 텐데….

기마병 교대식을 보고 서둘러 세인트 제임스 궁전 앞에 도착하니 교대식 행진이 막 시작됐다. 두 명의 기마병을 선두로 검은 털모자에 빨간 윗도리와 까만 바지를 입은 군악대가 신나게 나팔을 불고 북을 치며 앞서 걷는다. 그 뒤를 이어 지휘봉에 맞추어 보병대가 씩씩하게 걸어 나온다. 관광객들이 우르르 몰려와 사진을 찍느라 야단이다. 손자는 보병대 뒤를 따라 달려가더니 앞선 병정의 걸음걸이를 흉내 낸다. 두 팔을 크게 흔들며 씩씩하게 걷는다. 절도 있는 걸음이 제법 행진 폼이다. 아주 적극적인 행동이라 놀랍다. 남편과 나도 군악대 연주에 맞춰 손자와 함께 행진 뒤를 따랐다. 근위병 퍼레이드는 더 몰을 거쳐 빅토리아 기념탑을 돌아 버킹엄 궁전으로 들어갔다.

11시 30분에 시작한 교대식이 끝나자 관광객들은 구름처럼 흩어졌다. 우리는 왕립 공원인 세인트 제임스 파크로 갔다. 울창한 숲 속에서 새들

_ 더 몰 거리 초입의 애드미럴티 아치.
_ 버킹엄 궁전을 향한 근위병 행진. 손자는 넋을 놓고 보고 서 있다.

_ 세인트 제임스 파크. 딸은 손자에게 뒤뚱거리는 오리와 흰 깃털의 백조를 가리키며 '미운 오리 새끼' 이야기를 들려준다. 직장일로 아이와 한가롭게 지내기 쉽지 않은 딸이다. 모든 것을 내려놓고 떠난 여행길에 아이와 함께하려는 노력이 엿보인다.

이 지저귀고, 넓은 호수에는 홍학과 백조, 오리 떼가 한가로이 떠다니고 분수의 물줄기는 높게 치솟는다. 산책로를 따라 걸으니 도심 속의 낙원이다. 우리는 넓고 푸른 잔디밭에 자리를 깔고 손자를 가운데 두고 나란히 누웠다. '여기가 런던이다.' 따뜻한 햇볕 아래 누워 푸른 하늘을 바라보니 잔잔한 감동이 인다.

점심을 먹은 후 딸은 손자와 세인트 제임스 파크에서 놀고 남편과 나는 공원 근처 웨스트민스터 사원을 찾았다. 외관도 웅장하지만 안으로 들어서니 스테인드글라스와 대리석 기둥, 높은 천장이 어울려 장엄하다. 웨스트민스터 사원은 11세기에 지어진 성당으로 왕들의 대관식과 다이애나 왕세자비의 장례식을 이곳에서 치렀다. 성당 안에는 역대 왕들과 셰익스피어, 처칠, 워즈워스, 뉴턴 등의 묘가 있다. 나는 위인들의 묘비를 차례로 찾았다. 뛰어난 업적은 세월이 흘러도 영원히 그 빛을 발하고 있어 절로 고개가 숙여진다.

엄마와 공원에서 놀던 손자가 심심했던지 할아버지에게 딱 달라붙는다. 마치 '여행은 함께하는 거예요'라고 말하는 것 같다. 우리는 손자를 신나게 해주려고 유람선을 탔다. 날씨는 맑고 화창하다. 세계 각국에서 온 관광객들을 가득 실은 유람선이 천천히 템스 강을 내려가는 동안 선장은 강변에 우뚝 솟은 빌딩과 고풍스러운 건축물, 관광명소를 가리키며 설명한다. 유머를 섞어가며 설명하니 지루하지가 않다. 손자는 강바람에 머리카락을 휘날리며 두 팔을 벌리고 서서 환호한다. "이게 여행의 맛이야!" 내 말을 알아듣기라도 하는 듯 고개를 끄덕인다. 배는 워털루 다리와 밀레니엄 다리, 런던 브리지 밑을 차례로 지났다.

타워 브리지 근처에 도착한 배는 한 바퀴를 돌며 사진을 찍도록 배려한다. 강 복판에서 정면으로 바라보는 타워 브리지는 생각보다 크고 아름답다. 선착장에 내려 런던 타워부터 구경하기로 했다. 시차 적응이 안 된 손자는 유람선에서 내리자마자 잠이 들었다. 딸은 강변 벤치에서 손자를 재우고, 남편과 나는 런던 타워로 갔다. 런던 타워는 1066년 외적을 막기 위해 세운 성채다. 한때는 감옥으로 사용했으나 지금은 런던의 역사와 전통을 간직한 관광명소이다. 중심 건물인 화이트 타워에는 중세의 전투용 갑옷과 총, 대포 등 무기가 전시되고, 주얼 하우스에는 국왕이 쓰던 왕관과 '아프리카의 별'이라는 이름이 붙은 530캐럿의 다이아몬드가 전시되어 있다. 넓지 않은 공간의 많은 보물에 눈이 호사했다. 대영 제국의 영화를 보는 듯했다.

_ 유람선에서 본 타워 브리지. 강 복판에서 정면으로 바라보는 타워 브리지는 생각보다 크고 아름답다.

성벽을 걸으며 각각 이름이 붙은 탑에 올라 구경을 마치고 나왔는데도 손자는 여전히 깊은 잠에 빠져 있다. 푹 재우기로 하고 남편과 나는 타워 브리지로 갔다. 타워 브리지는 빅토리아 여왕 시대에 지은 고딕 양식의 다리다. 쌍둥이 탑을 연결한 2층 통로에는 전시물이 가득하다. 다리 건설의 그림과 설명, 흘러간 영화 포스터 등 볼거리가 쏠쏠하다. 북쪽 탑에서는 다리 건설 과정을 시뮬레이션으로 상세하게 보여준다. 마네킹으로 건설 장면도 재현해놓았다. 타워 브리지는 단순한 다리가 아니라 하나의 역사적인 건축물이자 작은 박물관이다.

잠에서 깬 손자는 생기를 찾았다. 석양이 붉은 저녁나절 우리는 런던아이를 탔다. 1999년 밀레니엄을 맞아 제작한 회전 관람차다. 유리 캡슐을 타고 360도를 돌며 런던 시내를 한눈에 내려다보았다. 손자는 서서히 올라가고 내려오는 재미와 공중에 떠 있는 기분에 취해서 어쩔 줄 모른다. 이때의 감동이 깊이 각인되어 한국으로 돌아와서도 "영국에는 런던 아이가 있다"고 말하며 또다시 가자고 한다.

여행 첫날 손자가 칭얼거리지 않고 적극적으로 행동하니 계획대로 여행을 할 수 있다는 자신감이 생겼다. 어린이집 낮잠 시간을 잘 조절하면 큰 무리는 없을 듯하다. 딸은 손자 페이스에 맞추어 다음에 다시 런던 여행을 하겠다며 우리더러 계획대로 여행을 잘하라 당부한다.

교과서적 지식을 떠올리게 하는 곳

런던은 가는 곳마다 관광객들로 넘쳐난다. 매표 시간을 줄이고 입장료를 절약하기 위해 런던 패스를 샀다. 60여 곳의 관광명소 무료입장, 유람선 무료승선, 지정된 레스토랑과 극장에서 할인을 받을 수 있는 경제적이고 효과적인 카드다.

런던에 오니 교과서에서 배운 지식을 확인하는 기분이 든다. 그만큼 보고 싶은 것이 많다. 딸은 필요에 따라 티켓을 이용하고, 남편과 나는 부지런히 다니며 3일간 보고 싶은 곳을 찾기로 했다. 비싼 입장료와 이동거리를 감안하여 관광 계획을 세웠다. 4명이 같이 움직이는 것을 원칙으로 하되 딸은 손자가 좋아하는 곳에 머물며 유연성을 갖기로 했다.

템스 강 유람선은 런던 중심부 웨스트민스터 다리 근처 선착장에서 그리니치까지 운행된다. 패스로 무료인 유람선을 다시 타고 우리는 그리니치를 구경하고 딸과 손자는 템스 강 변에 정박한 군함을 구경하기로 했다. 제2차 세계대전 중 노르망디 상륙 작전에 사용했던 군함을 관광용으로 개방한다. 패스가 있으니 군함 구경도 무료다. 손자는 군함에 오르자 큰 배를 탔다며 좋아하고 마네킹으로 꾸며진 선실을 둘러보며 신이 났다. 부모와 함께 온 꼬마 손님들이 많다. 아이들은 별것도 아닌 굵은 밧줄을 서로 당기고, 한 아이가 쇳덩이 위에 올라 뛰어내리니 줄줄이 따라한다. 아이들의 관심과 친화력은 국경을 초월하는 듯 자연스럽게 어울리고 그 분위기를 즐긴다.

"엄마! 이것 봐! 장난감 배가 여기에 붙었다!" 작은 구명정을 가리키며 손자가 소리친다. 큰 군함에 비하면 분명 장난감이다. '군함'이란 이미지로 보는 나와 달리 손자는 보이는 대로 느끼고 말하며 새롭게 하나씩 터득한다. 손자는 처음 보는 것들이라 흥미 있는 것 앞에 멈춰 서서 자세히 살피고 엄마에게 묻는다. 아까운 시간이 막 흘러간다. 나는 화살표 관람 방향을 따라 구경하며 "이것 봐! 여기는 부엌이야!" 손자의 말을 기다리지 못하고 알려주려는 마음이 앞선다. 손자가 노는 것을 지켜보는 딸은 나와 다르다. 아이가 움직이는 대로 따라다니며 "이게 뭐지?" 흥을 돋운다. 아이의 열린 생각을 받아주고 유도하는 바람직한 대화다. 군함 구경도 서두르지 않는다. 딸과 손자가 소풍을 나온 듯 갑판에서 간식을 먹는 것을 보고 남편과 나는 그리니치로 향했다.

타워 브리지를 지나니 강변의 풍경이 달라진다. 고층 빌딩 대신 아파트형 저택들이 즐비하다. 30분 정도 걸려 그리니치 선착장에 도착했다. 중국의 차(茶)를 영국으로 실어 나르던 범선 커티삭호와 언덕 위 그리니치 천문대가 눈에 들어온다. 한때 세계에서 가장 빠른 범선다운 돛이 인상적이다. 선착장 주위의 넓은 잔디밭 광장에서는 갖가지 연극 공연이 펼쳐졌다. 잡동사니 생활용품으로 무대를 꾸미고 피에로 복장의 배우들

_ 템스 강에 정박한 벨파스트 군함. 제2차 세계대전 중 노르망디 상륙 작전에 사용했던 군함을 관광용으로 개방하고 있다.
_ 벨파스트 군함 관람. 그림책에 나오는 군함을 좋아하는 손자에게 아주 좋은 관광이다.

_그리니치 천문대 언덕.

이 열연을 한다. 정확한 내용은 알 수 없지만 가족 사랑을 주제로 한 코믹 연기에 관중들이 열광한다. 자유롭게 앉아 구경하는 사람들은 여유를 즐긴다. 어린이 놀이 공간도 있다. 다양한 놀이기구를 부모와 함께 체험한다. 손자가 왔더라면…. 좀 아쉬웠다.

그리니치 천문대 정문에는 표준시를 알려주는 시계가 있고, 뜰 바닥에는 구리로 된 본초자오선이 표시되어 있다. 북극과 남극을 잇는 경도 0은 상상의 선이다. 이 선을 기준으로 세계의 시간을 달리한다. 그 선 위에 서니 가슴이 떨린다. 교과서로 배운 지식을 확인했다. 지금은 스모그와 공해로 천체 관측이 어려워 잉글랜드 남동부로 이전했지만, 많은 사람들이 천문대 박물관과 그리니치의 명성을 확인하기 위해 줄지어 서 있다. 행성 운동에 관한 시청각 자료와 천제 관측기구 등 볼거리가 많다.

_ 윈저 성. 수 세기 동안 여러 왕이 증개축을 하여 지금의 성채로 완성되어, 왕실의 휴식처와 국빈을 대접하는 영빈관으로 사용한다.

돌아오는 유람선을 타니 딸은 군함 구경을 마치고 웨스트민스터 다리 근처에서 우리를 기다린다는 연락을 준다.

감정을 몸짓으로 표현하는 손자

일찍 윈저 성으로 출발했다. 워털루 역에서 기차를 타고 1시간가량 달렸다. 차창 밖으로는 영국의 시골 풍경이 펼쳐졌다. 윈저 성은 런던 외곽을 방어하기 위해 지었다. 수 세기 동안 여러 왕이 증개축을 하여 지금의 성채로 완성되어, 왕실의 휴식처와 국빈을 대접하는 영빈관으로 사용한다. 성문에 들어서니 높은 성벽과 육중한 건축물들이 나를 압도한다. 문마다 병정이 지키고 북적이는 관광객 사이로 근위병들이 줄을 맞춰 행진

한다. 가로등은 노란 왕관으로 장식되었고 언덕 아래 정원은 예쁜 꽃들로 가꾸어져 관광지로서 허술함이 없다. 왕의 거주지에는 유명 화가의 그림과 가구, 기사의 갑옷과 창, 도자기와 아름다운 장식품이 가득하다. 메리 왕비 인형관에는 정교하게 만들어진 세계 각국의 인형들을 보려고 기다리는 관광객의 줄이 길다.

청명한 날씨와 윈저 성의 관광 분위기가 손자의 마음을 들뜨게 했는지 언덕길을 내려오던 손자가 갑자기 팔로 땅을 짚고 한쪽 다리를 뒤로 쭉 뻗었다. 지나가던 관광객들이 꼬마의 행동에 박수를 친다. 손자는 신이 나서 다양한 몸짓과 얼굴 표정으로 사람들의 발길을 멈추게 한다. 무릎을 꿇고 두 팔을 앞으로 쭉 뻗기도 하고 누워서 팔다리를 위로 올리기도 한다. 일인 무언 공연이다. 보는 우리가 놀라워서 입을 다물지 못했다. 벌떡 일어선 손자가 근위병 걸음으로 씩씩하게 걷자 남편이 흉내를 내며 그 뒤를 따른다. "꼬마 대장 나가신다, 길을 비켜라!" 나도 즉흥 작사 작곡으로 흥을 돋우며 따랐다. 희로애락의 감정은 삶의 요소이다. 손자는 관광지에서 받는 느낌을 정확하게 표현한다. 어리다고 보아서는 안 됨을 일깨운다.

윈저 성에서 내려와 강폭이 좁은 템스 강을 건너면 유명한 이튼 칼리지가 있다. 학교 건물은 윈저 성 일부를 옮겨놓은 듯 고풍스럽다. 왕실과 상류층의 아들들이 다니는 영국 최고의 사립학교다. 13세에 입학하여 5년간 전원 기숙사 생활로 학식과 인성 도야의 교육을 받고 지도자의 자질을 갖춘다. 공교롭게도 우리가 간 날이 졸업식 날이라 출입이 통제됐다. 나는 학교 운동장이라도 손자에게 보여주고 싶어 경비원에게 사정을 했지만 안 된다고 한다. 고급 승용차가 도착하여 정장 차림의 신사, 숙녀

_ 켄싱턴 가든스에 있는 켄싱턴 궁전. 다이애나 왕세자비가 살았던 궁이다.

들이 안내를 받아 들어간다. 나는 졸업식장의 모습을 상상으로 그려보며 발길을 돌렸다.

런던으로 돌아와 서부 하이드 파크와 켄싱턴 가든스를 찾았다. 하이드 파크는 헨리 8세의 사냥터로 런던에서 가장 넓은 공원이다. 정문 근처의 마블 아치와 공원 내 조각상을 보았다. 켄싱턴 가든스에는 다이애나 왕세자비가 살았던 켄싱턴 궁전이 있다. 손자는 공원의 이동식 놀이기구를 보더니 발걸음을 멈춘다. 남편과 나는 다이애나 비의 큼직한 초상화와 왕세손 부부가 아기를 안은 사진을 보며 궁 내부를 구경했다. 다이애나 비의 모습을 스케치한 도배지로 벽면을 꾸민 것이 인상적이었다. 오전에 본 윈저 성과 비교하니 작고 단조롭다. 2층 창문으로 넓은 공원과 아름답게 꾸며진 정원이 시원스레 보인다. 지난날 세기의 결혼식으로 떠들

썩했던 장면을 TV로 보았고, 아들 유치원 운동회에서 치마를 걷어잡고 맨발로 달리던 젊은 다이애나의 모습을 신문기사로 읽었다. 불화와 이혼, 새로운 만남 등 심심찮은 소문을 뿌리다 불의의 사고로 죽은 그녀의 장례식 장면도 TV 뉴스로 보았다. 동시대를 산 한 여자의 영화와 불행을 생생히 본 셈이다. 그녀의 흔적이 남은 곳에서 한생을 잘 산다는 것은 쉽지 않은 일이라는 생각을 했다.

손자는 회전목마도 타고 소풍 나온 현지 일가족 꼬마와 친구가 되어 공차기를 한다. 끝이 보이지 않는 넓은 공원이다. 나무 밑에서 쉬고 있는 사람들 속에서 뛰노는 손자를 보니 내 어릴 적이 떠오른다.

한 뼘의 땅도 놀리지 않고 농작물을 가꾸던 시절, 나는 '공원'이라는 개념을 몰랐다. 내가 보릿고개를 겪을 때 이곳 사람들은 공원에서 여유를 즐기며 살았다. 하늘과 땅만큼의 차이다. 이제 우리 집 근처 올림픽 공원과 한강 둔치는 외국 어느 공원과 비교해도 뒤지지 않는다. 그만큼 커진 국력이 뒷받침되어 나는 그리던 곳을 찾아 여행을 하고 손자는 영국 아이들과 뛰논다. 꿈같은 일이 현실로 이뤄졌다. 그런데 좋고 행복한 순간 나는 지난날을 떠올리며 그 당시 내 모습을 그려본다. 그리고 남들이 대수롭게 여기며 흘려버리는 것에 쉽게 감동한다.

시 외곽에 있는 런던 동물원에 가기 위해 서둘러 지하철을 탔다. 1863년 세계 최초로 개통된 지하철이다. 이동 통로가 좁고 객차도 작다. 지하철을 두 번이나 갈아타고 내려서도 한참 걸었다. 폐관 시간이 가까워 느긋하게 구경할 여유가 없다. 입장료가 비싸다. 남편은 출입구 근처 벤치에서 쉬고 딸이 대신 패스를 사용하기로 했다. 그런데 입구 안내원이 손짓으로 다 함께 들어가라 한다. '땡잡았다!' 작은 배려가 사람을 신나게 만든다.

동물원에는 기린, 낙타, 호랑이, 고릴라 등 큼직한 동물을 비롯하여 원숭이와 두더지 같은 작은 동물도 많다. 시간이 많지 않음을 안 손자는 혼자서 바쁘다. 땅속 동물을 관찰하는 작은 동굴에 들어가서 두더지를 보고, 사육장에 들어가 사슴과 양에게 나뭇잎을 먹이며 좋아한다. 동전을 넣어야 움직이는 사자와 호랑이 모양의 놀이기구에 올라타 달리는 기분을 내고, 졸졸 흐르는 냇물에서 물놀이도 한다. 손자가 좋아하는 모습을 보니 늦다고 포기하지 않고 먼 곳까지 잘 찾아왔다는 생각이 든다. 짧은 시간 알차게 구경을 마치고 나오며 손자는 동물들에게 손을 흔든다. 북적이던 사람들이 빠져나간 해질 녘 동물원을 돌아서는 내 마음도 손자와 다를 바가 없다.

미술관과 박물관

런던의 유명한 미술관과 박물관은 무료입장이라 부지런히 다니면 여러 곳을 볼 수 있다. 런던 패스 사용이 끝난 이틀 동안 내셔널 갤러리와 대영 박물관을 비롯하여 가능한 한 많은 박물관을 찾기로 했다. 관광객이 붐비기 전에 내셔널 갤러리에 입장하려고 서둘렀다. 우리는 기다리는 줄 맨 앞에 섰다. 내셔널 갤러리는 1824년 한 은행가의 소장품 38점을 영국의회가 사들이면서 시작된 최초의 국립 미술관이다. 르네상스 초기 작품을 비롯하여 2200여 점의 작품이 66개 방에 시대별로 전시되어 있다. 이른 시간에 입장하니 조용하다.

딸은 그림 앞에서 손자와 이야기를 나눈다. '잘 알지도 못하는데 시간

_ 내셔널 갤러리.

만…' 나는 마음이 급하다. 한 걸음 앞서 나가다 되돌아서기를 반복하니 손자의 말이 귀에 들어온다. 편견 없는 손자의 눈에 비친 그림은 나와 다르다. 내가 생각하지도 못한 것을 손자는 보고 말한다.

많은 작품들 중에 가슴에 닿는 그림이 있다. '어린 공주'란 제목이 붙은 초상화다. 그림 속 소녀는 우윳빛 피부에 금발이다. 순수함이 보인다. 내가 알 만큼 유명한 작가의 그림이 아닌데도 유독 관심이 간다. 몇 번이나 돌아서서 다시 보며 그 이유를 생각했다. 세계적인 미술관에서 가족과 함께 그림을 구경한다는 행복감 때문이다. 그림은 마음 상태에 따라 느낌과 감동이 다른 것 같다. 고흐의 '해바라기' 그림 앞에서는 얼른 고개를 들 수가 없다. 화첩과 사진으로 이미 봐온 그림이지만 고흐의 손길이 닿은 진품이기 때문이다. 고흐의 삶을 생각하며 보았다. 잘 여문 해바라기

씨앗은 충실하고, 미처 떨어지지 않은 시든 꽃잎에서는 남은 생명이 느껴진다.

미켈란젤로의 '맨체스터의 성모'는 미완성 작품이다. 그리다가 그만둔 부분은 보는 이의 눈과 마음에 맡긴다. 미완성의 묘미다. 미켈란젤로라는 명성이 작품의 가치를 높여 완성될 그림을 상상하며 보게 만든다. 레오나르도 다빈치의 '암굴의 성모'는 르네상스 시대의 그림답게 성화의 엄숙함이 아닌 친근감이 느껴진다. 아기 예수와 성모님이 우리 이웃에서 만나는 사람 같다. 루벤스가 그린 '삼손과 데릴라' 앞에 멈춰 선다. 사랑에 빠져 잠들어 있는 삼손의 머리카락을 자르는 사람, 촛불을 밝히는 노파, 힘이 빠진 삼손을 잡으려고 기다리는 병정의 표정에서 많은 이야기가 들리는 그림이다. 루벤스는 빛의 화가답게 분명한 명암으로 그림을 현실처럼 표현했다.

여행하는 동안 여러 나라에서 많은 그림을 보게 된다. 나는 그림 보는 방법을 잘 모른다. 유명 화가의 작품에 대한 조사도 미흡하다. 그러면서도 많은 그림을 보고 싶은 마음을 안고 내셔널 갤러리에 들어섰다. 처음 전시실에 들어서는 순간 많은 그림들이 '보이는 대로 느끼고 마음 가는 대로 생각하라'고 말하는 것 같았다. 그렇다! 유명한 곳에서 그림을 본다는 그 자체를 즐기자고 생각하니 마음이 편해졌다. 손자가 나가자고 떼를 쓰거나 소리를 칠까봐 걱정했는데 염려와는 달리 엄마 손을 잡고 제법 그림을 본다. 관심이 가는 그림은 자세히 보고 느낌을 말하고, 엄마가 친절하게 눈높이에서 이야기를 풀어가니 재미있어한다. 어떻게 유도하느냐에 따라 어려도 얼마든지 관람이 가능하다는 것을 손자는 보여주었다. 사람들이 북적이자 손자를 유모차에 태워 중요한 그림을 찾아다니며 보았다.

자연사 박물관으로 갔다. 1881년 대영 박물관에서 분리 개관된 자연사 박물관의 외관은 웅장하다. 전시실은 어스(Earth) 갤러리와 라이프(Life) 갤러리로 구분되어 어른, 아이 모두에게 많은 볼거리를 제공한다. 천장이 펑 뚫린 넓은 1층 홀에는 거대한 공룡이 있다. 2층으로 오르는 에스컬레이터는 마치 태양 속으로 빨려 들어가는 듯 꾸몄다. 손자는 "와! 와!" 소리친다. 별자리와 행성의 운동, 우주 생성에 관한 자료와 다양한 조류와 포유류의 박제, 생물 표본 등 전시자료가 다양하고 그 수도 많다. 암석 표본과 여러 종류의 보석이 큰 방에 가득하다. 많은 전시물에 어린 손자도 감탄한다. 세상에서 가장 큰 나이테는 성인 10여 명이 팔을 벌려 잡아야 할 정도로 거대하다. 그 큰 나이테가 어떻게 이곳에 전시되었는지 그 과정을 상세하게 기록한 자료를 보고 놀랐다.

공룡 전시실에는 크고 작은 여러 종류의 공룡이 살아 있는 듯 움직이며 손자의 관심을 끈다. 손자는 정자와 난자가 결합하여 세포분열을 거듭하며 한 생명으로 태어나는 영상 자료를 자세히 보더니 "아가다!" 하고 외친다. "지훈이도 엄마 배 속에서 저렇게 자랐다." 어린것이 한참 유심히 살피더니 연령별 성장 그림에 자신의 키를 견주어 보기도 한다. 자기 존재에 대해 생각하는 듯하다. 자연사 박물관은 손자에게 매우 흥미를 끄는 곳이다. 경험은 지식이라고 한 듀이의 말이 떠오른다. 자주 접하면 관심을 갖게 되고 그 관심은 앎으로 연결되리라.

내 어린 시절이나 자식을 키우는 동안 박물관은 생활과 동떨어진 영역이었다. 배낭여행을 시작했을 때 외국의 박물관 풍경은 부러움의 대상이었다. 유모차를 밀고 박물관을 구경하는 모습을 보고는 깜짝 놀랐다. 작

_ 자연사 박물관의 공룡 전시실. 딸은 손자에게 설명하기에 바쁘다.
_ 빅토리아 앨버트 박물관. 자연사 박물관 이웃에 있는 세계 최대의 공예 미술관이다. 정원의 얕은 연못에 꼬마가 아장아장 걸어 들어가는 것을 본 손자가 차고 있는 기저귀를 빼달라 한다.

은 마을에도 손쉽게 찾을 수 있는 박물관이 있어 박물관이 생활의 일부분처럼 보였다. 20여 년 전 일이다. 이제는 우리나라 박물관에도 어린이 체험활동 코너가 있고 부모들과 함께 박물관으로 나들이를 종종 간다. 딸도 집 가까이 있는 수족관에 연 회원으로 등록하여 손자를 데리고 다닌다. 어린이 대공원 상상나라에도 자주 간다. 그 덕에 손자가 박물관을 낯설어하지 않는 것 같다.

가장 중점을 둔 대영 박물관을 찾았다. 1759년 일반에게 처음 공개될 당시에는 엄격한 심사에 통과한 10명 정도에게 하루 관람이 허용되었던 박물관이다. 지금은 600만 점을 소장한 세계적인 박물관으로 매일 각국의 관광객들이 넘친다. 규모가 큰 박물관을 몇 시간 안에 본다는 것은 무리다. 무료입장이라 며칠에 나눠 보았더라면 좋았을 텐데 그럴 시간적 여유가 없었다. 나는 "아깝다!" 소리를 연발하며 보았다.

대영 박물관은 전 세계의 유물과 문화를 한곳에서 접할 수 있는 곳이다. 특히 이집트와 그리스 유물은 그 수가 너무 많아 통째로 가져온 듯하다. 그리스관의 파르테논 신전의 여신이 입은 드레스는 바람에 날릴 듯 하늘거리고, 역동적인 말 조각상은 뜨거운 입김을 뿜으며 벌떡 일어설 것 같다. 그 옛날 대리석을 다룬 솜씨는 신의 경지다. 이집트관의 미라와 석관은 그 수가 너무 많아 놀랍다. 영생의 염원은 거대한 돌을 파고 안과 밖에 빈틈없이 그림과 글을 새기는 수고를 마다하지 않았다. 100여 명의 자식을 둔 람세스 2세는 자신의 상을 세우기 좋아했다. 거대한 그의 상반신 석상을 보니 중국 시안에서 진시황의 병마용을 보았을 때의 느낌이 되살아난다. 인간의 권력과 욕심이 역사적 유물로 남았다.

전시물이 너무 많아 봐도 봐도 끝이 없다. 입구에서 받은 안내 지도에 표시된 중요한 유물과 별도 전시실로 꾸며진 한국관을 찾았다. 우리나라 지도가 걸리고 한옥 기와집 한 채가 놓여 있다. 병풍, 널뛰는 모습을 그린 민속화를 비롯하여 조각보, 바둑, 고려청자 등이 유리관에 전시되어 있다. 대영 박물관에서 우리 것을 만나니 뿌듯하고 정답다.

젊음의 축제

옥스퍼드는 런던 북서쪽으로 100킬로미터 떨어져 있다. 빅토리아 버스 터미널에서 차를 탔다. 2층 버스 위쪽 맨 앞자리에 앉아 런던 시내를 구경했다. 고속도로를 달리며 펼쳐지는 넓은 목초지와 목장의 소와 양 떼를 가리키며 손자가 자연스럽게 여행의 맛을 느껴보길 바랐다.

옥스퍼드에 도착하니 조용한 대학도시일 거라는 내 예상과는 달리 관광객이 붐빈다. 중심거리의 레스토랑과 쇼핑센터, 고급 뷰티숍은 어느 관광지와 다를 바가 없다. 대학 설명회에 참석한 학생과 학부모 단체가 줄지어 다닌다.

우리는 옥스퍼드 최고의 대학 크라이스트처치 칼리지 앞 잔디밭에 자리를 잡고 점심을 먹었다. 나는 서울에서 출발하기 전에 런던 패스 사용 기간 동안 먹을 음식을 준비했다. 관광에만 집중하기 위해서다. 찰밥을 덩어리로 나누어 얼리고, 묵은 김치를 볶고, 장아찌는 채로 썰고, 잔 멸치를 조려서, 모두 진공포장을 했다. 고추장, 된장, 갖은 양념도 준비하여 현지에서 음식을 만들 수 있게 했다. 특히 손자가 먹을 음식에 신경을 썼다. 백미와 현미를 섞어 밥을 지어 누룽지를 만들었다. 잘게 부순 누룽지는 일주일 분량을 10봉지로 나누었다. 그 무게가 15킬로그램이 넘는

_ 옥스퍼드 크라이스트처치 칼리지 앞 잔디밭. 공놀이 후 엄마 팔을 베고 누운 손자.

다. 뜨거운 물만 부으면 어디서나 쉽게 먹을 수 있고, 맛이 고소해 손자가 밥보다 잘 먹는다. 누룽지에 고기와 야채, 과일을 곁들이면 손자의 식사는 기본적으로 해결된다. 누룽지로 숭늉을 만들면 구수하고, 뜨겁게 해서 마시면 갈증이 해소된다.

며칠간 먹고 남은 음식을 잔디밭에 펼쳐놓으니 진수성찬이다. 아침에 렌지에 데운 찰밥은 쫀득쫀득하다. 김치볶음과 잔 멸치 조림에 달걀 프라이를 넣은 김밥을 외국에서 먹으니 꿀맛이다. 금강산도 식후경이라고 배가 부르니 여행지에서 느끼는 즐거움이 배가 된다.

손자는 할아버지와 대학 잔디밭에서 공놀이를 즐긴다. 마트에서 산 작은 공을 며칠 가지고 놀더니 제법 공을 몰고 힘껏 찬다. 연습의 효과다. 녹음이 우거지고 예쁜 꽃들이 여기저기 피어 있다. 날씨는 맑고 청명하다.

_카팩스 타워. 옥스퍼드를 상징하는 교회의 시계탑이다.

점심을 먹은 후 잠시 누워 쉬며 감상에 젖는다. '내 인생에 이런 날도….'

38개의 단과 대학 중 이름난 학교를 중심으로 구경했다. 대학마다 특징 있는 중세 건물이다. 교정에는 학생들이 삼삼오오 모여 이야기를 나누고 있고, 열린 창문으로는 책을 읽고 있는 교수님이 보인다. 때마침 졸업 시즌이라 까만 가운을 차려입은 학생들이 지나가며 손자에게 손을 내밀고 윙크를 해준다. 우리는 돌길을 걷고 오솔길도 만났다. 잘 꾸며진 장미 정원도 보았다. 넓은 들판과 숲, 시냇물에는 곤돌라가 떠다닌다. 작은 도시에 없는 게 없다.

옥스퍼드에는 대학 외의 볼거리도 있다. 버스 터미널 근처의 과학사 박물관에는 고고학에 관한 전시품과 유명 화가의 미술 작품이 소장되어 있고, 옥스퍼드를 상징하는 교회의 시계탑인 카팩스 타워가 중심가에 있

_ 옥스퍼드 대학 식물원 입구.
_ 졸업 기념 뱃놀이를 하는 젊은이들.

다. 영국 최대의 도서관인 보들리언 도서관, 고풍스러운 건축물로 둘러 싸인 레드클리프 광장 등 모두 걸어서 구경이 가능하다.

시냇가 숲 아래에서 졸업식 뒤풀이가 한창이다. 카우보이풍의 모자를 쓴 졸업생이 밀가루를 뒤집어썼다. 둘러선 친구들이 샴페인을 터뜨리며 노래를 부르고 주인공을 번쩍 들어 "'하나, 둘, 셋!" 하더니 냇물 속에 풍덩 던진다. 졸업가운을 걸친 그대로 물속에서 첨벙거리고 이를 보고 모두들 환호한다. 젊음의 축제다. 두세 척의 곤돌라에 친구들이 타고 내려오니 타이밍을 맞춰 냇물에 뛰어들어 물보라를 일으키며 어울려 논다. 보는 것만으로도 신이 난다. 좋은 환경에서 공부하고 새 출발점에 선 젊은이들이 부럽다. "지훈아, 너도 자라서 이 학교에 다니면 좋겠다!" 내 말을 알아듣기라도 한 듯 손자는 고개를 끄덕인다. '손자가 대학생이 될 즈음 나는 어떤 모습일까?

2014년 6월 23일 영국 옥스퍼드 대학도시에서 나는 젊음의 특권을 보았다. 누구에게나 주어지는 젊음을 나는 어떻게 보냈나? 내 인생에 잠시 스쳐 지나간 그 순간을 좋은 줄도 모르고 그냥 흘려보냈다. 하고 싶은 것은 많았는데 형편을 탓하며 날갯짓도 못했다. 지나고 나서야 가슴에 맺혀 있음을 알았다. 그래서 60을 바라보는 나이에 다시 끄집어내어 대학원에 도전했다. 더 늦기 전에 젊은 시절 놓친 것을 잡아보겠다는 안간힘이었다. 순리에 어긋나니 내 자신은 물론 주위 사람들도 힘이 들었다. 젊음은 그만큼 강렬하다는 것을 나는 몸소 겪었다.

앞선 곤돌라가 저만치 떠가니 뒤따르는 곤돌라가 손님을 싣고 다가온다. 내 젊음 뒤를 자식과 손자가 뒤따르고 있다. 나는 그들이 젊음의 특권을 제대로 누리길 간절히 바란다.

프랑스

유로스타 초고속 열차를 타고 파리로 이동했다. 런던에서 파리까지 2시간 15분이 걸렸다. 파리 북역에 도착하여 지하철로 벨빌 역 근처 숙소를 쉽게 찾았다. 중국인 주인이 우리를 반갑게 맞이하여 숙소 이용에 불편함이 없도록 여러 가지 일러준다. 런던 숙소와 다른 분위기라 동서양 사람의 생각 차이를 보는 듯하다. 원룸 형식의 숙소는 2층 침대가 있는 넓은 방이다. 손자는 할아버지가 사용하는 2층 침대를 오르내리며 놀이처럼 좋아한다. 우리만의 공간이라 손자의 행동에 신경을 쓰지 않으니 마음이 편하다.

'아! 여기는 프랑스 파리다.' 실감이 나지 않는다. 오전에 런던에서 박물관을 구경하고 파리로 왔는데 어둡지 않다. 유럽 전체가 일일생활권이다. 간단하게 저녁을 먹고 파리 분위기를 느끼고 싶어 동네 산책을 나섰다. 작은 공원에서 사람들이 저녁 운동을 하거나 산책을 즐기며 이야기

_ 벨빌 지역 거리 마켓. 간단하게 저녁을 먹고 파리 분위기를 느끼고 싶어 숙소 근처 동네 산책을 나섰다.

를 나눈다. 사람 사는 곳은 어디나 같은 모습이다. 채소와 과일 등 식재료가 풍성한 중국인 가게도 여러 곳이다. 며칠간 시설 좋은 부엌에서 음식을 만들 수 있다니 파리 여행 절반은 성공한 것이나 다름없다.

파리는 서울의 구(區) 정도의 크기다. 작지만 예술과 문화의 도시라는 명성에 걸맞게 볼거리가 많다. 남프랑스의 마르세유, 칸, 니스, 아비뇽은 여행 경로상 스위스에서 이탈리아로 이동하는 길에 유레일패스로 가기로 했다.

딸은 미국 유학 중 파리를 여행했다. 4박 5일간 파리 구경을 효과적으로 하기 위해 남편과 나는 2일간 박물관 패스를 구입했다. 베르사유 궁전을 포함하여 박물관과 미술관, 기념관 등에 무료입장이 된다. 이 티켓으로 우리 부부는 관광명소에 집중하고, 딸은 손자와 센 강 유람선을 타고 놀이동산에도 가기로 했다. 남은 날은 여유 있게 몽마르트르 언덕에서 즐기기로 계획을 세웠다. 순발력 있게 이동하기 위해 교통편은 1회권 10장 묶음인 카르네(carnet)를 샀다. 낱장보다 30퍼센트 할인되고 여러 교통수단을 사용할 수 있어 편리하다.

박물관 구경

남보다 먼저 입장하려고 8시경 루브르 박물관에 도착했다. 소문처럼 9시 개관인데도 이미 입장을 기다리는 줄이 길다. 기다리는 동안 박물관 외관을 구경했다. 3층으로 된 건물 외관은 조각상과 부조로 빈틈없이 꾸며져 아름다우면서도 웅장하다. ㄷ자형 루브르 박물관은 12세기에 바이킹의 침입을 막기 위해 지은 성채다. 이후 궁전으로 사용하고 또 왕실 미술품을 전시하면서 박물관이 되었다. 건물 자체가 훌륭한 유물이다. 유리로 된 피라미드 모양의 현대적 건물은 옛것과 조화를 이루는 파리 분위기를 대변한다.

박물관 패스라 별도 문으로 입장했다. 세계 3대 박물관답게 문을 열자마자 관람객이 물밀 듯이 들어왔다. 나폴레옹이 원정국에서 가져온 많은 유물, 고대에서 근대에 이르는 조각과 미술품이 225개 방에 가득하다. 남편과 나는 여권을 맡기고 오디오 가이드를 빌렸다.

궁전이었던 박물관 내부도 볼거리다. 긴 회랑과 벽면에 금빛 무늬가 화려하고 신화와 종교를 주제로 한 천장화가 아름답다. 어디를 둘러보아도 진기한 작품이라 눈이 휘둥그레진다. 꼭 보아야 할 것에 중점을 두었다. '눈에는 눈, 이에는 이'라는 규정으로 유명한 '함무라비 법전', 미켈란젤로

_ 루브르 박물관. 9시 개관인데도 8시경에 이미 입장을 기다리는 줄이 길다.
_ 루브르 박물관 내부. 긴 회랑과 벽면에 금빛 무늬가 화려하고, 신화와 종교를 주제로 한 천장화가 아름답다.

자신의 고뇌를 표현했다는 '죽어가는 노예', 하반신을 가리고 팔이 없는 '밀로의 비너스' 등 소문난 전시물 앞에는 사람들로 발 디딜 틈이 없다.

레오나르도 다빈치의 '모나리자'는 크지 않은 그림 하나가 벽면을 다 차지했다. 멀리서도 잘 보이는데 저마다 가까이에서 살피려고 야단이다. 나도 사람들을 헤집고 여러 각도에서 모나리자의 미소를 보려 애를 썼다. 몇 번이고 다시 가서 보았다. 제리코의 '메두사호의 뗏목'은 조난당한 사람들의 필사적인 몸부림이 사진 이상으로 사실적이다. 프랑스 역사의 일면을 보여주는 들라크루아의 '민중을 이끄는 자유의 여신'은 프랑스 혁명 당시 자유를 갈망하는 사람들의 표정이 살아 있다. 작품마다 감탄을 자아낸다.

'나폴레옹 1세의 대관식'은 대형화다. 조세핀 왕비가 걸친 붉은 망토의 융단과 얇은 레이스의 질감이 고스란히 느껴진다. 사람의 손으로 그렸다고 믿기지 않는다. 많은 그림에서 지난날 유럽의 종교와 생활수준을 짐작하게 된다. 그림은 시대를 반영하고 역사를 눈으로 보게 한다. 한 번 보고 지나치기 아쉬워 시간에 쫓기면서도 돌아서 다시 보게 된다. 영국의 내셔널 갤러리와 대영 박물관을 본 여운이 사라지지 않았는데 연이어 세계적인 박물관을 구경하니 유럽 대륙이 하나의 예술과 문화의 도시라는 느낌이다

못다 본 아쉬움을 접고 센 강 건너편 오르세 미술관으로 갔다. 기차역을 개조하여 만든 2층 건물이다. 천장이 유리 돔이라 실내가 밝고 중앙홀이 뚫린 타원형 복도식의 전시관이 시원스럽다. 규모가 큰 루브르 박물관에 비해 자그마하지만 그 유명세는 루브르에 못지않다. 2층 발코니에 서니 센 강의 풍경과 강 건너 루브르 박물관이 한눈에 들어오고 멀리

_ 오르세 미술관 내부. 천장이 유리 돔이라 실내가 밝고 중앙 홀이 뚫린 타원형 복도식의 전시관이 시원스럽다.

몽마르트르 언덕의 사크레쾨르 대성당의 돔도 보인다.

오르세 미술관의 그림은 19세기 중반부터 20세기 초반까지의 밀레, 모네, 고흐, 고갱, 마네, 세잔 등 인상파 작품이 중심이다. 사진으로 많이 본 그림인지라 친근감이 간다. 밀레의 '만종'과 '이삭줍기'는 작은 그림에 큰 감동을 담았고, 드가의 '발레 수업'은 교사 시절 내 반 교실 풍경이 떠오르게 한다. 모네의 '수련'은 물감을 툭툭 칠했는데 거리를 두고 보면 수면에 예쁜 꽃송이가 가볍게 떠 있는 마법 같은 그림이다. 별실에서 고흐 특별전이 열리고 있는데 입장 줄이 너무 길어 마냥 기다릴 수가 없다. 패스로 무료입장이 되니 조용한 시간대에 다시 오기로 하고 나왔다.

남편과 나는 센 강을 따라 노트르담 대성당까지 걸었다. 파리에서 가장 오래된 퐁네프 다리도 걸어보았다. 사랑의 자물쇠가 다리 난간을 빈틈없이 메웠다. 삶은 호락호락한 것이 아닐진대 열쇠 주인들은 변함없는 사랑을 속삭이며 살고 있을까?

정면에서 바라보는 노트르담 대성당은 아담하다. 3개의 출입문에는 성경 내용이 조각되어 있다. 건축 당시 글자를 모르는 사람들을 위해 조각한 것이란다. 안으로 들어서니 외관과 달리 장엄하다. 벽면 가득한 스테인드글라스의 아름다움과 수많은 조각상의 섬세함에 감탄이 절로 나온다. 커다란 십자가 아래의 피에타는 자연 채광으로 신비스럽다. 빅토르 위고의 소설 '노트르담의 꼽추'를 생각하며 종탑을 볼 수 있는 전망대에 올랐다.

나선형의 계단을 따라 오르니 좁은 통로라 마음대로 움직일 수가 없다. 파리 시내의 전경이 한눈에 들어온다. 도심을 가로지르며 흐르는 센 강, 우뚝 솟은 에펠 탑, 알맞게 솟은 몽마르트르 언덕, 성당 주위 옛 궁과 시청사를 비롯한 고풍스러운 중세 건물들이 보인다. 놀라운 것은 노트르담 대성당의 지붕이다. 커다란 십자 모양의 지붕 중심에 높은 종탑이 우뚝하고 뾰족한 끝은 하늘을 향해 치솟았다. 그뿐만 아니다. 많은 성인 조각상이 지붕 위에 나란히 서 있다. 종탑은 레이스 천으로 감싼 듯 아름답다. 괴물 모양의 빗물받이 가고일(이무깃돌)의 다양한 모양과 그 수가 많음에 놀랐다. 지붕은 어느 한 곳도 허술하지 않은 대형 작품이다. 아래에서는 보이지 않는다. 내려다볼 수 있는 분은 오직 하느님이다. 모든 것은 하느님 보시에 좋게 만들겠다는 염원이 담긴 걸작이다.

노트르담 대성당은 센 강의 한복판 시테 섬 끝자락에 세워졌다. 한여름 녹음과 어우러져 굽이치는 센 강 풍광이 아름답기 그지없다. 성당 광장에서 입장을 기다리는 사람들이 꼬물거린다. 루소가 잠들어 있는 팡테

_노트르담 대성당. 이곳에서 나폴레옹 대관식과 드골과 미테랑 등 전직 대통령의 장례식을 치렀다.
_노트르담 대성당의 지붕. 괴물 모양의 빗물받이 가고일(이무깃돌)의 다양한 모양과 그 수가 많음에 놀랐다.

옹의 커다란 돔이 보인다. 긴 줄을 기다렸다 올라온 보람이 있다.

노트르담 대성당 가까운 곳에 생트샤펠과 콩시에르쥬리가 있다. 패스로 무료입장이 가능한 곳이다. 생트샤펠은 파리에서 가장 아름다운 고딕 양식의 작고 아담한 성당이다. 창세기의 아담과 이브, 신약의 그리스도의 어린 시절 이야기를 새긴 스테인드글라스가 서쪽으로 기운 해를 받아 형태와 색채가 또렷하고 아름답다. 작은 성당 분위기가 내 마음을 편안하게 해준다.

콩시에르쥬리는 14세기에 세운 궁전인데 프랑스 혁명 때 감옥으로 사용되었다. 마지막 왕비 마리 앙투아네트가 76일 동안 갇혀 있던 독방이 그대로 재현되고, 지하 홀에서는 프랑스 혁명에 관한 영상물이 상영된다. 비운의 왕비 마리 앙투아네트는 영화와 뮤지컬, 소설로도 그려진 인물이다. 오스트리아 여제의 막내딸로 루이 16세와 정략결혼을 한 그녀는 뛰어난 미모에 여러 나라 언어에 능통했다. 영특하고 활달한 성품이라서 갇힌 궁정생활에 적응하지 못하고 파티와 무도회를 자주 열어 사치와 낭비가 심하다는 평을 받았다. 프랑스 혁명 당시 베르사유 궁전을 꾸미는 데 국고를 낭비했다는 죄목으로 이곳에 갇혔다가 단두대에서 일생을 마쳤다. 그녀의 나이 38세 때였다. 왕비의 간단한 유품을 보면서 뛰어난 미모와 지혜를 겸비했지만 제대로 발휘하지 못한 한 여인의 삶을 상상했다.

"이제 어디로 가?"

파리의 박물관과 미술관은 요일별로 폐관 시간이 달랐다. 루브르 박물관은 수요일과 금요일에 오후 9시 45분까지 연장되고, 오르세 미술관은 목요일에 오후 9시 45분까지 문을 연다. 로댕 미술관은 수요일 오후 8시 45분에 폐관되어 관광객의 편의를 봐주는 것 같다. 남편과 나는 서둘러 로댕 미술관으로 갔다.

로댕 미술관은 1728년에 귀족의 저택으로 건축되어 20세기 초 예술가들이 살았다. 로댕은 이곳에서 9년간 살면서 많은 작품을 남겼다. 죽기 1년 전 국가에 작품을 기증하여 로댕 미술관이 되었다. 미술관은 장미꽃과 전나무로 잘 가꾸어진 화단과 넓은 정원을 가진 작은 성과 같다.

정문에 들어서니 '칼레의 시민'과 큼직한 '지옥의 문'이 눈에 들어온다. '지옥의 문'은 다빈치의 '최후의 심판' 그림 내용을 조각으로 나타낸 것 같다. 천상으로 오르려는 인간의 몸부림이 적나라하다. 윗부분에 로댕의 대표작 '생각하는 사람'이 있다. 고뇌하는 모습의 그 한 사람은 인간세상을 내려다보는 하느님이 아닐까?

전나무로 둘러싸인 공간에 세워진 '생각하는 사람'을 한 바퀴 돌며 보았다. 기념관을 배경으로 바라보니 '어떤 삶이 잘 사는 것인가?' 생각하는 듯하고, 푸른 하늘을 향해 올려다보니 천상의 세계를 염두에 두고 자신을 통찰하는 것 같다. 배경과 보는 이의 기분에 따라 다른 생각에 잠긴 듯 해석되니 참 재미있는 조각상이다. 기념관 실내에 들어서니 정원의 작품과 대조되는 '키스'가 홀에 버티고 있다. 매끄러운 백색 대리석으로 남녀가 사랑을 나누는 모습은 인간세상에서 가장 아름다운 자태가 아닐까 싶다. 전시실에는 크고 작은 로댕의 작품과 제자이며 애인이고 경쟁자였던 카미유 클로델의 작품이 많다. 작가 이름을 살피지 않고 보면 구별하기가 쉽지 않다. 예술가로서 서로에게 영향을 주고받음은 영원하다.

하지만 인생살이에서 둘의 관계는 우여곡절을 겪으며 길지 않았다. 한곳에서 두 사람의 작품을 대하니 예술가의 양면성을 보는 것 같다. 추구하는 이상을 작품으로 표현했지만 실제 생활에서는 누리지 못했다. 이상과 현실의 차이다. 작품을 번갈아 보며 70평생 살아온 내 삶을 생각했다. 이상보다 현실에 무게를 두고 어렵고 힘든 세월을 이겨낸 내가 대견하다.

로댕 미술관 관람을 마치고 딸과 만났다. 우리를 만난 손자는 어디에 갔다 왔냐며 따지듯 묻는다. 어린것이 여행은 함께하는 것임을 말하고 싶은 눈치다. 세상에서 가장 좋아하는 엄마와 함께 노는 것도 좋지만 그보다 여행의 일원으로 대접받고 싶다는 말로 들린다. 어른의 관점에서 효과적인 여행이 손자의 입장에서는 재미없는 여행이 될 수 있음을 알았다.

나는 손자를 데리고 다시 로댕 미술관으로 들어갔다. 패스로 재입장이 가능하니 손자에게 조각을 보여주기 위해서다. 남편은 밖에서 기다리고 딸과 함께 들어갔다.

조각상을 구경하는 손자는 '이게 여행이다'라는 말을 행동으로 나타낸다. 싱글벙글하며 좋아서 작품을 빤히 쳐다보고 묻기도 한다. 딸은 '지옥의 문' 앞에서 "밥을 잘 먹지 않고 엄마 말을 듣지 않으면…"이라고 손자에게 설명한다. 손자가 "저 아가는 '살려줘!'라고 해요"라고 말하는 걸 보니 고통 받는 형상이 무엇을 뜻하는지 아는 것 같다. 딸은 천국과 지옥에 대한 이야기를 재미있게 풀어서 해준다. '이런 기회를 놓쳤더라면 어쩔 뻔했지' 싶다.

밖으로 나오니 손자가 묻는다. "이제 어디로 가?" 하루 관광이 끝나가는 시간이다. 손자의 질문에 '옳지!' 용기가 났다. 마침 루브르 박물관이 9시 45분까지 연장하는 날이다. 손자에게 세계적인 박물관을 보여주려고 서둘러 루브르 박물관으로 갔다.

남편은 밖에서 쉬고 딸과 함께 다시 들어갔다. 오전에 본 그림 앞에 다시 서니 배운 공부를 복습하는 듯 그림이 눈에 들어온다. 사람들이 빠져나간 시간대라 손자를 데리고 구경하기에 딱 좋다. 딸은 손자에게 비너스와 프시케 등 유명한 조각을 먼저 보여주었다. 손자는 조각상을 흉내내며 포즈를 취한다. 유명 그림이 가득한 방으로 옮겨 다니던 손자가 갑자기 팔을 앞으로 쭉 뻗고 "나는 해적이다!"라고 외치며 폼을 잡는다. '메두사호의 뗏목' 그림에서 무엇인가를 느낀 모양이다.

나는 박물관 안내 팸플릿을 둘둘 말아 2개의 막대를 만들었다. 하나는 손자 손에 쥐어주고 또 하나는 내가 들었다. 그리고 손자와 그림 속 장면을 연출했다. "할머니, 저것 봐!" 신이 난 손자는 그림을 가리키며 나를 유도한다. 폐관 시간이 임박하니 홀에는 우리뿐이다. 기분이 좋아진 손자는 바닥에서 뒹굴며 갖가지 묘기를 보인다.

여름철이라 해가 길어 어둡지 않다. 루브르 박물관에서 개선문으로 뻗은 일직선 도로변에 튈르리 정원, 콩코르드 광장이 있다. 이 길이 샹젤리제 거리로 이어진다. 조금 피곤하지만 신이 난 손자를 위해 파리 중심거리를 걸으며 구경을 하기로 했다.

튈르리 정원에는 카루젤 개선문이 있다. 나폴레옹 1세가 전투에서 승리한 기념으로 세웠지만 작아서 다시 세운 것이 오늘날 파리의 상징인 에투알 개선문이다. 넓은 광장은 연못과 조각상, 화단과 잔디밭으로 꾸며져 파리 시민의 휴식처이다. 우리는 연못가 벤치에 앉아 잠시 쉬면서 손자에게 아이스크림을 사주었다. 신이 난 손자는 더 잘 걷는다.

튈르리 정원과 연이은 콩코르드 광장 중앙에는 이집트 룩소르 신전에서 가져온 오벨리스크가 높이 서 있다. 이곳에서 루이 16세와 왕비를 비롯하여 1343명이 처형되었다. 처음 루이 15세 광장이라 불리다 프랑스 대혁명으로 루이 15세 기마상이 무너지면서 혁명 광장으로, 그 뒤에 '화합'을 뜻하는 콩코르드로 광장의 이름은 역사의 흐름에 따라 바뀌었다.

샹젤리제 거리에 들어서니 개선문은 조명으로 빛나고 가로등에 불이 들어와 파리의 야경을 꾸민다. 번화가 샹젤리제 거리의 카페와 레스토랑에서 한여름 밤의 여유를 즐기는 젊은이들을 보니 파리지앵이란 말뜻을 알 것 같다. "이제 어디로 가?"라는 손자의 한마디로 박물관과 파리 구경을 제대로 했다.

베르사유 궁전

베르사유 궁전은 파리 남서쪽 23킬로미터 떨어진 곳에 있다. 샹티에르역에서 2층 지하철을 탔다. 루이 14세가 왕의 거처를 이곳으로 옮긴 후 프랑스 대혁명으로 루이 16세가 궁을 떠날 때까지 생활하던 곳이다. 마지막 왕비 마리 앙투아네트가 지나치게 화려하게 꾸며 재정파탄을 불러오고 결국 대혁명의 빌미를 제공한 궁이기도 하다.

입구에서 한국어 오디오 가이드를 받았다. 개관과 동시에 입장했는데도 인파에 휩쓸릴 정도다. 방마다 성경과 신화를 주제로 한 천장화와 벽면에 걸린 초상화가 가득하다. 오디오 가이드를 들으며 차례로 구경했다. 그림을 전시한 갤러리도 있다. 베르사유는 화려한 궁전인 동시에 작은 미술관이다. 1층 왕실 예배당은 푸른색이 감도는 천장화와 장식으로 종교적 공간이라기보다 궁전 행사를 위한 장소처럼 화려하다. 왕비의 방

_ 베르사유 궁전. 넓고 아름다운 정원이 주는 감흥은 어린 손자에게도 마찬가지인 듯하다.

은 마리 앙투아네트가 아이를 낳고 거처한 방인 만큼 전체가 황금빛으로 화려하다. 거울의 방에 서니 17개의 아치형 거울에 빛이 반사되어 어질어질하다. 크리스털로 장식된 41개의 상들리에와 황금 촛대는 화려함의 극치다. 긴 홀을 두세 번 왔다 갔다 하며 그 화려함에 감탄하고 사람의 욕망과 재주를 생각했다. 궁 내부 어느 한 곳도 꾸미지 않은 곳이 없다. 계단을 오르는 공간의 조각과 그림, 무늬는 혀를 차게 만든다.

한 바퀴를 돌아 밖으로 나와 숨을 크게 들이마셨다. 가만히 있어도 떠밀려 앞으로 나가는 복잡함에서 벗어난 해방감과 화려함에서 벗어난 홀가분함이 느껴진다. 잘 가꾼 정원과 넓은 숲, 대운하, 크고 작은 분수, 줄지어 선 조각상을 내려다보니 속이 확 트인다.

햇볕이 따갑다. 딸은 손자와 함께 기하학적으로 꾸며진 아름다운 정원을 돌아보겠다고 하고, 남편은 숲 속에서 쉬겠다고 한다. 나는 혼자 걸었다. 꽃밭을 지나 아폴론 분수를 보고 대운하를 따라 걸었다. 운하 쪽에서 올려다보는 궁전은 정원과 어울려 또 다른 느낌을 준다. 나무 한 그루마다 정성을 들여 다듬은 넓은 정원이 깔끔하고 아름답다.

대운하에서는 보트놀이를 하고, 간이매점과 레스토랑에는 사람들이 북적이고, 숲에서는 산책을 즐기고, 꼬마 열차와 미니 자동차는 관광객을 가득 태우고 지나간다. 자전거를 대여하여 쌩쌩 달리는 사람들도 있다. 궁전 뜰 어디나 사람들로 붐빈다. 재정파탄을 불러온 베르사유 궁전이 오늘날 하루에 벌어들이는 관광수입은 어마어마할 것 같다.

혼자 숲 속으로 들어갔다. 작은 도로와 오솔길이 잘 닦여 있다. 왕실의 여인들이 거처하던 별궁과 농가가 있다. 별궁은 그림과 가구로 꾸며진 작은 박물관으로 개방된다. 오솔길을 따라 걸어가니 왕비 마리 앙투아네트를 위해 루이 16세가 만든 12채의 전통 가옥이 보인다. 채소밭과 외양간이 있고, 호수에는 오리 떼가 떠다닌다. 왕비가 농사로 소일하는 모습을 그려보았다. 계속 걷다보니 졸졸 흐르는 시냇물이 나오고 팔각정 비슷한 쉼터도 나왔다. 베르사유 궁전은 유럽 최대 최고의 궁전으로 여러 나라 궁전의 모델이 될 만하다 싶다.

내가 정원을 구경하는 사이 손자는 낮잠을 자고 뜰에서 돌 놀이를 했다며 먼지를 덮어썼다. 세계적으로 이름난 베르사유 궁전의 많은 인파 속에서 보낸 손자의 놀이 또한 좋은 경험이 되었으리라 믿는다.

루소

루소가 잠들어 있는 팡테옹은 교회 건물이었다. 프랑스 혁명 정부가 혁명 영웅의 시신을 안치하면서 국립묘지로 되었다. 지하 묘소 넓은 홀에는 루소와 볼테르가 서로 마주 보며 안치되어 있다. 작은 방에 퀴리 부부를 위시해 많은 위인의 관이 여러 구 함께 나란히 안치된 것과 달리 볼테르와 루소는 특별 대우다. 루소 묘에는 비석도 장식도 없이 달랑 미소를 머금은 사진 한 장이다. 나는 고개 숙여 인사를 했다.

나는 뒤늦게 석·박사 과정으로 아동학을 전공하면서 루소의 교육사상에 빠진 적이 있다. 그는 사람마다 자기완성의 의지를 지니고 태어난다고 했다. 도와주고 기다리면 누구나 자신이 지닌 재능을 발휘하게 되니 믿으라고 했다. 넝쿨손으로 자라는 호박은 지주대를 받쳐 묶고 키워도 끝내는 호박의 속성대로 넝쿨을 뻗을 수밖에 없듯이 사람 또한 저마다 자연성을 지니고 있다고 했다. 진정한 교육은 이 자연성에 위배되지 않도록 이끌어주는 것이다. 교사와 부모의 지시와 강요는 타율적인 가르침으로 자연성을 훼손하게 된다며 그는 자율성을 강조했다.

이러한 루소의 사상을 드러낸 책 '에밀'은 교육소설이다. '에밀'은 자녀 양육에 조언을 구하는 귀부인의 청을 받아 쓴 것으로 교육방법뿐만 아니라 그의 사상 전체를 엿볼 수 있다. 에밀의 출생에서 20세까지의 교육 과정을 기록했다. 그의 5단계 교육방법 중 특히 영유아기인 1단계의 부모 역할을 강조하며 젖꼭지를 문 아기와 엄마의 정서적 교감 장면을 상세하게 표현했다. 아기를 키워본 적이 없는 남자가 어떻게 이렇게…. 번역서라 한국적 정서로 표현했는지 모르지만 내가 자식을 키우던 때를 떠올리며 회한의 눈물을 흘리게 만들었다. 그는 세상의 부모들을 향해 경고를 했다. 부모가 되어 자식을 키우면서 한순간이라도 부모로서 그 임무를 소홀히 한다면 피눈물을 흘릴 것이라 했다. 그리고 가르침은 아이의 본성인 흥미와 재미에 초점을 두고 아이의 필요에 의한 활동을 돕는 것이라 했다. 나는 자식을 양육하고 학생을 가르칠 때 모름지기 쉽고 자연스러워야 한다는 교훈을 얻었다.

그가 쓴 고백서에는 그의 삶이 들어 있다. 루소는 태어나 10개월이 채 되지 않은 시기에 어머니를 잃고 어린 시절 불운하게 자랐다. 독학으로 자신의 사상체계를 세운 천재 루소는 젊은 시절 여러 직업을 전전했다. 그중 가장 어렵고 힘든 일은 바로 가정교사였다며, 아무리 참으려고 해도 울분이 치솟아 학생에게 화를 내게 되었다고 고백했다. 그리고 자식 5명을 모두 입양기관에 버린 죄책감과 그럴 수밖에 없었던 사정도 밝혔다.

내가 루소를 좋아하는 이유는 그의 아동관에 따라 학생을 가르치면서 뒤늦게 교직의 재미와 보람을 얻었고, 내 자식 셋을 키우면서 힘들어했던 잘못을 밝힐 수 있었기 때문이다.

교직 초기에 교사는 가르치는 사람이라 생각했다. 한 손에는 분필, 한 손에는 회초리를 들고 애써 가르치며, 교사인 나는 열심히 가르치는데 학생으로서 게으름을 부린다고 탓하며 꾸짖었다. 당시 나는 책임완수형 교사로 무척 힘이 들었고 교직을 떠날 기회만 엿보았다.

교직 중기에 교사인 동시에 학부모가 되었다. 자식이 내 뜻대로 잘 따르지 않고 공부를 기피할 때 "자식 키우기 어렵다!"고 하소연하며 중년앓이를 심하게 했다. 교직을 그만두고 아동학 공부를 하며 루소 사상을 배웠다. 학생을 가르치고 자식을 키우는 동안 겪은 힘듦과 어려움의 원인은 모두 나에게서 비롯됨을 알았다. '다시 교사로 가르치는 기회가 주어진다면 잘할 수 있는데…' 하는 막연한 바람이 꿈같이 이루어져 복직을 했다.

복직한 교직 말년에 루소의 가르침을 교단에 적용할 기회를 얻었다. 되돌아보면 내 교직 생활 절반 이상은 나라 세금만 축낸 꼴이다. 열심히 한다고 했지만 교사로서의 권위를 내세우며 아이들을 바로 바라보지 못했다. 뒤늦게 농부가 가을에 농작물을 수확하듯 내 교직 말년을 수확기라 정하고 그 잘못을 만회하려 했다. 복직을 하고 보니 학생이 있어 교사로서 가르치는 보람을 갖게 되니 저절로 학생에게 감사하는 마음이 생겼다. "왜 틀렸니?" 힐책이 아닌 "괜찮아! 너는 달리기를 잘하잖아!" 아이들이 지닌 재주를 인정하고 격려하니 가르치는 일이 수월하고 재미있었다. 내 마음과 말과 태도가 바뀌니 학생은 바른 태도로 수업에 참여하며 자신감을 갖고 노력했다. 차츰 문제행동까지 바뀌어갔다.

자식의 변화에 놀라지 않는 학부모는 없다. 나를 만나면 '감사하다'고 인사를 했다. 지난날에 비하면 한 것도 없는데… 단지 아이들이 가려워하는 곳을 시원하게 긁어주며 등을 다독거렸을 뿐이다. 학부모를 돕는 것이 바로 내가 할 수 있는 봉사라 생각했다. 학생에게 감사의 정신으로, 또 학부모에게는 봉사하는 마음으로 가르침을 펼치니 교직은 힘들고 어려운 일이 아니었다. 재미있는 일인 동시에 보람을 안겨주었다. 나는 교직의 수확기를 감사와 봉사 정신으로 마무리할 수 있는 힘을 루소에게서 얻었다.

손자와의 유럽 여행 또한 루소의 영향이 없지 않다. 루소는 '에밀'의 교육 마지막 여행을 떠나보내면서 막을 내린다. 에밀이 여행에서 돌아오면 의연한 사회의 일원으로 제 몫을 다할 것이라고 믿었다. 나는 큰 가르침을 준 한 사상가에게 경건한 마음으로 고마움을 표했다.

에펠 탑

에펠 탑 야경을 보기로 했다. 사요 궁 언덕에 서니 트로카데로 정원의 분수와 에펠 탑이 한눈에 내려다보인다. '과연 파리에서는 에펠 탑이구나!' 감탄이 절로 나온다. 거리를 두고 보니 에펠 탑이 아름다운 장신구처럼 가볍게 보인다. 센 강의 이에나 다리를 건너 에펠 탑 밑 광장으로 갔다.

에펠 탑은 1889년 프랑스 혁명 100주년을 기념하여 세웠다. 당시에는 철골이 그대로 드러난 건축물이라 비난을 받았다. 가까이에서 올려다본 에펠 탑은 멀리서 본 것과 달리 육중하다. 뾰족탑에서 흘러내리는 유연한 곡선은 적당한 높이의 전망대로 악센트를 주어 단조로우면서도 날렵하다. 120여 년 전에 세운 건축물이다. 시대를 초월한 작품을 남긴 에펠은 어디서 영감을 받았을까? 인간 능력은 무한하다. 에펠 탑은 철학적 사유를 하게 만든다.

많은 교육사상가들은 어린이를 존중해야 하는 이유를 밝힐 때 인간이 지닌 능력에 대하여 기본적으로 설명한다. 이를 내 나름으로 해석한다. 한 사람의 생명은 수억 마리 형제 정자 중 가장 먼저 난자의 벽을 뚫어 잉태되는 순간부터 치열한 경쟁에서 살아남은 승리자다. 그리고 열 달간의 태내 성장은 인류의 진화 과정을 포함한다. 부모로부터 생명만이 아

_ 사요 궁 언덕에서 바라본 에펠 탑.

닌 수억 년 인류조상의 삶의 경험이 농축된 인자를 DNA로 물려받았다. 그렇기 때문에 누구나 승자요 능력가다. 귀천에 관계없이 인간은 존엄하고 갓 태어난 아기도 무한 능력의 소유자다. 에펠은 그가 지닌 무한한 능력을 유감없이 발휘한 사람이다. 그의 부모와 교육환경이 그의 능력을 인정하고 이끌어주지 않았을까.

에펠 탑 광장은 세계적인 관광명소답게 붐비고, 곳곳에서 다양한 거리 공연이 펼쳐진다. 손자는 선물가게에서 산 에펠 탑 모형을 꺼내 들고 번갈아 쳐다본다. 손자 눈에도 뛰어남이 보이는 듯하다.

야경을 기다리는 동안 이에나 다리 밑 유람선 선착장으로 갔다. 가게에서 흘러나오는 흥겨운 노래에 손자는 엉덩이를 흔들며 리듬을 탄다. 박물관 패스가 끝나니 서둘 필요가 없다. 강바람을 쐬며 여유를 즐겼다.

밤이 되니 쌀쌀하다. 유모차를 탄 손자가 잠이 들었다. 잠자는 아이에게 고생을 시키는 것 같아 미안하지만 에펠 탑 야경 또한 놓칠 수 없다. 시간이 흐를수록 관광객들이 점점 더 많이 모여든다. 탑에 불이 들어오자 삼삼오오 모여 샴페인을 터뜨리며 얼싸안고 환호한다. 빛나는 에펠 탑은 낮과 다른 아름다움을 연출한다. 잠자던 손자가 환호성에 눈을 떴다. "저 봐, 예쁘지? 에펠 탑이야!" 잠결이라 손자는 크게 반응하지 않고 멀뚱거린다. 그다음 날 손자는 모형을 꺼내 보며 "어젯밤엔 빨간 에펠 탑이었는데…" 한다.

개선문과 몽마르트르 언덕

파리 관광의 마지막 날 몽마르트르 언덕과 개선문을 찾았다. 일찍 숙소를 나서니 길거리에 장이 섰다. 대형 트럭이 즐비하고 과일, 고기, 잡화 등 없는 게 없다. 값을 비교하니 서울 물가의 반값 정도다. '파리에서 이게 웬 떡!' 딸은 필요한 만큼 사야 한다고 말렸지만 나는 이참에 실컷 먹고 남으면 가지고 갈 셈으로 체리와 포도, 토마토, 복숭아, 자두, 수박,

_ 사크레쾨르 대성당.

닭고기, 즉석에서 만든 빵 등 푸짐하게 샀다. 가득 들고 숙소로 다시 들어와 냉장고에 보관하고 맛있게 먹었다. 몽마르트르 언덕에서 먹을 과일은 씻어 담았다. 오전 시간이 다 지났다.

우리는 지하철을 타고 몽마르트르로 갔다. 해발 120미터의 높이로 파리에서 가장 높은 지대라 시내 어디에서나 보이는 언덕이다. 3개의 흰색 돔이 우뚝한 사크레쾨르 대성당이 있다. 성당에 들어서니 마침 미사 시간이다. 순교자의 언덕인 만큼 순례객들이 미사를 드린다. 나도 자리를 잡고 기도를 했다. 예수님과 성모 마리아가 우리를 내려다보는 것 같다.

광장에서는 무명 화가들이 초상화를 그리라며 손짓을 한다. 그 수가 많아 경쟁이다. 일거리가 없어 손을 놓고 앉아 애원하듯 손님을 찾는 모습이 애처롭다. 몽마르트르 하면 떠오르는 낭만이란 단어와 어울리지 않

_ 사크레쾨르 대성당 앞 언덕 잔디밭. 관광객들이 파리 시내를 내려다보며 여유를 즐긴다.
_ 사크레쾨르 대성당 앞 언덕에서 내려다보이는 풍경.

는 삶의 현장이다. 지난날 고흐, 피카소, 마티스와 같은 화가들이 예술인 마을을 형성하고 작품 활동을 하던 곳이다. 그 전통을 잇는 거리 화가들이 손님을 기다린다.

_ 몽마르트르 언덕. 손자가 할아버지 손을 잡고 씩씩하게 계단을 내려온다.

비스듬한 언덕 잔디밭은 몽마르트르 하면 그려지는 풍경이다. 관광객들이 파리 시내를 내려다보며 여유를 즐긴다. 우리도 자리를 잡았다. 손자는 신발을 벗어놓고 잔디밭을 오르내리며 그 분위기를 탄다. 옆에 앉은 관광객들이 귀엽다고 윙크를 한다. 손자는 그 보답으로 특유의 몸짓을 보여주며 주위 사람들을 즐겁게 만든다. 허둥대는 내 마음도 느슨해진다. 준비한 과일을 펼쳐놓고 '여기가 파리의 몽마르트르 언덕이구나!' 생각하니 그동안 세상 구경을 많이 한 내 자신이 대견스럽다.

나는 중·고등학생 시절 세계일주를 하고 싶다는 막연한 생각을 가졌다. 현실로 이루겠다는 꿈도 꿀 수 없었다. 의식주를 걱정하던 시절, 김찬삼의 여행기와 사진첩을 보며 몽마르트르 언덕을 동경했다. 그곳에서 손자와 함께 파리 시내를 내려다보며 즐기고 있다니…. 들뜬 기분이면서도 지난날 내 모습이 떠올라 잔잔한 슬픔도 일렁인다.

계단을 내려오며 언덕 위 동네를 구경했다. 고급 주택들이 많다. 매일

_ 개선문 전망대에서 본 파리 시내.

파리 시내를 내려다보고 사는 사람들은 누구일까? 손자는 언덕 입구 어린이 놀이터를 보더니 달려간다. 10일 정도 여행을 하는 동안 손자는 이곳이 외국인지 한국인지 구분하지 않는다. 놀고 있는 꼬마들에게 주저 없이 다가가 어울려 놀이기구를 탄다. 여행 첫날 러시아 공항에서 보이던 서먹함은 없다. 오히려 또래 아이들을 놀이로 유도하며 더 적극적이다. 여행의 재미를 행동으로 표현한다.

해질 녘에 개선문으로 갔다. 개선문 광장 둘레는 차들이 씽씽 달리는 도로다. 사람들은 샹젤리제 거리 쪽 지하통로를 통해 광장으로 드나든다. 관광차를 타고 온 사람들은 도로 건너편에서 개선문을 바라보고 사진을 찍고 돌아간다. 광장에서 그 모습을 보니 내가 아쉽다.

개선문은 나폴레옹 1세가 전투에서 승리한 기념으로 세우기 시작했으나 완성을 보지 못했다. 제2차 세계대전 때 독일에 점령당한 파리의 해방을 선언한 역사적인 곳이다. 광장에는 꺼지지 않는 불이 타오른다. 개선문을 올려다보니 웅장하다. 벽면의 전투 장면 조각도 볼거리다. 마침 무슨 기념일인지 꺼지지 않는 불 주위에 화관이 놓였고 노병들이 군복을 차려입고 거수경례를 올린다. 나는 인도 뭄바이 항구 가까이 위치한 인도 문을 생각하며 보았다. 손자는 벽면 조각상을 흉내 내어 막대를 주워 병정놀이를 한다.

남편과 나는 개선문 전망대에 올랐다. 노트르담 대성당 전망대에서 바라본 파리 시내 모습과 또 다르다. 개선문을 중심으로 12개의 도로가 시원스레 뻗었다. 파리는 도시 미관을 생각하여 7~8층 이하 건물만 짓게 되어 멀리까지 훤히 보인다. 루브르 박물관과 에펠 탑과 몽마르트르 언덕을 기준으로 살펴보니 우리가 걸었던 동선을 파악할 수 있다. 파리가 내 머리에 각인된다. 지난날 꿈도 꿀 수 없던 파리를 내 발로 걸어 다니며 보았다. 다음에 다시 올 때는 예쁜 옷을 차려입고 공연장을 찾으며 예술의 도시 파리를 제대로 느껴보리라.

벨기에, 네덜란드, 덴마크

벨기에 바뇌 성지

오전 8시 벨기에행 기차에 올랐다. 일등석이라 좌석이 넓고 안락하다. 승객도 많지 않아 빈자리가 많다. 우리는 탁자를 가운데 두고 마주 앉았다. 손자는 창 쪽에 앉아 밖을 내다보고 그동안 사 모은 기념품을 꺼내놓고 논다. 시키지도 않았는데 '작은 별' 동요를 부른다. 스쳐 지나가는 창밖 풍경과 달리는 속도감, 안락한 열차 분위기를 즐긴다. 자연발생적인 감정이다. 손자의 말과 행동을 유심히 보고 있노라면 아이들이 어떻게 성장하는지 또 사람의 생각과 감정의 변화를 어떻게 표현하는지 눈에 보인다. 손자를 통해 내 마음을 짚어보게 된다.

피아제는 나날이 성장하는 자신의 아들딸 모습을 관찰 정리하여 인지발달 이론을 만들었다. 목적을 가지고 아이들을 바라보면 그들이 무엇을 하고자 하고 원하는지, 또 어떤 과정을 거쳐 성장·발달하는지 알 수 있을 것 같다. '손자를 위한 여행'이라는 관점을 잊지 않는다면 분명 상호작용 방법을 알게 될 것이다. 일상을 떠난 여행이다. 손자의 언행에 집중할 수 있는 절호의 기회다. 자식을 키우고 학생을 가르친 경험을 보태고 배운 이론을 접목시키면 손자의 생각과 행동을 보다 잘 파악하고 이해하며 그 원인을 짚어볼 수 있겠다는 자신감이 생긴다.

벨기에 중앙역에 도착하니 비가 부슬부슬 내린다. 이번 여행길에 가능한 한 이름난 성지를 찾아보려 한다. 벨기에 바뇌 성지는 성모 발현 성지로 유명하다. 역 앞 정류장에서 64번 시내버스가 바뇌까지 간다. 요금은 3유로다. 비 때문에 딸과 손자는 역 휴게실에서 쉬고 남편과 나만 버스를 탔다. 벨기에의 수도 브뤼셀 시내를 지나 고즈넉한 시골 풍경 속을 40분 정도 달려 바뇌에 도착했다.

성모님의 첫 발현 장소인 소성당을 찾았다. 흰옷에 푸른 허리띠를 두른 성모님과 다소곳이 기도하는 소녀의 벽화를 보았다. 기도하는 순례객들 틈에 앉으니 경건함이 우러난다.

1933년 1월 15일 성모님은 산골마을에서 자라는 12살 마리에트에게 여덟 번 나타났다. 가난하고 병든 이들의 고통을 덜어주려 한다며 샘을 가리키고 기도하라고 당부했다. '치유의 샘' 주위는 화분으로 꾸며지고 샘물을 마시고 손을 담글 수 있도록 되어 있다. '십자가의 길' 기도를 바치는 전나무 숲에는 우산을 받쳐 든 순례객이 줄을 이었다. 마침 대성당에서 미사가 진행된다. 미사까지 참례하게 되니 큰 행운이다.

빗속의 성지는 조용하고 상큼하다. 성당 마당에 세워진 성모상은 마리에트에게 축복을 주시는 모습이다. 그 아래 서니 내 머리 위에 성모님의

_ 벨기에 바뇌 성지. 성당 마당에 세워진 성모상은 마리에트에게 축복을 주시는 모습이다.

손길이 머무르는 듯하다. 가난한 이들의 동정녀라 하시며 조용한 산골마을의 마음이 깨끗하고 순박한 소녀에게 나타나신 성모님의 뜻을 알 듯하다. 나는 촛불을 밝히고 하느님 보시기에 좋은 삶을 살도록 도와달라고 기도를 드렸다. 언제나 도와주십사 억지를 부리는 내 청을 성모님은 외면하지 않으실 것 같다.

남편이 옆에서 "빨리! 빨리!" 버스를 놓친다고 재촉한다. 빗줄기는 점점 굵어진다. 헐레벌떡 뛰면서 선물가게 앞을 지났다. 가까운 사람들에게 줄 선물로 사고 싶은 것이 있는데 살필 시간이 없다. 버스를 타고 멀어져 가는 성지를 뒤돌아보았다. 짧은 시간 허둥거렸지만 마음은 평온하고 아늑하다. 성지는 이상한 힘으로 허둥대는 마음을 차분하게 가라앉히고 이해득실을 따지던 머리의 작동을 멈추게 한다. 그리고 따뜻한 손길로 쓰다듬어 준다. 성지는 보이는 것에 감동하고 없어도 상상으로 그 가르침을 음미하게 만들며 자신을 돌아보고 가다듬게 한다.

1996년과 1998년 두 차례 인도를 여행하며 북부와 중부지역을 동서로 횡단했다. 그때 불교 4대 성지를 찾았다. 남편이 조선 시대 유교에 관한 연구논문을 준비하며 우리나라 곳곳의 향교와 공자의 탄생지인 중국 취푸를 비롯해 공자의 발자취를 더듬는 여행을 했다. 공림의 공자 무덤에 음료수로 인사도 했다.

2010년에는 터키 셀주크의 고대도시 에페수스 유적을 구경하고 그 남쪽 불불산에 있는 성모 마리아 집으로 갔다. 예수님 사후 마리아가 거처한 곳에 작은 성당이 있었다. 이른 새벽 신부님과 우리 부부만이 미사를 드렸다. 작지만 아주 큰 성지 순례를 했다고 좋아하며 에게 해를 바라보며 산을 내려온 적이 있다.

이번 유럽 여행에서 가톨릭 성지를 두루 찾아본다면 세계 3대 종교의 성지를 내 발로 걸으며 가르침을 묵상하는 큰 의미를 지닌다. 스페인의 아빌라와 살라망카, 산티아고, 포르투갈의 파티마는 꼭 찾으리라 여행 출발 전부터 계획했다.

작은 오줌싸개 동상 앞에서 가르침을

브뤼셀 중앙역 라커룸에 짐을 넣고 오줌싸개 동상을 찾았다. 북적이는 관광객들이 없었더라면 그냥 지나칠 정도로 작은 소년상이 골목길 담 옆에 서 있다. 약간 뒤로 젖힌 자세로 고추를 잡고 자신의 오줌 줄기를 바라보며 쉬하는 모습이 시원하다. 오줌 떨어지는 소리까지 더하니 재미도

_ 오줌싸개 동상. 높이 약 60센티미터의 청동상이다.
_ 그랑플라스 광장. 빅토르 위고가 세계에서 가장 아름다운 광장이라 격찬한 광장은 11세기 에 시장이 열리던 곳으로 상업의 중심지였다.

있다. 관광객들은 작은 동상을 배경으로 사진을 찍느라 야단이다. 이 동상은 브뤼셀의 최장수 시민으로 사랑을 받고 있다. 한때 프랑스 루이 15세가 탐을 내 가져갔다 돌려주었다고 한다. 작지만 대단한 동상이다.

손자는 배변 훈련 중이다. 기저귀를 차고 있는 상태라 이 동상을 꼭 보여주기로 계획을 세웠다. "옷을 벗었네. 아기가 쉬를 잘 한다. 그지?" 딸은 의도적으로 손자에게 오줌가리기를 가르치려 한다. 손자는 꼬마 동상을 놀잇감 정도로 생각한다. 손자가 크게 관심을 보이지 않자 딸은 더 이상의 설명을 자제하고 동상을 배경으로 사진을 찍어준다. 애써 아이를 붙잡고 의도했던 것을 가르치려 하지 않는다. 객관적으로 바라보니 아이의 입장에서 배려하고 부모의 욕심을 자제하는 것이 보인다.

오줌싸개 동상 옆에 와플과 초콜릿 가게가 많다. 가게마다 한 손에 와플을 쥐고 맛있게 먹는 오줌싸개 동상을 세워놓았다. 기발한 광고다. 여러 가지 크림 중에 딸기, 바나나, 사과 크림 와플을 샀다. 우산을 받쳐 든 관광객들은 입가에 크림을 잔뜩 묻혀가며 먹는 모습을 서로 쳐다보며 웃는다. 작은 동상 덕에 이름난 관광명소의 풍경이다.

동상 근처에 그랑플라스 광장이 있다. 고딕과 바로크 양식의 멋스러운 시청사와 왕의 집 그리고 길드 하우스 건물이 병풍처럼 광장을 둘러쌌다. 예쁜 성안으로 들어온 느낌이다. 건물 모양은 제각기 다르고 조각과 장식이 독특하다. 특히 지붕을 아름답게 꾸민 건축물들이 서로 어울려 광장을 예스럽고 멋지게 만든다. 조명이 아름다운 밤 풍경은 상상만으로도 충분히 그려졌다.

고흐 미술관

새벽 창밖을 내려다보니 간밤의 소란과는 대비되는 정적이 골목에 감돈다. 레스토랑과 카페, 술집이 모여 있어 밤새 시끄러웠다. 브뤼셀에서 늦게 출발해 거의 자정에 암스테르담에 도착했다. 그 때문에 역에서 가까운 호텔을 예약했는데 이럴 줄 몰랐다.

고흐 미술관 개관 시간 전에 도착하기 위해 식구들이 자는 동안 물을 끓여 보온병에 담고 아침밥을 준비했다. 간밤에 내리던 비가 개어 날씨는 쾌청하고 맑다. 암스테르담은 165개의 운하가 부채꼴로 펴져 있는 북쪽의 베네치아다. 우리는 중앙역 앞에서 트램을 탔다. 1973년 고흐를 기념하여 지은 현대적 건물 앞에는 입장을 기다리는 줄이 길다. 이 미술관에서는 고흐뿐만 아니라 고갱과 밀레의 유명 작품도 볼 수 있다.

내가 교육대학에 입학했을 때는 2년제였다. 1982년에 4년제로 학제가 바뀌어 나는 계절학기로 서울교육대학 미술과에 편입학했다. 신학기가 되면 교실환경 심사가 있었는데 배우면 잘할 수 있다는 기대감에서 미술과를 선택했다. 하지만 재능은 타고나야 한다는 것을 절실히 느끼며 실기에 쩔쩔맸다. 그래도 미술사 공부는 재미있었다. 그때 고흐 작품을 좋아하게 되었다. 고흐가 태어난 나라에서 그를 기념하는 미술관의 그림을 보게 되니 가슴이 떨렸다.

크지 않은 미술관에는 고흐의 동생 테오가 기증한 작품을 비롯하여 유화 200여 점과 데생 500여 점이 전시되어 있다. 파리 오르세 미술관에서 고흐 특별전을 보았다. 그때의 감동을 떠올리며 그의 삶의 흔적을 찾고 싶다. 테오는 37세로 자살한 형의 뒤를 따라 1년 후 죽었다. 두 형제가 나란히 묻힌 사진 자료를 보았다. 평생 동생의 도움으로 그림을 그린 고흐와 형을 끝까지 도운 동생 테오의 형제애는 죽어서도 떨어지지 않는다.

나는 그곳에서 천재 화가의 노력을 보았다. 스케치를 한 학습장, 색색의 털실 묶음, 손때 묻은 그림도구 등 그가 생전에 사용한 것들이 전시되었다. 천재 화가 고흐는 머리와 가슴의 생각과 느낌을 형체와 색으로 쓱쓱 그리는 줄 알았다. 그게 아니었다. 세밀한 스케치를 바탕으로 색의 어울림을 미리 살펴보고 그렸다. 자신의 귀를 자르고 권총으로 목숨을 끊은 사람이다. 대충이 통할 리가 없다. 나는 고흐의 그림에서 순수함과 진실, 대담성과 너그러움 등을 느끼며 미루어 생각한다. 예리하고 세심하며 정이 깊은 사람이 아니었을까, 그리고 뭔가를 이루고 싶지만 적극적으로 나서지 못해 그림에 몰두하지 않았을까. 생의 마지막 70일 동안 80여 점의 작품을 남겼다. 살기 위해 그렸는지 죽음을 생각하고 동생에게 남긴 작품인지 몰라도 불쌍하고 안타깝다. 하지만 짧고 굵게 살다 간 고흐는 그림으로 영원히 살아 있다. 나는 마음 가는 대로 느끼며 이 생각 저 생각으로 그림을 보았다.

'까마귀가 나는 밀밭' 그림은 거센 바람에 잘 익은 밀의 꽃대가 흔들리는 소리가 들리는 듯하다. 이삭은 떨어질 듯 매달려 있고 낮게 깔린 먹구름 속에 까마귀 떼가 까옥거리며 스쳐 난다. 생동감과 암울함 속에 희망도 보인다. 죽기 이틀 전에 그린 그림이다. '감자 먹는 사람들' 그림 앞에 서니 어렵고 힘겹게 살아가는 소박한 사람들의 마음이 느껴진다. 하루의 일과를 마치고 희미한 등불 아래 모여 나누는 이야기가 들리는 듯하다. '펼쳐진 성경과 꺼진 촛불' 그림은 숨결에도 얇은 책장이 들썩일 것 같다. 손때가 묻은 두꺼운 성경책은 목사였던 아버지를 그리워하며 한때 성직자가 되려 한 자신을 드러낸 것이 아닐까. 닳아서 신기 어려운 헌 '구두' 그림이 마음을 편안하게 한다. 하찮은 것에 가치와 생명을 불어넣었다. 검은 구두의 밝은 배경이 그것을 말한다.

3년 동안 방학을 반납하며 다닌 계절학기 공부 덕에 고흐 그림에 내 생각을 담아본다. 그림 감상법이 맞고 틀림을 떠나 좋아서 보고, 보는 것에 만족한다. 그리고 어렵게 공부하던 그때를 떠올린다.

학점을 이수하려고 이젤 앞에서 끙끙거리고, 늦은 시간까지 물레를 돌리며 도자기를 빚었다. 재능 없는 나로서는 힘이 들었다. 하지만 염색, 서예 등 다양한 미술 영역을 접한 좋은 기회였다. 같은 초등학교 교사 친구들은 "선생님, 이렇게 해보세요" 하며 내 손을 잡고 살짝 선을 그어주고, "좋은데요" 하며 맥 놓고 앉아 있는 나에게 용기를 주었다. 연령층이 다양한 친구들은 뒤늦게 배우고 싶은 열망을 지닌 여교사들이었다. 인생의 선후배로 삶의 고충을 털어놓고 서로를 위로하고, 교직의 선후배로 학교생활 정보를 나누니 그게 바로 교사연수였다. 함께 웃고 배웠던 3년간의 경험은 좋은 추억이 되었고, 어렵게 이수한 학점은 석·박사 공부의 발판이 되었다. 세상사 공짜는 없다. 힘든 시기를 보낸 덕에 암스테르담 고흐 미술관에서 좋은 시간을 보냈다.

암스테르담 구경

암스테르담 거리를 걸으니 개방적이고 자유로운 분위기가 물씬하다. 할아버지 악단이 나팔과 아코디언을 연주하며 거리를 누비고, 관광객들로 붐비는 곳에서는 거리 공연이 펼쳐진다. 운하를 따라 줄지어 선 주택들

_ 암스테르담 시내 운하. 운하를 따라 줄지어 선 주택들은 예스러움을 지녔다.

은 예스러움을 지녔다. 미국 샌프란시스코 언덕의 예쁜 집 모양과 흡사하고 곳곳의 다리는 꽃으로 꾸몄다. 골목 같은 운하에는 속력을 자랑하는 제트 보트 등 다양한 배들이 지나다닌다. 카페처럼 꾸민 배 위에서 젊은이들이 환호하고, 수영복 차림의 남녀가 나란히 누워 일광욕을 즐긴다. 악기를 연주하며 손님의 흥을 돋우는 모습도 보인다.

마침 네덜란드와 멕시코의 월드컵 16강전이 벌어지는 날이다. 월드컵 응원전을 준비하며 거리는 오렌지색 물결이다. 레스토랑이 밀집된 골목의 가게마다 축구공을 매달아놓고 TV 월드컵 중계방송에 열중이다. 늘씬한 무희들이 깃털 달린 모자에 중요한 부분만 살짝 가리고 가게 앞에서 요염한 자태로 삼바를 춘다. 신이 난 관광객이 어울리니 열광의 도가니다. 우리도 그 분위기를 즐기려고 레스토랑에 자리를 잡았다. 돼지갈

비와 스테이크 등 고기가 섞여 나오는 요리를 먹으며 월드컵 중계를 보았다. 손자도 발을 들었다 내렸다 공 차는 흉내를 내며 분위기를 탄다. 동시에 터지던 환호가 한숨 소리로 바뀌더니 멕시코의 승리로 끝났다. 애석해하는 사람들을 보며 승리를 만끽하는 좋은 구경을 놓친 나 또한 아쉬웠다.

네덜란드 하면 떠오르는 풍차를 보기 위해 도심에서 멀지 않은 잔세스칸스 풍차마을을 찾았다. 한적한 작은 시골마을에 몇 대의 풍차가 관광용으로 남아 있다. 마을 어귀에 걸린 사진은 지난날 700여 개의 풍차가 돌아가던 모습을 보여준다. 동네를 한 바퀴 돌았다. 시냇가의 예쁜 집, 나막신 제작소 마당에 놓인 배처럼 큰 나막신, 졸졸 시냇물이 흐르는 평화롭고 한적한 마을은 동화 속 나라다. 들판에 세워진 높은 전망대에 올라 바라보니 국토의 4분의 1이 바다보다 낮은 땅이라는 말이 실감 난다. 농경지 사이사이 모두 물길이다.

박물관이 된 안네 프랑크의 집을 찾았다. 13세 안네가 25개월 동안 희망을 잃지 않고 숨어서 일기를 썼다는 다락방을 보았다. 공간이 생각보다 넓다. 안네의 식구들이 은둔생활을 하기 위해 치밀하게 계획하고 준비했음을 알 수 있다. 나치의 잔혹상과 당시 안네 가족의 생활을 보여주는 많은 자료도 전시되어 있다. 운하가 흐르는 마을길에 서 있는 안네의 동상을 쓰다듬으며 "대단해요! 존경합니다" 인사를 했다.

하늘에 먹구름이 몰려오더니 비가 내린다. 빗속에 손자를 데리고 다닐 수 없다. 빽빽한 일정에 고흐 미술관만 보아도 만족한다 생각했는데 재래 꽃시장, 암스테르담 최대의 번화가인 담락 거리, 왕궁이 있는 담 광장과 홍등가 등 볼거리를 남겨두고 떠나려니 아쉽다. 무엇보다 한일합방의

_ 잔세스칸스 풍차마을.

부당함을 알리러 왔다 울분을 참지 못하고 돌아가신 이준 열사의 묘소가 있는 헤이그도 있다. 빗줄기가 거세져 숙소로 돌아와 다음 날 새벽 출발 준비를 했다.

잠자리에 누웠는데 쉬 잠이 오지 않는다. 식구들은 깊이 잠들었다. 혼자 살그머니 나왔다. 암스테르담 관광 코스에서 빠지지 않는 홍등가가 멀지 않다. 운하를 사이에 두고 양쪽 쇼윈도에 상품화된 여자들이 손님을 유혹한다. 선택 받아 이미 나간 빈 의자도 보인다. 늦게 남아 자신의 상품 가치를 높이려는 몸짓이 애처롭다. 어떤 사연을 안고 있는 여자들일까? 화려한 치장이 나를 슬프게 한다. 비가 내리는 밤거리가 관광객들로 붐빈다.

새벽에 일어나니 날씨가 맑다. 중심거리와 광장이라도 보고 떠나려고 딸을 깨웠다. 손자와 남편은 깊이 잠들어 있다. 새벽 공기 속에 중앙역 건너편 담락 거리를 걸었다. 상점의 문은 닫혔지만 암스테르담 최대 번화가답다. 광장은 비둘기 떼만 우우 몰리고 조용하다. 고풍스러운 왕궁 건물이 광장의 주인처럼 보인다. 1648년 시청사로 건축되어 나폴레옹 지배를 받던 시절에는 왕궁으로, 지금은 영빈관으로 쓰인다. 7개의 출입문은 독립을 결정한 7개 주를 상징한다. 왕궁 맞은편에 제2차 세계대전 때 희생된 전사자 위령탑이 있다. 딸과 둘이 새벽 거리를 걷는 기분은 상쾌하다. 운하와 조용한 거리, 문 닫힌 상점의 쇼윈도 등 지난 밤과 다른 차분한 암스테르담이다. 붉은 벽돌의 암스테르담 기차역이 아침 햇살을 받아 더욱 아름답다.

라인 강 유람선

6월 말 북구의 새벽 공기가 쌀쌀하다. 플랫폼에서 열차를 기다리는 동안 남편은 손자가 추울까봐 술래잡기 놀이와 행진으로 움직이게 한다. 어린것이 새벽에 깨웠다고 울고 춥다고 칭얼거릴 만도 한데 할아버지와 재미있게 논다. 기분이 좋을 때 보이는 특유의 포즈까지 취한다. 여행을 계획대로 할 수 있는 관건은 손자의 건강 상태다. 잘 따라다니고 또 건강하니 기특하고 고맙다.

암스테르담 중앙역에서 기차를 타고 3시간 걸려 독일 프랑크푸르트 중앙역에 내렸다. 라인 강 유람선을 타기 위해 이곳에서 다시 뤼더스하임으로 가야 한다. 프랑크푸르트 중앙역은 교통의 요충지답게 역사가 크고 많은 사람들로 활기찼다. 라커룸에 짐을 넣고 곧바로 출발하는 뤼더스하임행 간선열차에 올랐다. 2시간 20분 정도 달려 뤼더스하임의 작은 역에 도착했다. 뤼더스하임은 라인 강 변에서 가장 아름다운 마을로 소문이 난 곳이다. 고성과 구시가지는 중세 분위기를 자아낸다.

우리는 라인 강을 내려다보며 준비한 점심을 먹었다. 중·고등학생 시절 사진으로 그렸던 곳에 50여 년의 세월이 흐른 후 딸과 손자, 남편과 함께 소풍을 왔다. 배불리 먹고 잠시 누워 쉬었다. 햇볕은 따사롭고 하늘은 맑고 푸르다. 라인 강의 시원한 바람이 스쳐 지나가니 꿈만 같다. 새벽 기차를 타고 온 탓에 사르르 잠이 들었다. 꿀맛 같은 단잠이다.

유람선에 오르니 1층은 카페와 레스토랑이고 2층의 넓은 갑판에는 어린이 놀이터까지 있다. 손자는 놀이기구로 달려가 또래 꼬마 몇 명과 어울린다. 로렐라이 언덕까지 약 2시간 동안 손자는 신나게 놀고 나는 강바람에 머리카락을 휘날리며 라인 강의 풍광에 취했다. 어디를 둘러보아도 펼쳐진 포도밭과 숲, 고성과 아담한 작은 마을이 번갈아 나타난다. 유람선에서 바라보는 라인 강 변의 경치는 자연과 사람이 만들어낸 조화의 아름다움이다. 유람선 분위기도 즐겁다. 은은한 음악을 들으며 저마다 느슨하게 여유를 즐긴다. 그 속에 나도 있다.

알프스 산에서 시작한 라인 강은 오스트리아, 독일, 프랑스, 네덜란드를 거쳐 북해로 흘러든다. 총 길이가 1320킬로미터로 그중 독일의 라인 강 부분이 가장 길다. 강폭이 넓고 물살도 세다. 산 위 절벽과 숲 속에 우뚝 자리한 고성은 중세 때 제후들이 요새나 생활 거처로 지었다. 지금은 호텔이나 레스토랑, 박물관으로 개방되기도 한다. 곳곳에 유람선 선착장이 있어 타고 내린다.

높은 절벽 아래 강물이 굽이쳐 흐르는 지점에 오니 유람선에 '로렐라

_ 뤼더스하임. 창문은 꽃으로 장식하고 작은 다락창이 앙증스러운 집들이 모인 마을은 조용하고 깨끗하다.
_ 라인 강 유람선에서 바라본 고성. '로렐라이' 노래가 흐르는 듯하다.

이' 노래가 흐른다. 언덕 위에 깃발 2개가 펄럭인다. 전설을 낳을 만한 지형이다. 우리는 장크트 고아르스하우젠 선착장에 내렸다. 마을로 들어서니 곳곳에 로렐라이 전설에 관한 포스터와 입간판이 세워져 있다. 로렐라이 언덕으로 가는 교통편이 있지만 기다릴 수가 없어 강 풍경을 보기 위해 언덕으로 오르는 길을 찾았다.

"지훈이는 여기서 놀고 우리만 빨리 다녀오자." 남편의 말이 끝나기도 전에 손자는 앞장서서 계단을 오른다. 두고 갈까봐 뒤도 돌아보지 않는다. 발걸음도 빠르다. '여행은 기다림이 아니다'라는 말을 행동으로 보여준다. 올라갈 수 있겠냐고 딸이 물으니 자신 있다고 대답 소리도 크다.

손자는 태어나서 처음 산길을 오른다. 경사가 심한 오르막을 거뜬히 올라간다. 잘 걷는다는 칭찬에 숨을 헐떡이며 최선을 다한다. 설사 로렐라이 언덕까지 못 간다 하더라도 손자를 데리고 걷길 잘 했다. 큰 덕목을 배우고 가르치는 기회다. 어려도 자신이 선택한 일이니 힘들다 짜증을 내지 않는다.

한참을 오르니 라인 강이 내려다보이고 고성도 나왔다. 로렐라이 언덕이 나올 듯한데 보이지 않는다. 마침 내려오는 일행을 만나니 한참을 더 걸어야 한다고 일러준다. 우리는 기차 시간에 맞춰 발길을 돌려야 했다. 손자는 헉헉거리면서도 앞으로 가겠다고 떼를 쓴다. 힘이 들어 그만둘 만도 한데 어린것이 끝까지 가겠다니 그 기상이 내 마음에 든다. 시간만 되면 쉬엄쉬엄 로렐라이 언덕까지 가서 포기하지 않고 해냈다는 감동을 맛보게 할 수 있는 절호의 기회를 놓쳐 아쉽다.

내려오는 길에 바라보는 라인 강 풍경은 유람선에서 보는 것과 다르다. 강물을 헤치고 지나가는 유람선과 어울린 강변 풍경은 한 폭의 그림

_ 뢰머 광장. 광장 중앙에 1543년 세워진 정의의 여신상이 칼과 저울을 들고 높이 서 있다.

이다. 오르지 않았더라면 느낄 수 없는 감동이다. 중·고등학생 시절 노래로 흥얼거렸던 로렐라이 언덕을 내 발로 걷고 강바람을 쐬며 구경하니 꿈을 이룬 기분이다. 오래전 미국 그랜드캐니언 협곡에 내려가 콜로라도 강 물에 몸을 담글 때 느낀 감동이다. 유레일패스로 돈도 한 푼 들지 않아 고급 투어를 공짜로 했다.

유람선을 타고 왔던 길을 기차로 되돌아 프랑크푸르트 역에 도착하니 7시 20분경이다. 다시 10시 19분 기차로 덴마크 오덴세로 가기 위해 기다리는 3시간 동안 프랑크푸르트 구시가지 구경에 나섰다. 프랑크푸르트는 경제와 금융의 중심지로 괴테가 태어난 곳이다.

라인 강 지류인 마인 강 다리 위에 서니 멀리 대성당 탑과 빌딩이 보이고 강변 숲에 둘러싸인 집들이 평화롭다. 강변을 걸어 구시가지의 중심

_ 괴테 생가. 아버지는 왕실 고문이고 어머니는 시장의 딸인 명문가답게 큰 집이다.

인 뢰머 광장에 들어섰다. 세 쌍둥이 건물과 삼각형 지붕의 고풍스러운 중세 건물들이 눈길을 끈다. 광장 근처의 95미터 높이의 뾰족탑이 돋보이는 대성당은 852년에 세워졌다. 오랜 역사를 지녀서 그런지 중후하고, 여러 색이 혼합된 외관이 섬세하다. 성당 내부의 스테인드글라스는 마치 화폭에 성화를 그린 것 같다.

서둘러 괴테 생가를 찾았다. 5층 건물이다. 괴테의 사진과 조그만 안내판이 괴테 생가라는 것을 알리는 표시의 전부다. 시간이 늦어 안으로 들어갈 수가 없었다. 나는 닫힌 문고리를 만져보고 그가 거닐었음직한 거리를 서성거렸다. 괴테가 태어나 자란 집이고 '젊은 베르테르의 슬픔'과 '파우스트'를 집필한 곳이라 생각하니 어느 하나 예사롭게 보이지 않는다. 괴테 생가 옆에는 기념관이 있다. 전시자료들을 보지 못하고 돌아서는 것이 애석하지만 그래도 괴테가 정해진 시간에 어김없이 산책했다는 그 길을 걸어보았다. 괴테가 내 옆에 있는 것 같았다.

역으로 돌아오는 길에 괴테 광장의 분수 동상과 유럽연합 중앙은행 앞에 있는 유럽연합의 상징인 12개의 별 조형물을 보았다. 프랑크푸르트의 구시가지와 신시가지의 두 얼굴을 짧은 시간에 구경했다. 역 구내식당에서 소시지를 넣은 빵과 볶음밥, 스파게티로 저녁을 먹고 덴마크 오덴세로 가는 기차에 올랐다. 6인실 침대차다. 자전거로 북유럽 여행을 떠난다는 독일 청년 3명이 이미 타고 있다. 이른 아침부터 기차를 여러 번 갈아타고 바쁘게 다닌 탓에 눕자마자 곧 잠에 빠졌다.

안데르센 하우스

오덴세는 핀 섬에 있는 작은 전원도시다. 세계적인 동화작가 안데르센이 태어난 곳이라 손자에게 꼭 보여주고 싶었다. 역에서 걸어서 10분 정도 거리에 안데르센 하우스와 시청사, 안데르센이 유년기를 보낸 집과 안데르센 공원이 있다. 시내를 걸으니 깨끗하고 조용한 시골 같으면서도 도시 냄새가 난다.

안데르센 하우스 정원 잔디밭에서는 하루에 서너 차례 안데르센 동화를 뮤지컬로 공연한다. 우리는 11시 공연에 맞추어 잔디밭에 자리를 잡았다. 많은 꼬마들과 부모들이 미리 와서 기다린다. 동화 속 궁전같이 꾸민 무대에서는 예쁜 의상과 재미난 동작, 춤과 노래가 펼쳐진다. 작은 연못에서는 '미운 오리 새끼'에 나오는 못난이 오리 떼가 헤엄을 친다. 공연 도중 바위에서 포즈를 취하던 인어공주가 연못 가운데로 스르르 나오니

_ 안데르센 하우스의 정원 무대에서 펼쳐지는 공연. 예쁜 의상에 춤과 노래가 어우러져 그대로 동화 속이다.

아이들이 박수를 친다. 모든 것이 어우러진 이곳은 바로 동화 속이다.

안데르센 하우스에는 많은 자료가 전시되어 있다. 입장할 때 안내 데스크에서 꼬마들에게 숨은 그림 찾기 용지를 나눠 주고 전시물 사이에 숨겨놓은 동물 인형을 찾아 체크하며 관람하도록 유도한다. 손자는 열심히 살피며 하나씩 발견하는 재미에 바쁘다. 체험공간도 있다. 색종이와 가위를 마련해두고 다양한 모양의 무늬를 오려 벽면에 붙이게 하고, 바닷속을 여행하는 기분을 느끼게 만든 무대도 있다. 큰 홀 서가에 가득 찬 책을 볼 수 있게 큰 책상도 마련해두었다. 손자는 방마다 다니며 가위질도 해보고 빛으로 꾸민 무대에 올라 신기해한다.

나도 볼거리가 많다. 안데르센이 생전에 사용한 책상과 가구, 구두 수선공이던 안데르센의 아버지가 사용하던 도구 등이 전시되어 그가 산

흔적을 볼 수 있다. 예술과 삶, 인생에 대한 그의 견해를 표현한 글도 곳곳에 붙어 있다. "I am like water"로 시작되는 문장과 창작의 기본은 "cut out carefully"라는 글귀를 가슴에 새겼다. 여행을 좋아한 그는 "To travel is to live"라고 했다.

그의 생애를 담은 영상자료와 크고 작은 사진은 그의 명성을 말해준다. "내 인생은 한 편의 아름다운 동화다"라고 한 말의 의미를 알 듯했다. 작고 아담한 안데르센 하우스에서 나는 동화작가의 성공과 순수한 마음을 엿보며 큰 감동을 받았다. 그리고 한 사람의 위대한 업적을 생각했다. 안데르센 동화를 읽고 들어보지 않은 사람은 없다. 그의 이야기로 꿈과 희망을 키우며 자라 성인이 되었다. 앞으로도 영원히 세상의 많은 어린이를 감동시킬 것이다. 작은 마을 가난한 구두 수선공의 아들로 태어난 그의 영향력은 끝이 없다.

오덴세 구시가지를 통과하며 시청사를 보고, 안데르센 동상이 서 있는 넓은 공원을 지나 안데르센이 유년기를 보낸 집을 찾았다. 아주 작은 집이다. 방과 부엌, 정원 등 작은 공간에 작은 물건들이다. 구두 수선공 아버지의 작업장과 도구, 안데르센이 사용한 요람과 침대, 책상 등 살림도구는 소박하게 살았던 생활의 일면을 보여준다. 젊은 시절, 안데르센은 가난에서 벗어나기 위해 집을 떠나 배우가 되려 했다. 그러나 실패를 거듭했고 독지가의 도움으로 공부를 했다. 그리고 이탈리아를 여행하며 그 경험을 살려 동화를 썼다. 역경을 이겨내고 어린이에게 꿈과 희망을 심어 준 안데르센은 그 자신의 꿈과 희망을 놓지 않은 사람이다.

나는 손자가 안데르센 동화책을 읽을 즈음 보여주려고 열심히 비디오 촬영을 했다. 자기가 그곳에 다녀왔다는 자부심으로 책 읽기를 좋아하고 작가가 전하는 메시지를 자연스럽게 터득하리라 믿으며 손자의 표정을 놓치지 않고 카메라에 담았다.

코펜하겐

코펜하겐은 스칸디나비아 반도 주요 도시로 연결되는 교통의 요지답게 활기차다. 옛 모습을 고스란히 간직한 르네상스 시대의 건축물과 넓은 도로, 고급 부티크의 화려한 쇼윈도, 거리 어디나 북적이는 관광객과 거리 공연 등으로 매력적인 도시 코펜하겐은 관광천국이다. 하지만 우리는 느슨하게 즐길 여유가 없다. 1박 2일 동안 가장 코페하겐다운 곳을 찾아 구경했다.

코펜하겐의 상징인 인어공주는 80센티미터의 작은 동상이다. 막 물에서 올라와 바위에 다소곳이 앉은 모습이다. 이 동상을 보기 위해 길가에 관광버스들이 줄지어 서 있다. 어느 해안과 다를 바가 없는 바닷가에 달랑 작은 조각 하나뿐, 특별한 게 없다. 동화가 조각으로 재탄생된 작품이다. 자연 그대로의 배경이 인어공주 동상을 더 돋보이게 한다. 나는 자리를 바꿔가며 동상을 바라보았다. 앉아 있는 모습과 얼굴 표정이 조금씩 다르게 보인다.

많은 관광객은 사진을 찍기 위해 차례를 기다릴 정도다. 세계 각국에서 모여든 사람들은 어렸을 적 읽은 동화 속 주인공을 만나고 싶어 찾아왔다. 추억을 그리는 순수한 마음은 사람의 상정이다. 인어공주 동상 앞의 많은 사람들을 보니 예술은 우리를 치유하고 여행은 우리를 그 길로 안내한다는 생각이 든다.

_ 인어공주 동상. 손자가 기념품과 실제 동상을 번갈아 보고 있다.
_ 안데르센 동상. 고개를 약간 젖힌 자세로 길 건너 티볼리 파크를 바라보고 앉아 있다.

시청 광장에는 가이드 뒤를 따르는 관광 팀이 많다. 꽃이나 작은 인형을 막대에 매달아 각 팀을 표시했다. 우리나라 단체 관광 팀도 있다. 시청 안으로 들어서니 4층 높이의 중앙 홀이 확 트였다. 마치 중세 속으로 들어온 기분이다. 일반에게 공개된 관광지라 층마다 회랑을 돌며 벽화를 구경하고 업무 중인 사무실도 엿보았다. 작은 수도꼭지 하나도 예스러움을 지녔다. 1층 출입구 작은 방의 대형 유리 상자에는 시계의 시침, 분침, 초침 3개의 톱니바퀴가 맞물려 돌아간다. 대형 시계의 제작 과정과 상세한 설계도를 전시해둔 것이 인상적이다.

손자는 시청 앞에 세워진 커다란 용 조각상 위에 걸터앉아 호령을 한다. 용의 형상이 범상치 않다고 느낀 모양이다. 그리고 시청 옆에 세워진 안데르센 동상으로 달려가 만져본다. 모자를 쓰고 고개를 약간 젖힌 자세로 책과 지팡이를 손에 쥔 안데르센이 길 건너 티볼리 파크를 바라보고 앉아 있다. 뭔가 말하고자 하는 표정에 친근감이 간다. 손자와 나는 동상의 손을 잡고 악수를 했다.

뉘하운 항구는 그 옛날 고기잡이배들이 드나들며 북적이던 서민적인 곳이었다. 지금은 많은 요트가 정박하고 카페와 레스토랑이 즐비하다. 큰 요트에 호텔이란 간판이 붙어 있다. 열린 문으로 들여다보니 가족이 식탁에서 음식을 먹고 있다. 거리의 포장마차에서 술잔을 기울이는 관광객들로 항구의 분위기는 활기차다. '안데르센이 젊은 시절 방세를 내지 못해 옮겨 다닌 집이 어딘가 있을 텐데….' 우리는 항구의 해질 녘 풍경을 바라보았다.

손자는 기념품 상점을 보고 눈이 휘둥그레진다. 특히 커다란 레고 매장 앞을 지나치지 못한다. 문 앞에 있는 레고로 만든 큼직한 전시물이 정교하고 아름답다. 가게 안에 들어서자 손자는 "와! 와!" 소리친다. 넓은 매장에는 아이들이 레고 놀이를 할 수 있은 공간도 있고 동물과 자동차 등 다양한 종류의 레고 작품들이 많아 내 눈에도 감탄스럽다. 레고로 유명한 코펜하겐답다. 손자는 많은 상품 중에서 갖고 싶은 것을 쉽게 고르지 못한다. 크기와 가격이 적당해야 한다는 것을 이미 알고 있기에 몇 바퀴를 돌며 신중하다. 기다리는 시간이 아까워 "이거 어때?" 하고 내가 골라주니 "아니야!" 하며 단호하게 거절한다.

여행을 시작한 후 가는 곳마다 손자는 기념이 될 만한 것을 한 가지씩 샀다. 그러자 돈을 주어야 갖고 싶은 물건을 사게 된다는 것을 알고는 돈만 보면 "내가 갖고 있을래" 하며 호주머니를 벌리고 넣어달라고 사정을 한다. 그러고는 동전 몇 개만 지녀도 "내 돈으로 살 거야!" 하며 물건 고르기를 좋아한다. 딸은 일정 금액(5~10달러) 안에서 크거나 깨지지 않는 것으로, 한 곳에서 하나만 사야 한다고 손자와 약속을 했다. 그리고 손자가 직접 고르고 돈을 지불하도록 했다.

물건을 사는 횟수가 거듭될수록 찬찬히 살피며 제법 그럴듯한 물건을 고르고, "이것은 커서 가지고 갈 수 없어"라며 도로 놓을 줄도 안다. 손자의 쇼핑 방법에 보조를 맞추자니 기다리는 시간이 아깝고 지루할 때도 있다. 하지만 여행이 아니고는 경험하지 못하는 기회라 참을 수밖에 없다. 기준에 합당한 것을 고르기 위해 집었다 놓기를 반복해도 이 또한 공부라 생각했다. 손자는 프랑스에서 산 작은 에펠 탑 모형은 마음에 든다고 자기 가방에 넣고 다니며 꺼내 보길 좋아한다. 제 손으로 골랐기에 애착을 갖는다. 밤 10시가 넘었는데도 한낮같이 밝다. 북구는 여름철이 여행 시즌으로 늦은 시간까지 구경할 수 있어 효과적이다.

노르웨이, 스웨덴, 핀란드

체력과 정신력

오후 9시 45분경 노르웨이의 오슬로에 도착하니 아직 해가 있다. 낮 같은 밤이다. 호텔 방은 크고 부엌시설이 너무 좋다. 푹신한 침대가 4개인 넓은 방이다. 2박 3일 일정이라 마음이 느긋하다. 가까운 마트에서 통닭 두 마리를 샀다. 큰 냄비에 백숙과 닭볶음탕을 만들었다. 오랜만에 된장국도 끓이고 야채무침도 했다. 기차여행 끝에 장을 보고 음식을 만들어 늦은 저녁을 먹고 정리하니 자정이 넘었다.

나는 때때로 무리하게 일을 감행한다. '주어진 몫이고 미룰 수 없다', '시간을 효과적으로' 등등을 생각하며 항상 바쁘고 힘들다. 딸과 남편이 간단히 먹고 쉬자고 하니 된장국 한 가지면 족하다. 그런데 며칠간 부실하게 먹은 듯해 푸짐하게 먹이고 싶었다. 시설이 좋으니 만들고 갈무리하기도 편하다. 이틀간의 먹을거리를 준비했다. 결국은 내가 나를 힘들게 한다. 나이가 들면서 이런 내 자신이 한심할 때가 있다. 고쳐보려 작심하지만 오랜 세월 몸에 익은 습관이라 잘 고쳐지지 않는다. 풍성한 저녁을 먹고 잠든 남편과 딸을 보니 힘들었지만 마음은 편하다. '이점우 대단해!' 내가 나를 칭찬하며 육체적인 피곤은 정신력으로 극복한다고 생각했다.

결혼 초 산촌의 6학급 작은 학교에 근무하며 사택에서 살았다. 사방이 산으로 둘러싸였고 교문 앞에 냇물이 흘렀다. 들판의 가을 추수 모습은 밀레의 '만종'을 연상케 했다. 가끔 오는 친정식구는 외진 곳에서 어떻게 사느냐 걱정했지만 나는 자연 속의 삶을 즐겼다.

사택 앞마당에 등나무 터널을 만들어 꽃향기를 맡고, 생활비를 절약하기 위해 오래 묵은 빈터를 일궈 오이, 호박, 상추를 심고 김장 배추도 가꾸었다. '농작물은 농부의 발자국 소리를 듣고 자란다'는 말을 믿고 열심히 가꾸니 호박이 주렁주렁 열리고 자고 나면 오이가 쑥쑥 자라 재미있고 신기했다. 가뭄이 들면 냇물을 퍼서 포기마다 주고, 넝쿨손이 뻗으면 지주대를 받쳐 아침저녁으로 살폈다.

나는 그때 알았다. 최선을 다하면 그 결과는 농작물이 자라듯 풍성한 결실을 맺는다는 것을. 보름날 밤 학교 운동장에 나서면 나는 대저택의 주인이라 생각하고, 그믐날 밤 반짝이는 밤하늘을 쳐다보고 앞날을 그리며 힘듦을 이겨냈다. 그곳에서 첫딸을 낳고 둘째인 아들도 키웠다. 하루는 시어머니가 오셔서 바빠하는 나를 보고 "네 몸이 쇠구나!" 하셨다. 분명 칭찬인데 섭섭했다. '나도 사람인데….'

이렇게 시작된 두 번째 내 인생길을 되돌아보면 '피곤하다'는 생각은 사치였다. 무에서 유를 일구어야 했기에 절약과 노력만이 내가 살길이었다. '정신력으로 이기자' 다짐하고 살아온 삶에 익숙해져 이제는 떼어내려 해도 마음 같지 않다.

늦은 시간 침대에 누워 이 생각 저 생각 하다보니 손자와 함께 여행하고 있는 것은 내 인생 텃밭의 농작물이다 싶다.

여행하는 동안 손자의 정신력을 보았다. 어린것이 힘들고 지칠 만도 한데 날마다 씩씩하다. 새로운 것을 보면 적극적으로 참여한다. 다양한 동작으로 감정을 표현하며 우리를 즐겁게 만든다. 걷다가 눈이 스르르 감겨도 유모차에 타고 한숨 자고 나면 다시 기운을 차려 조잘거린다. 힘들다고 짜증을 내거나 투정을 부리지 않는다. 날마다 말이 늘고, 시키지도 않는데 무거운 짐을 옮기려 끙끙거리다가 "진짜 안 되네!" 독백과 넋두리도 할 줄 안다. 분명 어린것도 힘들고 지친다. 짜증을 내고 떼쓰기보다 나름대로 참아야 한다고 생각할 뿐이다. 한 번 참고 두 번 참다보니 엄마가 좋아하고 할아버지 할머니가 대견하다 칭찬하니 점점 이겨내는 힘이 생긴다. '과부 사정은 과부가 안다'는 속담처럼 숨 막히는 순간을 살아본 내 눈에는 손자의 씩씩함 뒤에 숨은 마음이 보인다. "신기하고 기특하다!" 내 칭찬이 "네 몸이 쇠구나!" 시어머니 말씀과 다를 바가 없다.

손자의 작품 감상법

노르웨이의 수도 오슬로는 바다를 낀 도시다. 중세부터 북유럽의 상업과 무역의 중심지였던 도시답게 건축물은 크고 예스럽다. 피오르 여행을 시작하는 곳이라 거리에는 관광객이 많이 보인다. 나는 유럽 중에서도 북유럽, 그중에서도 그린란드를 여행하는 것이 꿈이다. 이번 여행은 그 사전 조사라 생각하며 오슬로 관광에 기대를 안고 거리 모습을 살폈다. 북구의 한여름은 청명하고 상큼하며 싱그럽다. 2박 3일 일정이지만 오후 늦게 도착했고 아침 일찍 떠나야 하니 구경은 딱 하루인 셈이다. 하루 동안 오슬로 시내 관광을 알차게 하려고 트램과 버스, 지하철을 두루 탈 수 있는 1일 교통 티켓을 샀다.

국립 미술관부터 찾았다. 1836년 문을 연 노르웨이 최대 미술관으로 1층에는 비겔란의 조각 작품이 많고, 2층에는 이 미술관의 최고 자랑인 뭉크의 '절규' 그림이 있다. 많은 사람들이 그림 앞에 모여 있다. 이 그림이 왜 유명할까? 귀를 막고 소리치는 모습은 해골 같기도 하고 귀신처럼도 보인다. 뭉크는 저녁노을이 지는 광경을 보고 느낀 불안과 공포, 놀라움을 표현했다고 한다. 그렇게 생각하고 보니 뭔가 느껴지는 듯하다. 뭉크의 다른 그림도 많다. 어떤 그림은 크레파스를 칠하듯 쉽게 쓱쓱 선을 그었는데 묘하게 어울린다. 뛰어난 화가의 그림은 선 하나도 치밀한 계획하에 그려진 것임을 고흐 미술관에서 알았기에 예사롭게 보이지 않는다. 노르웨이 최고의 미술관답게 고흐, 모네, 피카소의 그림을 비롯하여 노르웨이 대표 작가들의 작품이 가득하다.

"엄마, 이것 봤잖아?" 손자는 '생각하는 사람' 조각상을 유심히 살피다가 파리 로댕 미술관에서 본 기억을 되살린다. 그리고 포즈를 취한다. '어려서 모른다'가 아니라 설명을 곁들인 관람 경험 덕이다. 경험주의 교육학자인 존 듀이는 지식은 경험의 누적이라 했다. 가장 민감한 시기를 보내는 손자에게 그림을 많이 보여준다면 자연스럽게 그림과 조각에 대한 안목이 길러질 것이다. 딸은 이번 여행을 투자로 생각하고 그림 앞에서,

_ 노르웨이 왕궁. 왕궁 광장의 기마상이 맑은 하늘을 배경으로 우뚝 서 있다.

또 조각상을 가리키며 손자에게 이야기를 열심히 해준다.

왕궁은 박물관 근처 높지 않은 언덕에 있다. 왕궁 광장의 기마상이 맑은 하늘을 배경으로 우뚝 서 있고 칼 요한스 거리가 내려다보인다. 우리는 백조가 헤엄치는 정원 호숫가에 자리를 잡고 점심을 먹었다. 한적하고 아름다운 곳이라 쉬는 것 자체가 좋은 관광이다. 손자는 백조를 따라다니며 놀고 나는 잔디에 누워 쪽잠을 잤다. 자유여행의 맛이다.

중심거리를 걸어 시청을 찾았다. 대칭적인 2개의 사각 탑이 돋보이는 시청은 입구부터 범상치 않았다. 북유럽 신화를 표현한 큼직한 나무 부조 16개가 사각 탑 벽면에 전시되어 있다. 1층 넓은 홀에서 매년 12월 노벨상 시상식이 열린다. 2층으로 오르는 계단에 서서 홀을 내려다보았다.

_ 오슬로 시청 정원.

높은 천장과 벽면의 대형 그림으로 웅장한 홀에서 열리는 시상식 장면이 그려진다. 2층 회의실과 여러 방은 의자와 탁자로 깔끔하게 정리되어 있고 뭉크의 그림 '인생'이 걸려 있다. 그림 제목에 노벨이란 사람의 인생을 대비시켜 보았다. 세상을 움직이는 사람은 극소수다. 해마다 이곳에서 노벨상을 받는 사람들에 의해 세상은 발전하고 나는 그 영향을 받으며 살아간다. 그들이 앉았음직한 의자들 사이로 손자와 걷고 있다고 생각하니 흐뭇하다.

5개의 박물관이 모여 있는 뷔그되이 지구로 갔다. 해적 이야기로 한껏 부푼 손자를 위해 바이킹 박물관부터 찾았다. 예상과 달리 넓지 않은 공간에 기원후 900년대의 장례용 선박 세 척이 있다. 날렵한 양 끝과 유연한 곡선의 목조 선박이다. 1000년 동안 바닷속에 있던 배 안에서 나온 보

_ 노르웨이 탐험대의 동상. 아문센과 그의 동료들의 동상 앞에서 나는 다시 태어나면 탐험가로 살아보고 싶다는 감상에 빠진다.

물과 장신구, 마차, 가구 등을 전시했다. 조각이 섬세하고 아름다워 놀랐다. 나는 볼 것이 많은데 손자는 시큰둥하다. 기대가 크면 실망 또한 큰 법, 손자는 해적 모습을 찾을 수 없으니 나가자고 조른다.

바이킹 박물관 근처에서 노인과 젊은 조수가 자그마한 배를 만들고 있다. 1650년대 제작기술로 참나무에 못을 일절 사용하지 않으며 주문제작을 한다고 친절하게 설명한다. 손자는 배 안에 들어가려 한다. 신기한 것이나 처음 보는 것은 그냥 지나치지 못한다.

프람 박물관은 바닷가에 위치했다. 북극 해류를 탐사한 난센과 그를 구한 선박 프람호를 기념하기 위해 세운 박물관이다. 프람호는 아문센이 남극을 탐험할 때 이용되기도 했다. 나는 지구의 남·북극 탐험에 이용된 프람호보다 난센과 아문센이라는 두 탐험가의 용기를 생각하며 유물을

_ 프로그네르 공원. 손자는 아기 조각상을 자세히 살피더니 입고 있는 바지를 벗으려 한다.

보았다. 지난날 칠레 최남단 푼타아레나스에서 마젤란 동상을 보았다. 마젤란 해협을 바라보고 서 있는 그 동상 앞에서 다시 태어나면 탐험가로 살아보고 싶다는 감상에 젖었다. 13년이 지난 후 오슬로 바닷가의 아문센과 그의 동료들의 동상 앞에서 나는 또다시 그때의 감상에 빠진다. 세월이 흘러도 마음은 쉬 변하지 않는다. 손자는 파도에 밀려온 해초를 줄처럼 돌리고 논다.

트램을 타고 프로그네르 공원으로 갔다. 비겔란과 그의 제자가 20여 년 걸려 완성한 조각 작품 193점이 늘어서 있다. 비겔란 다리 양쪽으로 남녀의 사랑과 엄마와 아기, 아버지와 자식을 표현한 조각상이 줄지어 서 있다. 자세히 살펴보니 저마다 다른 동작을 한 삶의 모습이다. 비겔란 다리를 일명 '인생의 다리'라고 부르는 이유를 알 만하다.

손자는 아기 조각상을 자세히 살피더니 입고 있는 바지를 벗으려 한다. 말리니 울음을 터뜨린다. 햇볕은 따뜻하다. 아랫도리를 벗겨주니 윗옷까지 홀랑 벗는다. 벌거숭이로 조각상 옆에 서서 같은 동작을 취한다. 감히 누가 손자처럼 작품 감상을 제대로 할 수 있을까. 구경꾼들이 박수를 친다. 손자는 신나고 구경꾼들은 재미있다.

높이 17미터의 화강암 탑 '모노리텐'은 121명의 남녀가 뒤엉킨 모습이다. 사랑을 속삭이고, 다투고, 삐친 형태는 전체적으로는 위를 향한다. 탑 주위 사방 계단 양쪽에 남녀가 포옹하고 있는 큼직한 조각상이 있다. 한두 개가 아니라 군집을 이룬 조각상이 장관이다.

서쪽으로 기운 해를 받아 그림자가 선명하다. 손자는 자신의 움직임에 따라 달라지는 그림자를 보며 그림자놀이에 재미를 붙였다. 팔을 벌리기도 하고, 한 다리를 들고 뒤로 젖히기도 하고, 웅크리고 앉기도 한다. 바닥에 생긴 손자의 그림자가 바로 조각의 형상이다. 조각가 비겔란도 이와 같은 방법으로 창작의 모티브를 얻지 않았을까? 손자의 그림자놀이는 전위예술이다.

언덕에서 내려다보는 공원은 울창한 숲과 산책로, 잔디밭과 호수로 그 넓이를 가늠할 수가 없다. 곳곳에서 휴식을 취하는 모습은 여유와 풍요 그 자체다. 북유럽 사람들의 넉넉한 일상을 보는 것 같다.

황혼기 나를 돌아보는 여행

오전 7시 32분 스톡홀름행 기차에 올랐다. 작은 방 하나를 잡았다. 새벽에 일찍 일어난 손자와 잠을 설친 나는 좌석에 길게 누웠다. 우리만의 공간이라 마음 편히 쉴 수 있다. 유레일패스는 27세 이상이면 일등석 표를 사야 한다. 선택 사항이었다면 돈을 생각해서 이등석 표를 샀을 나다. 몇 번 기차를 타고 보니 긴 일정의 여행에서는 일등석이 필요하다. 손자와 나는 돈을 더 지불한 만큼 이용 또한 제대로 한다. 스톡홀름 중앙역에 내려 일등석 대합실을 찾으니 안락한 소파에 빵과 각종 음료수, 과일을 뷔페식으로 차려놓았다. 간단하게 점심을 먹고 손자와 나는 그곳에서 편히 쉬고 남편과 딸은 헬싱키행 유람선을 예약하러 갔다.

신시가지에서 볼거리가 모여 있는 구시가지의 감리스탄 거리까지 천천히 걸었다. 문화회관과 백화점 등 현대적인 건물이 자리한 신시가지의 세르겔 광장은 만남의 장소다. 번화가와 쇼핑센터 등에는 관광 시즌이라 사람들로 북적이고 활기가 넘친다. 구시가지는 13세기에 요새를 지으며 형성된 좁고 굽은 골목길 그대로다. 미로 같은 골목에는 거리의 악사가 부르는 구성진 노래가 흐르고 레스토랑의 접시 달그락거리는 소리가 가득하다. 시대를 거슬러 중세로 들어온 느낌이다.

선물가게도 많다. 북구의 인형과 마스코트, 바이킹에 관한 상품이 가게마다 가득하다. 해적의 모자와 칼, 창을 본 손자는 "엄마, 돈!" 하고 손을 내밀며 쇼윈도의 물건을 가리킨다. 뿔이 달린 모자를 쓰고 칼을 휘둘러보고는 사겠다고 한다. "다른 가게도 살펴보자." 우리는 값을 비교하며 더 좋은 것을 찾아다녔다. 한참을 둘러보는데 "이쪽이야!" 손자가 처음에 들어갔던 가게 골목을 가리킨다. '어떻게 알았지!' 길치인 내게는 그곳이 그곳 같다. 어린것이 용케 기억을 한다.

나와 달리 손자는 꼭 갖겠다는 간절함을 지녔다. 마음에 든 물건을 갖겠다는 일념이다. 흥미와 필요에 따라 아이는 행동한다는 루소의 말이

_마음에 든 선물을 골라 들고 신나게 가게를 나서는 손자.

떠오른다. 손자의 작은 행동에 큰 가르침의 원리가 들어 있다.

인생을 살아본 부모는 이미 좋고 나쁨과 효과적인 것을 안다. 하지만 어린 자식은 흥미 쪽으로 흐른다. 이 두 관점이 충돌할 때 어느 쪽에 비중을 두느냐에 따라 양육의 질이 달라진다. 내가 놓친 것이 바로 이것이다. 바쁘게 살면서 항상 효과를 생각하고 앞장서서 선택하고 결정하며 가르치려 했다. 이끌어주려 한 것이 결국 아이의 손발을 묶은 것이나 다름없다. 그래 놓고 스스로 해야 한다고 요구하며 좋은 생활습관 운운했다. 소 잃고 외양간 고치는 격이었다.

손자가 원하는 것으로 한 세트를 15유로에 샀다. 아주 흡족해한다. 칼을 차고 모자를 쓰고 방패를 들고 의젓하게 걷는다. 지나가던 관광객들이 보고 재미있다며 관심을 보이자 흥이 난 손자 어깨에 힘이 들어간다.

손자의 행동은 지난날 내가 무엇을 어떻게 잘못하고 놓쳤는지 보여주는 거울이다. 다른 것은 참고 노력으로 이겨낼 수 있었지만 자식의 영유아기 때 놓친 부모의 역할은 되돌릴 수 없었다. 엇나가는 자식은 어쩔 수 없었다. 잘 해보려 노력하며 힘든 만큼 악순환이 되풀이되었다. 남편과의 다툼도, 무거운 집안 분위기와 내 중년의 우울증도 여기서 비롯되었다. 큰아들은 공부에 흥미를 잃었고, 막내는 어릴 때 떼어놓은 상처가 깊었다. 두 아들이 의지를 잃고 헤매니 그동안의 내 노력은 물거품이 되었다. 내 탓이라 가슴 치며 회한으로 자리 잡았다.

뒤늦게 아들의 입장이 되어 한발 떨어져 바라보며 나는 여행과 공부를 시작했다. 순리를 벗어난 일이었기에 힘이 들었다. 흘러가는 세월은 모든 것을 잠재우고 해결한다. 아들은 헤맨 만큼 힘들게 제 갈 길을 찾고, 나 또한 지난 과오를 되풀이하지 않으려고 청년기의 아들을 믿음으로 기다렸다. 인생은 놓친 만큼 힘은 들지만 결코 실패는 없다. 손자가 미로 같은 골목에서 원하는 것을 찾아내듯 아들 둘은 자신의 삶을 살아간다. 나 또한 아팠던 만큼 얻은 것도 많다.

손자를 위해 떠난 여행이 황혼기의 나를 돌아보는 여행이 되었다. 보름이 지나는 시점에서 여행의 비중을 나에게 둔다. 70평생 살아온 내 인생의 주인공으로서, 세계일주의 꿈을 이루는 여행가로서, 또 사랑하는 손자와 함께하는 할머니로서, 유익하고 재미있는 유럽 여행을 할 수 있기를 간절히 바란다.

발트 해에 접한 스톡홀름은 크고 작은 섬으로 연결되어 있다. 구시가지에는 대성당과 왕궁, 국회의사당 등 볼거리가 모여 있다. 1279년에 건립된 대성당은 크지는 않지만 왕의 대관식, 결혼식과 장례식 등 중요한 행사를 치른 역사를 지녔다. 대성당 옆 작은 놀이터에 목마가 있다. 손자는 얼른 올라타더니 칼을 휘두르며 달려가는 시늉을 한다. 끄덕거리는 말 위에 앉은 손자는 영락없는 꼬마 돈키호테다. 15유로로 손자의 기를 한껏 세워주었다.

왕궁 광장에서 근위병 교대식이 한창이다. 검은 제복을 입은 군악대의 행진을 유심히 살피던 손자가 폼을 잡는다. 바리케이드로 쳐놓은 줄 때문에 나서지는 못하고 방패와 칼을 높이 들고 박자에 맞춰 휘두른다. 왕궁 근처 국회의사당 건물은 발트 해와 어울려 도시의 품격을 높인다.

우리는 교통과 관광지 입장권이 포함된 24시간 패스를 구입하여 곧바로 왕궁 내부 구경을 했다. 베르사유 궁전의 화려함에 비해 단아하다. 각각의 방을 둘러보았다. 옥좌가 놓인 방은 간결한 장식으로 위엄을 느끼게 하고, 왕과 왕비가 거처하는 방도 화려함과는 거리가 있지만 고급스러운 장식으로 안정감이 있다. 지하 보물 방에는 역대 왕들의 왕관이 전시되어 있다. 영국 런던 타워의 주얼 하우스에서 본 눈부시게 화려한 왕관과 달리 단순하고 위엄이 있다. 에릭 14세의 700여 개의 다이아몬드와 에메랄드가 박힌 왕관이 최고다. 한번 써보고 싶은 마음이 간절하다. 북유럽의 대표적인 왕궁을 잘 보았다.

버스를 타고 박물관이 모여 있는 유르고르덴 지역으로 이동했다. 가는 길에 스톡홀름의 고풍스러운 옛 주택과 초현대적 건물이 조화를 이룬 모습과 해안의 푸른 숲 속 예쁜 집들을 보니 스웨덴 사람들의 수준 높은 삶이 그려진다.

풍요롭게 살아온 그 옛날의 흔적을 보여준다. 4층으로 된 박물관 중앙홀에는 24미터 높이의 국왕 동상이 우뚝하다. 타원형 통로로 연결된 전

_노르딕 박물관.

시실을 돌며 바이킹의 풍속과 문화를 보았다. 생활용품과 의상 등은 연대순으로 전시되어 변천사를 한눈에 볼 수 있다. 도자기와 유리, 은제 그릇의 모양과 무늬가 너무 예뻐 탐이 난다. 볼록 소매의 흰 블라우스와 주름이 풍성한 긴 치마에 앞치마를 두른 민속의상을 입고 한 바퀴 돌아보고 싶다. 빈틈없는 조각 장식의 목조 고가구 등 전시물이 다양하고 많다.

바사 박물관에 갔다. 바사호는 타이타닉과 같은 운명의 배다. 1628년 첫 항해 때 침몰되어 1961년 인양될 때까지 300년 이상 바닷속에서 잠을 잤다. 수백 년 전에 만든 배라고 믿기지 않는다. 크기에 놀라고 정교한 장식에 감탄한다. 한 부분씩 떼어놓아도 모두 훌륭한 조각 작품이다. 바사호뿐만 아니라 바이킹 시절의 다양한 배 모형과 그 당시 해상왕국으로서 스웨덴의 위상을 알 수 있는 자료들이 많다.

스칸센 야외 박물관은 우리나라 민속촌과 같다. 스칸센은 '요새'라는 뜻인 만큼 언덕 위에 자리한 세계 최초의 야외 박물관이다. 넓은 터에 스웨덴 전국에서 통째로 옮겨온 전통가옥이 마을을 이루고 있다. 상류층 주택과 농가 등 생활용품을 그대로 재현해놓고 민속의상을 입은 안내원이 설명한다. 우거진 숲과 오솔길, 붉은 벽돌의 교회, 놀이터와 동물원까지 하루 종일 즐길 수 있는 곳이다.

전망이 좋은 곳에 자리를 잡았다. 간식을 꺼내자 공작과 타조가 접근한다. 딸이 놀라 소리를 지르며 피하자 손자가 재빨리 달려가 제 엄마를 감싸 안고 토닥인다. 섬뜩 겁을 내면서도 엄마를 보호하는 모습에 가슴이 뭉클하다. 딸은 아들에게 안겨 고맙다며 눈물을 글썽인다.

효과적인 패스 사용

24시간 패스는 오전까지 유효하다. 패스로 전망대에 오르고 유람선을 타고 시청 구경을 하기로 했다. 아침 일찍 체크아웃을 하고 짐을 버스 터미널 라커룸에 넣었다.

먼저 전망대를 찾았다. 직선의 엘리베이터가 아닌 10층 높이의 원형 건축물 꼭대기에서 바라보는 스카이뷰(skyview)다. 둥근 유리 캡슐을 타니 반구형 표면에 설치된 레일을 타고 올라간다. 마치 우주여행을 하는 기분이다. 가장 높은 지점에 잠시 정차한 캡슐 안에서 바라보는 스톡홀름은 평원에 자리 잡고 발트 해가 육지 깊숙이 들어온 지형이다. 호수 같은 바다와 우거진 숲으로 쾌적한 도시다. 둥근 건물 안에는 쇼핑센터와 콘서트 홀, 사무실 등이 있다.

_ 글로브 아레나의 스카이뷰. 유리 캡슐을 타고 10층 높이의 원형 건축물 꼭대기까지 올라간다.
_ 스톡홀름 시청. 붉은 벽돌의 높은 탑이 돋보인다.

서둘러 선착장에 도착하여 10시 30분 첫 배를 탔다. 유람선은 섬과 섬 사이를 달린다. 수로 옆에 펼쳐진 공원과 숲, 저택, 고풍스러운 옛 건축물, 왕궁과 스칸센 박물관 등이 보인다.

가까스로 패스 사용 마감 전에 시청에 도착했다. 붉은 벽돌의 높은 탑이 돋보이는 시청 내부는 가이드 투어로만 구경이 가능하다. 1층의 블루홀은 실내 광장이다. 2층의 금박 모자이크가 화려한 황금의 방은 노벨상 시상식 후 축하 연회가 열리는 곳이다. 단 몇 분 안에 많은 사람들에게 음식이 동시에 제공된다고 안내원이 설명한다. 프레스코화로 꾸며진 왕자의 방과 회의실 등 여러 방마다 벽화와 샹들리에가 고급스럽다. 스톡홀름 시청사는 업무를 보는 장소인 동시에 문화와 역사를 지닌 관광지로서 그 역할을 톡톡히 하고 있다.

24시간 패스를 아주 알뜰하게 사용했다. 우리는 시청 정원에 자리를 잡고 느슨하게 쉬면서 수영복 차림의 남녀가 요트에 나란히 누워 일광욕을 즐기는 모습, 물살을 가르며 신나게 달리는 제트보트와 수상스키 등 발트 해의 낭만을 구경했다.

셔틀 버스를 타고 헬싱키행 유람선 선착장으로 갔다. 항구에 정박된 유람선에 오르자 손자는 칼과 방패를 높이 들고 씩씩하게 걷는다. "나는 해적이다" 외치며. 4인용 방에 짐을 두고 갑판으로 나갔다. 해질 녘 스톡홀름의 전경을 바라보았다. 배는 크고 작은 섬 사이를 빠져나간다. 숲으로 뒤덮인 무인도가 간간이 보인다. 저녁나절의 바다 풍경이 더없이 아름답다.

유람선 내부를 차근차근 구경했다. 배에는 사우나, 카페, 오락실, 나이트클럽, 영화관, 면세점 등 없는 것이 없다. 어린이 놀이방도 한두 곳이

_ 스톡홀름에서 헬싱키로 가는 바이킹 라인 유람선의 놀이방.

아니다. 갑판은 넓은 운동장이다. 저마다 바닷바람을 쐬며 여행을 즐기는 관광 분위기를 손자는 놓치지 않는다. 특유의 몸짓으로 관광객의 관심을 끌더니 두 팔을 벌리고 갑판에 벌렁 눕는다. 나도 손자 옆에 따라 누웠다. 햇볕을 받은 바닥은 따뜻하고 바람은 상쾌하다. 푸른 하늘을 올려다보니 가슴이 펑 뚫린다. 남편과 딸도, 우리를 지켜보던 관광객들도 쭉 누웠다.

손자를 데리고 실내 놀이방으로 갔다. 다양한 놀잇감이 방마다 가득하다. 손자는 물 만난 고기처럼 이 방 저 방 옮겨 다니며 장난감을 차례로 가지고 놀고 신나게 기구를 탄다. 색색의 볼풀장 놀이는 보는 나도 신이 난다. 창밖으로는 바다가 내다보인다. 어린이 노래방 무대에 오색 조명등이 돌아간다. 손자는 엉덩이를 흔들며 리듬을 탄다. 그림 도구를 마련해두고 마음껏 그리고 오리며 물감 찍기 활동도 할 수 있다. 게임장의 번쩍거리는 머신 앞에 앉아 핸들을 마구 돌려보기도 한다.

손자는 놀이에 아주 적극적이다. 손자에게 놀이는 학습이다. 놀이터는 교실이고 장난감은 교과서다. 재미있게 또래와 잘 어울린다는 것은 자신감이고 사회성이다. 남편과 나, 딸이 옆에서 "잘한다! 대단해!" 격려와 칭찬으로 추임새를 넣어주니 손자의 행동은 더더욱 활발하다. 하룻밤을 자면서 15시간 항해하는 동안 손자는 다양한 체험활동을 했고 나는 크루즈 여행의 낭만을 맛보았다.

내가 놓친 삶의 여유

핀란드 역사는 우리나라와 비슷한 것 같다. 단군이 기원전 2333년에 고조선을 세웠듯 핀란드도 기원전 2500년경 세워졌다. 그리고 650년간 스페인의 지배를 받고 강대국에 의해 러시아에 합병되었다. 지속적인 독립운동과 러시아 볼셰비키 혁명의 여파로 1920년 공화국이 되었다. 제2차 세계대전 때 구소련은 독일의 침입을 막는다는 구실로 핀란드에 다시 주둔했고, 1941년 독일과 소련의 전쟁으로 핀란드는 국토 일부를 소련에게 빼앗겼다. 외세의 침략에 시달리면서 끊임없이 저항한 민족정신이 우리와 같다. 애국가를 작곡한 안익태 선생처럼 시벨리우스가 애국 교향시 '핀란디아'를 작곡했다. 우리가 만주 땅을 잃은 것처럼 핀란드도 유라시아 대륙에 인접한 탓에 소련에 영토를 빼앗긴 운명 또한 비슷하다.

아침 9시경 핀란드의 수도 헬싱키에 도착하니 선착장 광장에 재래시장을 열 준비가 한창이다. 푸른 바다와 맑은 태양, 정박된 흰 요트, 활기찬 항구의 열기, 언덕에 우뚝 선 대성당 등 헬싱키를 발트 해의 아가씨라 부르는 이유를 알 만하다.

우리는 예약된 숙소를 찾아 걸었다. 공원길은 싱그럽고 시내 중심거리 고급 상점의 쇼윈도는 화려하다. 숙소는 중앙역 근처 홀리데이 인이다. 문 앞에 큼직한 루돌프 사슴 인형을 세워두어 산타클로스의 나라에 왔음을 실감케 한다. 체크인 시간이 남아 짐을 로비에 맡기고 곧장 시벨리우스 공원을 찾아 나섰다.

가는 길에 템펠리아우키오 교회가 있다. 정면에서 보면 작은 언덕에 평범한 출입구이다. 안으로 들어서니 겉보기와 다르다. 바위를 파서 만든 교회는 둥근 홀에 자연 채광이 되어 밝고 아담하다. 주제단과 벽면은 바위가 그대로 드러나고 성화도 성인상도 없이 단조롭고 깔끔하다. 뛰어난 음향효과로 콘서트 장소로 이용되기도 한다는데, 마침 청년 성가대가 파이프 오르간 반주에 맞춰 성가를 부른다. 단순한 동작으로 부르는 노래에 마음이 편안해진다. 손자는 두 손을 모으고 기도를 한다. 성당이나 교회에 들어가면 다소곳이 기도하는 손자다. 성가 소리가 손자의 마음을 움직인 것 같다.

시내 중심에서 얼마 걸어가지 않았는데 조용하고 한적한 마을이 나왔다. 자작나무가 우거진 공원에는 윗도리를 벗고 일광욕을 즐기는 사람들이 많다. 시벨리우스 사후 10년에 그의 업적을 기리기 위해 조성한 기념공원에는 강철 파이프 600여 개를 붙여 만든 파이프 오르간 모양의 대형 조형물이 세워졌다. 그 옆에 있는 시벨리우스의 얼굴 부분 상이 공원의 전부다. 시벨리우스가 핀란드의 민족의식을 일깨운 작곡가로 존경받기에 공원을 찾는 관광객이 줄을 잇는다. 해변가 작은 카페도 자연 친화적이다. 가꾸고 꾸미기보다 모든 것을 자연 그대로 두어 어디를 둘러보아도 평화롭고 아늑하다.

우리는 순환노선인 3T트램을 탔다. 운행 도중 번호판만 갈아 끼우고 계속 달리며 교외의 주택가를 돌고 헬싱키 도심을 통과했다. 도로변에 러시아 식민지 시대의 네오클래식 건축물이 많이 남아 있다. 애써 그 흔적을 지우려 하지 않은 듯하다. 시내를 한 바퀴 돌아 아침에 내렸던 페리 선착장 마켓에 도착했다. 야채와 과일, 기념품과 생필품을 비롯하여 간이식당도 있다. 포장마차 음식점은 현지인과 관광객들로 붐빈다. 우리는 발트 해를 바라보며 연어구이와 감자볶음을 맛있게 먹었다.

선착장 부근 언덕 위에 우스펜스키 성당이 있다. 러시아 점령기에 지어진 붉은 벽돌과 청회색 지붕의 건축물은 핀란드에서 가장 큰 러시아 정교회의 성당이다. 황금색의 첨탑이 돋보이는 성당 정문 계단에 앉아 항구를 바라보니 발트 해와 푸른 하늘의 경계가 없다.

근처 원로원 광장은 관광의 기점이다. 화강암 바닥의 정사각형 광장에는 러시아 황제 알렉산드르 2세의 동상이 있다. 핀란드의 자치권을 인정하고 지배 당시 좋은 업적을 남긴 덕에 지금까지 시내 한복판을 차지한다. 광장 주위에는 헬싱키 대학과 도서관, 대통령 관저와 시청사 등 1400년대 건축물들이 둘러싸고 있다. 계단 위 루터란 대성당의 흰 주랑(콜로네이드)과 녹색 돔이 구름 한 점 없는 파란 하늘과 어울려 광장을 빛낸다. 헬싱키는 수도이면서도 번잡함이 없다. 자연 그대로를 느끼며 사람들의 생활 모습을 보는 것이 나에게 더 좋은 관광이다.

숙소로 돌아오는 길에 에슬플라나디 공원의 무대 공연을 보았다. 악단의 신나는 연주와 가수의 열창을 들으며 한가롭게 휴식하는 헬싱키 사람들의 일상을 엿보았다. 여유와 편안함이다. 나는 항상 바쁘고 분주하다. 보다 많이, 더 빨리, 좀 더 효율적인 방법 등등으로 욕심을 내고 허둥대느라 여유를 갖지 못한다. 그 때문에 헬싱키 사람들에게서 느껴지는 여유로움은 신선한 충격이고 부러움이다.

우리도 잔디에 앉아 쉬면서 주위를 둘러보았다. 흰 피부에 노란 머리카락의 통통한 아기들이 아장아장 걸어 다니고, 어른들은 삼삼오오 둘러앉아 담소를 나누며 무대의 노래에 박수를 치며 호응한다. 잠시나마 나도 그들과 함께하는 여유를 즐기려 하나 내 머릿속은 옛날로 치닫는다.

1950년대에 외국 원조품을 입고 먹으며 자라, 1960년대 국민소득 100달러가 안 되던 시절에 어렵게 공부했다. 1960년대 들어 '잘 살아보세 잘 살아보세 우리도 한번 잘 살아보세!' 노래를 부르며 근면, 자조, 협동의 새마을 정신을 실천하자고 학생들을 가르쳤다. 고속도로가 뚫리고 공단이 들어서며 나날이 수출이 늘어나자 알뜰히 모은 내 살림도 불어났다. 1980년대 '서울은 세계로! 세계는 서울로!' 국제화를 부르짖던 시절에 잠실벌에서 올림픽이 열렸다. 나는 서울시 교사로 올림픽 주경기장 도로변 꽃길 가꾸기에 참여하며 세계 속에 우뚝 선 나라의 국민으로서 긍지를 느꼈다.

해외여행 자유화가 시작된 1990년대에 나는 배낭을 메고 세상 구경에 나섰다. 새천년 행사로 지구가 떠들썩하던 2000년 우리나라 국력에 걸맞게 나도 특별한 행사를 치르고 싶어 킬리만자로 정상에서 섰다. 지금은 국민소득 2만 5000달러가 넘는 선진국 대열에 선 나라에 산다. 나는 가끔 꿈같다는 생각에 빠진다. 외국 어느 곳 못지않은 시설과 풍요가 마치 남의 옷 같을 때가 있다. 지난 가난을 잊을 수 없다. 살아온 힘든 날을 알기에 큰 변화와 발전에 감탄하고 놀란다. '이렇게 잘살아도 되나?' 내 생활을 돌아보고 가다듬는다. 그래서인지 여유롭게 즐기는 데 약하다. 깨끗한 자연 속에서 여가를 즐길 줄 아는 헬싱키 사람들은 내가 놓친 삶의 여유를 보여준다.

돌아오는 길에 마트에 들러 햄, 음료수, 쌀, 과일, 야채 등 푸짐하게 골라 들고 계산하니 27.25유로다. 한 사람의 한 끼 음식 값이다. 물가는 비싼 곳이지만 기본적인 생필품 값은 서울과 비슷하다. 산타마을 여행 1박 2일 동안 먹을 음식을 준비했다.

"썰매 끄는 루돌프는 어디 있어?"

새벽 5시에 일어나 짐을 챙겼다. 작은 가방 하나에 먹을 것을 담고 나머지 큰 짐은 호텔 로비에 맡겼다. 헬싱키 중앙역에서 산타마을로 가는 6시 30분발 기차를 탔다. 일등석 기차 칸에는 간식과 물이 마련되어 있다. 좌석은 넓고 안락하다. 9시간의 기차여행은 우리에게는 더없이 좋은 휴식시간이다. 준비한 음식을 먹으며 차창 밖 구경을 했다. 북구의 평원과 마을을 바라보는 기차여행은 내 삶의 보람으로 다가온다.

오후 4시경 로바니에미 역에 내렸다. 정해진 시간에 운행되는 산타마을행 버스를 기다릴 수 없어 택시를 탔다. 산타마을의 광장 바닥에는 북위 66°32′35″란 숫자가 쓰인 굵은 선이 그어져 있고 세계의 유명 도시를 가리키는 이정표가 서 있다. 북유럽 북극권에 왔음을 실감케 한다. 이층집 뾰족지붕에 'Santa is here!'라고 씌어 있다.

로바니에미에서 8킬로미터 떨어진 한적한 곳에 자리한 산타마을은 이

_ 산타마을에 있는 북극권이 표시된 지구본.

_ 산타마을. 광장 바닥에 북위 66°32′35″란 숫자가 쓰인 굵은 선이 그어져 있다.

야기로 만들어진 이름난 관광지다. 산타클로스도, 붉은 코의 루돌프 사슴도 살지 않는 곳이지만 세계의 어린이들로 하여금 모두 실재한다고 믿게 한다. 그만큼 관광산업을 완벽하게 운영한다. 산타 사무실과 도서관, 우체국과 안내소를 비롯하여 통나무 숙소와 선물가게, 아웃렛까지 구비했다. 특히 우체국 업무가 충실하다. 세계 각국에서 'To Santa Claus'라고 쓰면 모두 이곳에 도착하고 답장을 보내준다. 우체국에서 편지를 써 노란 우체통에 넣으면 당장 부쳐주고, 빨간 우체통의 편지는 크리스마스에 도착하도록 배려한다.

산타클로스를 만나려고 관광객들이 선 줄 뒤에서 차례를 기다리는 동안 만감이 교차했다. 어린 시절 교회에서 선물을 받는 재미로 크리스마스를 기다렸다. 내 자식이 "엄마, 지금 산타 할아버지가 막 지나갔어요"라며 내가 몰래 둔 선물을 안고 새벽잠을 깨웠다. "선생님, 정말 산타 할아버지가 있는 거예요?" 초등학생이 물으면 상황에 따라 그럴듯하게 이야기를 꾸몄다. '언젠간 흰 눈이 쌓인 산타마을을 찾아야지!' 그리던 곳에 왔다는 사실이 꿈만 같다.

손자가 흰 수염의 산타 할아버지를 보더니 조금 의아한 듯 머뭇거린다. 산타가 얼른 손자를 안아 무릎에 앉혔다. 엄마에게 들은 이야기의 주인공인 산타의 얼굴을 빤히 쳐다본다. 우리 가족은 산타 할아버지를 모델로 함께 사진을 찍었다. 다음 차례가 기다리니 지체할 수가 없다. 나는 산타 할아버지에게 악수를 청하며 반갑다고 인사를 했다. 그리고 손자의 손을 산타에게 쥐어주었다. 먼 길을 달려왔는데 보는 것만으로는 아쉽지 않은가? 말하고 듣고 만져보아야 할 것 같았다. 몇 분간의 만남을 마치고 나오니 산타 할아버지와의 상견례 모습을 촬영했는데 35달러 정도라며 비디오를 구입하겠느냐고 묻는다. 나는 현실적인 계산에 꿈이 싹 달아났다. 딸은 주문을 했다. 훗날 손자에게 보여줄 증거이기에 값을 떠나 사야 했다.

그늘을 찾을 만큼 더운 날씨다. 손자는 흰 눈과 썰매 끄는 루돌프 사슴이 보이지 않으니 시큰둥하다. "사슴은 어디에 있어?" 그림책에서 본 루돌프를 찾는다. Merry Christmas 글씨로 꾸며지고 루돌프 사슴 인형과 선물용품이 가득한 가게에 들러 기념품을 고르라고 했다. "이건 인형이잖아!" 먼 산타마을에 왔으니 실재를 만나겠다는 것이다. 손자를 데리고 산타마을 주변을 둘러보았다. 선물가게가 많고 음식점과 숙소는 한산하고 조용하다. 여름철은 비수기라 조금 썰렁하다. 광장 뒤의 숲 아래 사슴을 키우는 우리가 있다. 멋진 뿔에 코끝이 빨간 루돌프는 보이지 않고 사슴 몇 마리가 나무 밑에 앉아 있다. 나는 손자의 기분을 살피며 호들갑을 떨어보지만 손자의 반응은 싸늘하다.

나는 유럽 북극권을 밟아본 것에 의미를 두었다. 기차역으로 나오는 버스가 시동을 걸고 붕붕거린다. 어렵게 찾아왔는데 쉽게 떠나려니 아쉽지만, 손자는 더위에 지쳤고 딱히 볼 것도 없어 되돌아 나오는 버스에 올랐다.

작은 마을 로바니에미는 조용하고 한적하다. 손자는 낮잠을 잔다. 나는 크리스마스카드의 풍경을 생각하고 마을을 둘러보았다. 날씨가 더우니 거리에 사람들이 보이지 않는다. 에어컨으로 시원한 역사에서 쉬면서 저녁을 먹었다. 8시 50분 출발 시간이 임박하자 관광객들이 모여든다. 어디에서 쉬다 나오는지 많은 관광객들로 침대칸 좌석이 없다. 작은 산타마을은 철을 따지지 않는 유명한 관광지임에 틀림없다. 잠깐 보기 위해 이틀에 걸친 기차여행을 했다. 훗날 손자가 청년이 되면 한겨울에 이곳을 찾아 순록이 끄는 썰매를 꼭 타보라고 해야겠다. 12시가 넘어도 어둡지 않다. 새벽 2시가 되니 다시 날이 훤히 밝았다. 기차는 북극의 백야 속을 달린다.

하늘 같은 존재인 엄마

아침 7시경 헬싱키 중앙역에 도착해 핀란드 제2의 도시 투르쿠행 기차를 탔다. 넓은 들판과 우거진 숲, 목장이 펼쳐지는 이국적인 시골마을 풍경이 아름답고 평화스럽다. 투르쿠는 우리나라 경주와 같은 고도이다. 1821년 러시아에 의해 수도가 헬싱키로 옮겨지기 전까지 상업과 무역의 중심지였다. 핀란드 최초의 대학이 있는 교육도시이며 스톡홀름과 최단거리에 있는 항구도시다. 우리는 오전에 시내 구경을 하고 오후 늦게 스톡홀름행 유람선을 타야 한다. 역 구내 라커룸에 짐을 넣고 시내를 향해 걸었다. 가는 길에 재래시장을 만났다. 1유로에 떨이하는 과일과 채소 봉지가 많다. 서민적인 시장을 구경하며 과일을 샀다.

투르쿠 역시 조용하고 깨끗한 도시다. 도시 중심부를 흐르는 아우라 강을 따라 잔디밭과 우거진 숲이 펼쳐진다. 우리는 강변을 따라 걷다가 도서관을 만났다. 열람실과 휴게실에서는 허리 굽은 노인부터 어린 학생까지 편한 자세로 책을 보거나 인터넷 검색을 한다. 최신의 시설에 이용하기 편한 작은 도서관이다. 잠시 쉬면서 일상의 한 부분처럼 이용하는 도서관 분위기가 부러웠다.

투르쿠 대성당 근처의 강 언덕에는 일광욕을 즐기는 사람들이 많다.

_투르쿠 시내. 도시 중심부를 흐르는 아우라 강을 따라 잔디밭과 우거진 숲이 펼쳐진다.
_투르쿠 시내의 재래시장.

_ 투르쿠 시내의 작은 도서관. 손자는 옆 사람들을 유심히 보더니 서가에 꽂힌 책을 꺼내 자리에 앉는다. 책장을 넘기며 읽는 척한다.

_ 잔디밭의 체조 교실. 짧은 여름의 햇살을 최대한 즐기는 듯하다.

큰 타월을 깔고 윗옷을 벗으니 수영복 차림이다. 그대로 누워서 책을 읽는다. 간단한 준비로 손쉽게 짧은 여름의 햇살을 쬐려는 북구 사람들이다. 우리도 그 속에 자리를 잡고 누웠다. 야간열차를 탄 피곤을 풀기에 안성맞춤이다.

1200년대에 지어진 대성당은 오래된 성채 같은 느낌을 준다. 마침 합창 연습이 한창이다. 다양한 연령층으로 구성되어 지휘자를 중심으로 열심이다. 많은 합창단원이 내는 고운 화음이 놀랍다. 평소의 생활 일면을 보는 듯하다. 성당 2층은 성물 박물관이다. 성당에서 사용하는 갖가지 용구는 정교한 장식으로 아름답다. 넓지 않은 공간에 한 분야의 물건들이 전시된 것이 인상적이다.

손자를 위해 걸어서 시내를 구경하며 놀이공원을 찾았다. 공원 안에는 대형 비닐 조스를 띄운 수영장과 분수로 된 물놀이장이 있다. 수영복을 큰 가방에 두고 왔기에 손자는 옷을 벗은 채 물속에 들어가 또래와 어울린다. 고추를 내놓고 노는 손자를 보더니 그곳 꼬마들도 한 명씩 수영 바지를 벗는다. 발가숭이 꼬마들이 깔깔거리며 신나하는 모습도 재미있다. 돌아갈 시간이라 알려주니 손자는 아쉬워하며 얕은 물에 엎드려 헤엄을 치고 손가락을 세우며 "한 번 더!" 놀이기구로 달려간다. 조금이라도 더 놀려고 서두르면서도 떼 부리지 않는 것이 기특해 박수를 쳤다.

딸과 남편은 역에 둔 짐을 가지러 가고 나는 손자를 데리고 버스 정류장에서 기다렸다. 다른 날과 달리 손자는 엄마를 따라가겠다고 발버둥 치며 운다. 딸과 남편이 버스를 타고 떠나자 손자는 기절할 듯 울며 뒤따라오는 버스를 타려고 한다. 기다리면 엄마가 곧 온다고 타일러도 내 말을 들으려 하지 않는다. "울고 떼를 쓰면 엄마는 안 온다!" 내 협박(?)에

_ 투르쿠 대성당. 1200년대에 지어진 대성당은 오래된 성채 같은 느낌을 준다.

울음을 뚝 그친 손자는 엄마를 찾으러 가자고 애원을 한다. 그리고 도착하는 버스마다 목을 빼고 "엄마가 왜 안 오지?" 안절부절못한다.

엄마는 하늘 같은 존재다. 잠시 떨어져도 그리움으로 숨이 막히는 형상이다. 손자를 지켜보며 지난날 내가 얼마나 큰 잘못을 저질렀는지 가슴이 미어진다.

막내아들이 두 돌이 채 되기 전에 떼어놓은 적이 있다. 3월 신학기 전근으로 이사를 했는데 아이들을 돌볼 사람을 구하지 못했다. 출근해야 하는 상황에서 길이 없었다. 위의 두 아이는 데리고 다니며 막내는 친척 집에 맡겼다. 떼어놓는 날 손에 돈을 쥐어주며 과자를 사오라고 보낸 틈에 몰래 돌아섰다. 막내가 먹는 것을 거부하고 엄마를 찾으며 하루 종일 운다는 연락을 받았지만 어쩔 수 없었다. 6월 현충일에 만나러 갔더니 막내는 나를 피했다. 경남에 살 때라 서울에 맡겨둔 막내를 자주 찾지도 못했다. 아차! 앞뒤 가릴 수가 없었다. 무작정 데리고 왔다. 그리고 아이의 상처를 보상하려 노력했지만 씻어지지 않았다.

막내가 성장한 후 내 방법이 얼마나 졸렬했는지 알았다. 과자를 사서 돌아오니 엄마는 없고 낯선 곳에서 외톨이가 된 당혹감과 믿었던 엄마에게 버림받은 아이의 기분을 나는 예상하지 못했다. 떼어놓을 수밖에 없는 상황을 이야기하며 함께 울며 달랬더라면 서러워 울면서도 엄마가 데리러 온다는 기다림과 희망을 주었을 것이다. 떨어지지 않으려 울며 매달릴 것만 걱정했다. 떼어놓은 것보다 아이를 속인 것이 더 큰 잘못이었다. 이때 받은 아이의 상처는 성장 후 문제점으로 나타나 내 가슴을 아프게 했다.

손자가 엄마를 그리는 마음이 짠하여 업었다. 엄마는 꼭 오고 할머니가 있으니 걱정 말라고 달랬다. 그 어떤 말과 보살핌으로도 손자를 위로할 수 없다는 것을 내가 더 잘 안다. 나 또한 지난날 외할머니 말이 귀에 들리지 않았으니까.

어렴풋한 기억이라 대여섯 살 때쯤이라 생각된다. 엄마 따라 외가에 갔는데 자고 일어나 보니 엄마와 두 동생이 보이지 않았다. 하늘이 캄캄하고 홀로 버려진 두려움에 울며 엄마에게 데려다 달라고 떼를 섰다. 그 때 내 심정은 아주 절박했다. 외갓집 식구들이 달랬지만 내 귀에는 들리지 않았다. 하루 종일 먹지 않고 얼마나 울었던지 꺽꺽 목이 쉬었다. 외할머니도 지쳐 "이 울보야! 네 에미가 와서 저 밀자루를 가지고 갈 거야!" 호통을 쳤다. 나는 외할머니가 가리키는 밀자루를 얼른 부둥켜안았다. 그 순간 마루에 놓인 밀자루를 놓치면 엄마를 영영 다시 만날 수 없을 것 같았다. 나는 자루를 안고 지키다 잠이 들었다. 다음 날 눈을 뜨니 엄마와 두 동생이 내 앞에 있었다.

그 하루의 절박했던 심정을 어찌 설명할 수 있으랴. 그때 얻은 울보라는 별명은 다 커서도 외가에서 통하는 내 이름이 되었다. 이런 경험이 있는 내가 자식을 떼어놓으며 왜 그 심정을 헤아리지 못했는지…. 수입의 80퍼센트 이상을 저축하며 살려고 발버둥 치고, 우리 함께 어려운 시기를 참자는 야멸참에서 나온 행동이었다. 평생 내 가슴을 아프게 할 줄은 꿈에도 몰랐다.

우는 아이를 보고 떠난 딸이 "지훈아!" 달려와 안아주니 엄마에게 착 달라붙어 금방 환한 표정이 된다. "너는 지훈이에게 하늘 같은 존재다!" 딸에게 손자의 절박했던 심정을 대신 전해주며 자식의 마음을 제대로 아는 부모가 되길 바랐다.

독일, 체코

하루 종일 기차로 이동

9박 10일간의 북구 여행을 마쳤다. 헬싱키에서 비행기로 곧장 독일 베를린으로 이동하면 2시간 정도 걸린다. 하지만 나는 육로를 고집했다. 비행기로 가려면 2시간 전에 공항에 도착해야 한다. 시내에서 공항까지의 거리도 만만치 않다. 곰곰이 따져보면 시간도 그리 크게 차이 나지 않는다. 무엇보다 4명의 항공료를 아낄 수 있다. 편한 것을 따지면 집만 한 곳이 없다. 여행은 체험이다. 새로운 것을 찾아 경험하는 것이기에 어려움과 고생을 감수해야 한다. 내 욕심이 발동하여 손자를 고려해야 한다는 생각을 잠시 잊었다. 무료인 패스로 일등석 안락한 좌석에서 그간 쌓인 피로를 풀며 오래도록 동경한 북구의 자연환경을 차창으로나마 바라볼 수 있는 기회다. 핀란드 투르쿠에서 탄 유람선에서 하룻밤을 보내고 새벽에 스웨덴 스톡홀름 항구에 내렸다.

스톡홀름 중앙역에서 오전 8시 20분 기차에 올랐다. 펼쳐지는 풍광은 북유럽에서 가장 넓은 땅덩어리가 스웨덴임을 보여준다. 역마다 오르내리는 승객들의 모습에서 세계 최고 복지국가의 일면을 볼 수 있었다.

국경을 넘어 덴마크 코펜하겐 중앙역에 도착하여 곧바로 독일 함부르크행 기차로 환승했다. 덴마크로 넘어오니 다소곳한 농가와 들판 모습이 스웨덴과 조금 다르다. 해발 100미터가 넘지 않는 평야지대로 호수와 늪지가 많다. 480여 개의 섬으로 이루어진 나라답게 섬과 섬을 연결하는 3.2킬로미터 스토레벨트 다리를 기차는 달렸다.

펼쳐지는 덴마크의 농촌 풍경을 바라보며 지난날을 떠올린다. 덴마크의 부흥 운동가 달가스는 '밖에서 잃은 것을 안에서 찾자'고 외치며 황무지를 개간하여 덴마크를 낙농국으로 우뚝 서게 했다는 중학교 세계사 선생님 말씀을 듣고 나는 난생처음 꿈이란 걸 가졌다. 낙농인이 되기 위해 덴마크에 가서 공부하고 싶다는 그 꿈은 꿈으로 끝났다. 하지만 세월이 흘러 그 나라를 내 발로 밟고 바라보게 되니 나는 꿈의 끝자락을 쥔 것 같다.

덴마크 남부 뢰드뷔패르게 역에 도착한 기차는 철로가 설치된 페리 속으로 그대로 들어갔다. 코펜하겐을 출발한 지 2시간 후 뢰드뷔 항구를 떠나며 "덴마크여 안녕!" 했다. 반도와 섬으로 이뤄진 덴마크는 자연환경을 잘 이용하는 매력적인 나라다.

기차를 실은 스칸드라인 페리는 상점과 식당, 오락실까지 갖추었다. 우리는 갑판에 올라 50여 분간 발트 해의 바람을 쐬며 색다른 경험을 즐겼다. 안내 방송이 나왔다. 다시 화물칸으로 내려가 기차에 올라 독일 땅

_ 스칸드라인 페리의 갑판 위. 기차를 실은 이 페리는 상점과 식당, 오락실까지 갖추었다.

푸트가르덴 역에 도착하여 곧장 함부르크를 향해 달렸다. 핀 섬으로 돌아가지 않고 해협을 건너 시간을 단축하고 바다 구경도 잘했다. 육로로 이동하길 잘했다.

유럽 대륙은 하나의 큰 나라처럼 국경이란 개념이 없다. 기차가 사방으로 연결되니 이동이 편리하다. 함부르크 역에서 플랫폼을 옮겨 베를린행 기차를 탔다. 아침부터 기차를 바꿔 타며 스웨덴, 덴마크, 독일의 여러 역을 거치고 바다를 건너 오후 7시 10분경 독일 수도 베를린에 도착하니 밝은 저녁나절이다. 유레일패스 덕에 11시간 동안 북구의 자연 풍광을 마음껏 즐겼다.

숙소는 역 앞에 있는 게스트 하우스다. 공동 부엌이 있고, 여행 시즌이라 단체 학생들이 많아 시끌벅적하다. 욕조에 빨랫감을 넣고 남편이 밟아 며칠간 밀린 빨래를 했다. 개운한 기분으로 새로운 여행을 시작한다.

독일다움을 보여주는 베를린

베를린은 제2차 세계대전 때 파괴된 건축물을 재건하여 산뜻하면서도 유서 깊은 도시다. 전면이 유리로 된 현대적인 중앙역은 통일 독일의 수도로서 위상을 말한다. 곳곳에서 건축공사가 한창이고 넓은 녹지 공간의 잔디밭과 커다란 분수는 계획도시로 변모해가고 있음을 보여준다. 2박 3일간 분단의 역사적 현장을 찾고 통일된 독일 분위기를 느끼며 옛 프러시아 제국의 냄새를 맡고 싶다.

국회의사당을 관람하려면 사전 예약을 해야 한다. 개관 시간에 맞춰 예약을 했기에 아침 일찍 서둘렀다. 관광객이 하나둘 모여들자 유니폼을 입은 안내원들이 일사불란하게 움직이는 모습이 독일답다. 관람은 회의장과 돔, 가이드 투어, 돔 구경하기의 세 가지로 나뉜다. 우리는 돔만 보았다.

유리로 된 원형 돔을 나선형으로 오르면서 베를린 시내를 360도로 바라볼 수 있다. 중심에 반사경과 유리 기둥이 치솟은 초현대적 건축물이다. 층층이 오르는 사람들의 모습이 아래위 어디서나 훤히 보여 요술나라에 들어온 기분이다. 손자는 확 트인 공간의 오르막을 달려간다. 붐비지 않는 시간대라 다행이다. 옥상 테라스로 나서니 전승 기념탑과 티어가르텐 넓은 녹지 공원이 펼쳐지고 베를린 시가지가 한눈에 들어온다. 국회의사당 지붕 위에서 조각상과 펄럭이는 국기를 가까이에서 보았다. 무료입장에 친절한 안내를 받으며 좋은 구경을 했다.

_ 브란덴부르크 문. 문 위에는 승리의 여신이 네 마리의 말이 끄는 전차를 타고 달리는 조각상이 있다.

근처의 브란덴부르크 문은 그리스 신전을 연상케 한다. 프러시아 제국의 개선문으로 베를린을 동서로 나눈 기점이며 분단 시절의 통로였다. 독일이 통일되던 1989년 11월, 나는 TV를 통해 이 문 앞에서 시민들이 환호하는 장면을 보았다. 직접 보니 웅장하고 멋스럽다. 문 위에는 승리의 여신이 네 마리의 말이 끄는 전차를 타고 달리는 조각상이 있다. 나폴레옹이 전리품으로 가져간 것을 도로 찾아 세운 것이다. 문 앞의 넓은 광장은 여행객들로 붐비고 거리 악사의 연주와 다양한 퍼포먼스가 펼쳐지고 있다.

브란덴부르크 문에서 시작되는 운터덴린덴로는 동독 시절의 번화가로 고급 브랜드와 카페, 선물가게 등이 모여 있다. 아인슈타인, 마르크스, 헤겔이 공부한 베를린 명문 훔볼트 대학과 국립 도서관, 국립 오페라 극장 등 무게 있는 건물들도 즐비하다. 지붕 위 일렬의 조각상이 인상적이다. 정돈되고 깔끔한 거리는 예스러우면서도 멋지다. 운터덴린덴(Unter den Linden)이 '보리수나무 아래'란 뜻인 만큼 지난날 보리수나무가 우거진 거리의 풍경을 상상하며 걸었다. 관광객의 눈길을 끄는 거리 공연과 다양한 퍼포먼스까지 재미를 주는 거리다. 손자는 왕관을 쓰고 칼을 든 황제 퍼포먼스에 다가가서 만져본다. 그러자 부동의 예술가가 눈을 껌뻑이며 단에서 내려와 손자에게 칼을 쥐어주고 감싸 안는다. 손자는 놀라서 어리둥절하다. 나는 고마워 바구니에 돈을 넣었다. 역사가 살아 숨 쉬는 거리 풍경 모두가 볼거리다.

독일 역사박물관에 들어갔다. 입구 홀에 비스마르크 조각상과 승리의 여신 니케의 동상이 버티고 있다. 시대별로 전시된 자료가 방대하다. 고대 유물과 중세의 예술 작품을 스쳐보고 독일의 근대사에 중점을 두었다. 스탈린과 히틀러의 흉상, 나치 독일과 제2차 세계대전에 관한 사진 자료와 기록들을 보며 오늘의 독일 국력을 생각했다.

베를린 중심부를 흐르는 슈프레 강 가운데 작은 섬이 있다. 박물관이 여럿 있어 박물관 섬이라고도 한다. 섬 입구 선착장 부근의 베를린 돔이

_ 베를린 대성당. 중앙 돔에서 시내를 조망할 수 있어 베를린 돔이라 불린다.

돋보인다. 청록색 돔 지붕과 조각이 아름다운 르네상스 양식의 대성당은 검게 그을려 마치 오래된 건축물처럼 보인다. 하지만 사실은 제2차 세계대전 후에 재건했다니 그 완벽함이 놀랍다. 중앙 돔에서 시내를 조망할 수 있어 베를린 돔이라 불린다. 외관의 섬세한 조각에 감탄하고 내부의 우아한 아름다움에 놀랐다. 화려한 성화와 붉은 대리석 기둥, 금빛 장식의 주제단, 예배당에는 루터를 비롯한 종교개혁자의 조각상이 있고, 중앙의 돔 천장에서 빛이 들어와 경건하면서도 화려하다. 지하는 황제와 호엔촐레 가문의 묘지다. 관을 꾸민 조각이 하나의 작품이다. 돔 전망대에서 바라보는 광장과 박물관 건물들, 유람선이 떠다니는 슈프레 강 등 프러시아 제국의 위상을 지닌 베를린을 보았다.

가장 유명하다는 페르가몬 박물관에서는 헬레니즘, 메소포타미아, 이슬람 문화를 한곳에서 만날 수 있다. 기원전 3세기경 헬레니즘 문화가 번성했던 터키 페르가몬의 신전을 통째로 옮겨놓은 것에서 이름이 붙여졌다. 페르가몬 제단은 가히 놀랄 만하다. 복원된 조각은 완벽하지 않지만 근육질은 살아 있는 듯 섬세하다. 그리스의 고대도시 밀레투스 유적의 저택 바닥 모자이크 그림과 고대 바빌로니아 유적의 푸른색이 감도는 타일 벽면의 동물 부조, 요르단 이슬람 문화의 카펫과 도자기 등 옛 사람의 솜씨와 기술이 놀랍고도 감탄스럽다. 모든 것이 실제 크기로 재건되어 전시되었다. 이것을 멀리 소아시아(터키)에서 발굴하여 이곳까지 옮겨 전시한 과정을 그려보게 한다. 국제적 협약은 있었겠지만 유물의 가치를 어떤 관점으로 보느냐에 따라 빼앗기기도 하고 영원한 유산으로 간직하기도 한다. 박물관은 인간의 능력과 욕망, 추구하는 가치 등을 역사적 유물을 통해 보여주고 들려준다.

분수가 시원스러운 광장은 시민의 휴식처다. 우리는 잔디밭에서 쉬면서 계단 위에 있는 그리스 신전의 열주를 본떠 만든 이집트 박물관은 외관만 보는 것으로 만족했다. 계단 양편의 조각상이 훌륭하다. 손자는 말 탄 기사의 창에 죽어가는 사자가 불쌍하다며 조각상 밑으로 들어가 어루만진다.

박물관 섬을 지나 상점 구경을 하면서 알렉산더 광장에 도착했다. 러시아 황제 알렉산더 1세의 베를린 방문을 기념해 조성한 광장으로 바다의 신 포세이돈을 중심으로 큼직한 조각상이 많은 분수가 시원스럽다. 조각의 중요한 부분은 사람들의 손길로 반질거린다. 광장 주변에 베를린에서 가장 오래된 베를린 마리엔 교회가 있다. '죽음의 춤'이라는 프레스코화가 유명하다. 청색 종탑과 붉은 벽돌의 단아한 교회는 크지 않지만 그 자리에 있는 것만으로도 광장을 돋보이게 한다. 또 우뚝 솟은 높이 368미터의 TV방송 송수신용 타워에는 시내를 조망하기 좋은 전망대가 있어 사람들이 줄을 서서 기다린다. 스콜 같은 비가 갑자기 내리더니 그치고 난 다음 날씨는 더 청명하다.

유레일패스로 무료인 S반(S-Bahn)을 타고 베를린 장벽을 보러 갔다. 베를린의 명물로 남은 1.3킬로미터 장벽에는 그림과 낙서가 가득하다. 예술가들이 평화를 기원하며 그린 작품이다. 가장 유명한 그림은 소련의 서기장 브레즈네프와 동독의 서기장 호네커의 '키스'다. 저마다 뜻을 담은 그림은 풍자와 유머러스한 표현으로 보는 재미가 있다. '우리의 소원은 통일, 독일처럼 통일됐음 좋겠다!'라고 큼직하게 한글로 쓴 것도 있다. 높이 2미터의 장벽을 사이에 두고 동서로 나뉜 도시는 우리나라 비무장지대와는 다른 환경이다. 장벽을 따라 슈프레 강이 흐르고 강변에는 주택들이 늘어서 있다.

지난날 자유를 찾아 탈출을 시도한 다양한 모습의 사진과 기록을 전시한 체크포인트 찰리 박물관을 찾았다. 맥도날드 매장이 있는 8층 높이의 건물에 독일 국기가 펄럭인다. 도로 가운데 미군 측 국경 검문소에는 병사가 보초를 서고 있다. 순전히 관광용이다. 옛날의 살벌함은 찾아볼 수 없는 곳에서 지난 역사를 돌아보게 한다.

베를린의 또 다른 분위기를 느끼게 하는 쿠담 거리는 유명 브랜드의 상점과 백화점, 호텔이 모여 있는 쇼핑천국이다. 가게마다 베를린을 상징하는 곰 조각을 기발한 아이디어로 재미있게 꾸며 보는 재미를 준다. 노천카페와 레스토랑마다 사람들로 가득하다. 가설무대의 신나는 연주에 어깨가 들썩인다. 우리는 거리 구경을 하며 노천카페에서 관광 분위

_ 카이저 빌헬름 기념교회. 제2차 세계대전 때 연합군의 집중 폭격을 받아 첨탑이 파괴되었다.

기를 즐겼다. 근처의 카이저 빌헬름 기념교회는 제2차 세계대전 때 연합군의 집중 폭격을 받아 파괴된 부분을 복구하지 않은 채 두었다. 전쟁의 흔적을 그대로 두고 교훈으로 삼는 독일다운 발상이다. 그 대신 팔각형의 새 교회에서 예배를 본다.

2킬로미터 정도 걸으면서 티어가르텐 공원을 구경했다. 티어가르텐은 브란덴부르크 문에서 전승 기념탑까지 곧게 뻗은 '6월 17일 거리' 양쪽에 넓게 펼쳐져 있다. 드넓은 녹지 공간은 지난날 제후들의 사냥터로 이용했음직하다. 오솔길과 호수 등 자연 그대로인 공원에는 갖가지 야생화가 만발하다. 이런 공간이 베를린을 격조 있는 도시로 만드는 것 같다. 공원 안에는 대통령 관저와 구의사당과 램프 박물관이 있다.

높은 전승 기념탑을 멀리서 바라보고 걷는 재미도 있다. 탑 꼭대기에는 날개 달린 황금빛 승리의 여신상이 빛난다. 프랑스와 오스트리아, 덴미크의 연합군과 맞서 싸워 이긴 승리의 기념으로 세웠다. 둥근 탑 주위를 한 바퀴 돌면서 아랫부분에 새겨진 부조를 보았다. 전쟁은 파괴와 함께 또 하나의 유물을 남겼다.

베를린 여행을 마쳤다. 베를린 지도를 보니 중앙역에서 시작하여 타원형으로 크게 한 바퀴를 돈 셈이다. 독일은 여러 나라와 인접해 있고 유레일패스로 이동을 하다보니 왔다 갔다 하게 된다. 프랑크푸르트는 라인강 유람선을 타기 위해 들렀고, 암스테르담에서 이동하며 다시 찾았다. 뮌헨과 퓌센은 오스트리아를 거쳐 스위스로 가는 길에 들르기로 했다.

카를교와 구시가 광장

'프라하의 봄'과 '유럽의 고도'로 소문난 체코에 왔다니 꿈같다. 동구권이 무너지기 전 체코는 책으로나 만날 수 있는 나라였다. 패키지여행 광고를 살피며 언젠가 찾으리라 기대했던 곳 프라하다.

강대국 사이에서 외세의 침략을 많이 받은 체코는 제2차 세계대전 이후 소련의 위성국가였다. 1968년 8월 소련을 포함한 5개국 연합의 무력 앞에 프라하 시민은 자유를 외쳤다. 꽃은 짓밟을 수 있지만 오는 봄을 막을 수는 없다며 항쟁한 '프라하의 봄'은 1993년 체코 민주공화국을 탄생

시키는 전초전이 되었다. 1000년의 역사를 지닌 수도 프라하는 세계문화유산으로 지정되어 1년에 1억 명이 넘는 관광객이 중세의 문화를 접하려 모여드는 곳이다.

프라하 중앙역에 내리니 지금까지 다닌 유럽 여러 기차역과 비교된다. 일등석 휴게실에는 정수기만 덩그렇게 놓여 있고 무표정한 안내원은 묻는 말에 퉁명스럽다. 지난날 공산 위성국가 냄새가 난다. 우리는 곧장 시내버스를 타고 구시가지 카를교 근처로 이동했다. 숙소는 구시가의 좁은 골목 안 옛 건물이다. 아래층은 식당이고 엘리베이터가 없는 4층이라 무거운 가방을 들고 올라갔다. 좁은 계단을 힘들게 오르긴 했지만 작은 창문의 운치 있는 다락방이 마음에 든다. 방도 넓고 부엌 시설도 좋다. 골목을 내려다보니 좁은 거리에 사람들이 떠밀려 다니고 카페와 레스토랑, 선물가게가 늘어섰다. 세계의 관광객들이 다 모여든 것 같다. 보는 것만으로도 활기찬 관광 분위기에 흥이 나서 짐을 두고 서둘러 나섰다.

카를교는 블타바 강의 서쪽 프라하 성과 동쪽 구시가지를 연결하는 다리다. 체코에서 가장 오래된 중세풍의 다리로 보행자 전용이다. 유럽에서 가장 아름다운 다리인 카를교에는 '가장'이란 수식어가 많이 붙는다. 다리 양쪽 난간에 30개의 성인상이 세워져 다리를 돋보이게 한다. 성경에 나오는 주요 인물과 성인들의 조각상으로, 진품은 박물관에 보관된 훌륭한 작품이다. 그중에서도 '거룩, 거룩, 거룩한 주여!'라는 문구가 새겨진 예수 수난 십자가상과 왕비의 고해성사 내용을 알려달라는 왕의 청을 거절한 죄로 다리 위에서 죽음을 당한 성 얀 네포무츠키 조각상이 유명하다. 수많은 사람들이 쓰다듬어 조각상의 발등과 손은 반질거린다. 다리 위는 발 디딜 틈이 없이 북적인다. 관광객뿐만 아니라 초상화

_ 카를교. 체코에서 가장 오래된 중세풍의 다리로 보행자 전용이다.

를 그리는 사람, 악기를 연주하는 사람, 액세서리 좌판, 선물 장사 등이 좁은 공간을 차지한다. 게다가 돈을 거는 게임까지 관광지에서 볼 수 있는 모든 것이 다리 위에서 펼쳐진다. 다리 양쪽 2개의 탑은 전망대 역할을 하면서 다리를 멋지게 꾸민다.

구시가의 광장은 옛날 프라하 상공업의 중심으로 여러 양식의 중세 건물들이 모여 있다. 2개의 첨탑이 돋보이는 고딕 양식의 틴 성당, 모차르트가 오르간을 연주한 성 니콜라스 성당, 레스토랑과 카페로 성시를 이루는 킨스키 궁전, 14세기에 건축된 구시청사와 벽면의 천문시계탑 등 고풍스러운 건축물들이 자리한다. 광장 중앙에는 민족 지도자로 존경받는 얀 후스의 동상이 서 있다. 그는 신학자이며 신부였다. 면죄부로 타락한 로마 가톨릭을 비판하자 파문되어 이곳 광장에서 화형을 당했다. 그

가 사망한 7월 6일이 공휴일로 지정될 정도로 추앙을 받는 인물이다

천문시계 앞은 카를교에서 붐비던 사람들이 모두 이곳으로 이동한 듯하다. 마침 저녁 8시를 알리자 환호성이 터진다. 그리고 조용하다. 12사도 인형이 차례로 나와 한 바퀴씩 돌고 황금 닭이 운다. 천문시계는 2개의 원으로 위의 원은 천체의 움직임, 즉 3개의 바늘은 태양과 달, 별의 움직임을 표시한다. 아래 원은 1년 열두 달로 매달의 특징을 그림으로 나타내어 한 바퀴를 돌면 1년이 지난다. 주위를 장식한 인형 또한 각각의 의미를 지녔다. 줄을 당겨 창을 여는 해골인형은 시간이 가면 모두가 죽어 해골이 된다는 것, 즉 죽음을 뜻한다니 프라하의 천문시계는 아름다움과 과학, 이야기를 품은 독특한 시계다. 당시 이 시계의 진가가 알려지자 주문이 쇄도했다. 똑같은 시계를 다시 만들지 못하도록 제작자의 눈을 멀게 했다는 전설까지 더하는 시계다. 정시마다 벌어지는 시계 쇼는 프라하 관광의 백미다.

밤이 깊어도 광장에는 관광객이 줄어들지 않는다. 불빛을 쏘아 올린 건축물은 더욱더 아름답다. 특히 틴 성당의 2개 첨탑 사이 성모 마리아상이 아름답게 빛난다. 광장 바닥에 둘러앉아 이야기를 나누고 악사의 연주를 감상하며 저마다 여유로운 시간을 보낸다. 불 쇼가 펼쳐지고 관광객들이 손을 잡고 원으로 돌며 춤을 추니 광장은 흥겨움으로 가득하다. 우리도 포장마차에서 갖가지 음식을 사서 광장 바닥에 앉아 쉬면서 프라하의 밤을 즐겼다. 손자는 좋아서 뛰어다니며 여행 분위기를 탄다.

프라하 성

프라하 성으로 오르는 길은 여러 갈래다. 우리는 카를교를 건너 말라스트라나 광장을 거쳐 네루도바 거리를 걷기로 했다. 이른 시간 조용한 카를교는 관광객으로 북적이던 분위기와 사뭇 다르다. 우리는 다리의 조각상을 차례로 구경하며 다리의 진면목을 보았다.

카를교를 건너 성 미쿨라셰 성당이 자리한 말라스트라나 광장에서 언덕길을 올랐다. 관광객들이 황금열쇠, 태양, 붉은 사자 등을 조각으로 나타낸 주소에 초점을 맞추어 사진을 찍느라 바쁘다. 옛 건물의 집주인의 직업을 상징적으로 나타낸 주소가 마을길을 한층 더 고풍스럽게 한다. 벽면이 독수리 조각으로 꾸며진 이탈리아 대사관과 무어인 상을 세운 루마니아 대사관 건물에는 그 나라 국기가 펄럭인다.

프라하 성은 500년에 걸쳐 완성된 중세의 성이다. 성벽으로 둘러싸인 일반적인 성채와 달리 입구 철문에는 조각상이 우뚝하다. 정문 앞 광장에 서니 프라하 시가지가 한눈에 들어온다. 입장 티켓은 전체를 아우르는 것과 기본적인 몇 곳을 관람하는 것으로 구분된다. 우리는 전체 티켓을 구입했다. 가장 먼저 외관이 아름답고 웅장한 성 비투스 대성당을 찾았다. 프라하 최대의 고딕 양식으로 멀리서도 보이는 124미터의 첨탑이 우뚝하다. 성당 안 스테인드글라스는 성경 이야기를 아름다운 색으로 나타내고, 3톤의 은으로 조각된 성 얀 네포무츠키의 묘를 비롯해 많은 무덤과 보물을 소장했다. 긴 줄을 기다려 입장할 만하다.

옛 왕궁은 현재 대통령의 집무실과 영빈관으로 사용되고 일부만을 공개한다. 대관식과 연회가 열렸던 기둥이 없는 아치형의 넓은 블라디슬라

_ 프라하 성 성곽. 프라하 성은 500년에 걸쳐 완성된 중세의 성이다.
_ 성 비투스 대성당. 124미터의 첨탑이 우뚝한 고딕 양식의 성당이다.

프 홀, 대법관이 사용하던 방, 재판을 행하던 의회당과 공문서 보관실 등 여러 방을 차례로 둘러보았다. 유럽 왕궁과 달리 화려한 장식이나 가구로 꾸며지지는 않았지만 단아한 기품이 있다.

성 이지 성당에는 아담과 이브 이름을 가진 2개의 하얀 첨탑이 있다. 재미있게도 아담의 탑이 조금 더 두텁다. 봄에는 콘서트 홀로 이용되고, 성당의 수도원은 국립 미술관으로 다양한 전시물을 볼 수 있다.

예쁜 색의 작은 집들이 줄지어 선 좁은 골목길을 황금소로라 한다. 금세공인들이 살았다고 해서 붙여진 이름으로 1층은 기념품가게이다. 2층에는 중세 기사들이 사용한 투구와 방패, 창이 전시되어 있다. 손자의 관심을 끄는 것들이라 눈을 빤짝이며 본다. 황금소로 끝에 빨간 뾰족지붕의 감옥 탑이 있다. 보헤미아의 기사였던 달리보르가 농민반란에 가담하고 수감된 이곳에 형틀이 놓여 있다.

성에서 벗어난 듯한 곳에 넓은 왕실 정원이 있다. 그곳에 있는 르네상스 양식의 여름 별궁 벨베데르는 프라하 성과는 다른 분위기다. 아치형 흰 주랑이 받쳐주는 2층 건물이 단아하다.

프라하 성은 오랜 기간 동안 건축된 만큼 시대와 양식이 다른 부속 건물들로 이루어져 마치 작은 도시 같다. 성 밖으로 나와 바라보니 깊은 골짜기 벼랑 위에 세워졌다. 정글처럼 숲이 우거진 계곡 위 성채는 천연적인 요새다.

체스키크룸로프 역사지구

3박 4일간의 체코 여행 마지막 날에는 프라하 남서쪽으로 180킬로미

_ 체스키크룸로프의 구시가지. 우리는 중세 사람들이 밟고 지나간 돌길을 따라 걸었다.

터 떨어진 중세도시 체스키크룸로프로 가기 위해 기차를 탔다. 작은 시골 역에 내려 30분가량 걸으니 유네스코의 세계문화유산으로 등재된 작고 아담한 도시가 나타났다. 무에서 유를 발견한 기분이다.

체스키크룸로프는 르네상스, 고딕, 바로크, 로코코 등 중세 양식으로 지은 건축물들이 아름답게 조화를 이루고 있는 곳이다. 작고 한적한 산골마을에 4개의 미술관과 7개의 박물관이 있으며, 음악 축제와 공연이 열리고, 블타바 강에서 뗏목을 타거나 래프팅을 즐길 수도 있다. 그뿐 아니라 산과 들에서 하이킹, 자전거 타기, 승마, 골프 등 다양한 놀이도 할 수 있어 작지만 볼거리와 즐길 것이 많은 곳이다.

체스키크룸로프 성은 13세기에 영주 크룸로프가 세운 당시의 모습을 그대로 지니고 있다. 프라하 성 다음으로 규모가 큰 체스키크룸로프 성

_ 체스키크룸로프 성에서 내려다본 마을. 좁은 블타바 강 줄기가 S자로 휘돌아 마을을 감싸고 흐른다.

의 내부는 가이드 투어로만 구경할 수 있다. 케이크를 쌓아 올린 듯한 원통형 탑에 오르니 마을 전경이 내려다보인다. 좁은 블타바 강 줄기가 S자로 휘돌아 마을을 감싸고 흐른다. 흰 벽에 오렌지색 삼각 지붕의 집들이 옹기종기 모인 마을이 상큼하다. 3시간 넘게 달려와 만난 700년 전 고도가 동화 속 같다. 성의 끝자락에 위치한 정원은 숨겨진 보물 같다. 잘 다듬어진 정원은 분수와 조각으로 소박한 아름다움을 풍긴다.

우리는 정원 밖 언덕에 자리를 깔고 농촌 풍경을 바라보며 점심을 먹었다. 하늘은 파랗고 바람은 시원하다. 밝은 햇살과 맑은 공기 속에서 조용함을 즐겼다. 체스키크룸로프의 자연환경 그 자체가 관광의 즐거움을 준다.

구시가지 좁은 골목길의 옛 건물은 선물가게나 카페로 이용되고 있다.

_ 체스키크룸로프 성. 프라하 성 다음으로 규모가 크다.

중세 사람들이 밟고 지나간 돌길을 따라 걷고, 성과 구시가지를 연결하는 작은 '이발사의 다리'를 건넜다. 슬픈 사랑의 이야기가 깃든 다리라 관광객들이 쉼 없이 지나간다. 정신병을 앓던 루돌프 2세의 아들이 이발사의 딸인 아내를 죽였다. 범인을 잡기 위해 마을 사람을 한 사람씩 죽이자 이를 멈추게 하기 위해 이발사가 허위 자백을 하고 죽임을 당했다. '이발사의 다리'는 그를 추모하여 놓은 다리라 전해온다.

아름다운 곳을 그냥 떠나기 아쉬워 강물에 발을 담갔다. 송사리 떼가 발 주위에 모여든다. 손자가 고기를 잡겠다고 덤비다 넘어진다. 놀라서 손자를 안다가 주머니에 있던 카메라를 강물에 빠뜨렸다. 배터리를 빼려니 급한 마음에 잘 되지 않는다. 아뿔싸! 지금껏 찍은 사진이 다 날아갔구나. 눈앞이 캄캄하다. 간신히 배터리를 빼고 닦아 햇볕에 말렸다. 체스키크룸로프 자연에 취해 꿈속을 거닐던 기분이 확 달아났다. 당황하는 나를 빤히 쳐다보는 손자가 시무룩하다. '이러면 안 되지! 이 좋은 곳에서…' 이왕 벌어진 일, 손자의 기분까지 망칠 수는 없다. 나는 손자를 데리고 강물에 들어가 물장난을 쳤다. 체스키크룸로프가 아닌 다른 곳이었더라면 최소 몇 시간 동안 언짢은 기분으로 투덜거렸을 것이다.

그러고 보면 여행지에서 크게 감동하는 순간이나 좋은 곳에서는 꼭 카메라 사건이 일어난다. 중국 구이린의 풍경에 취하다 리장 강에 케메라를 풍덩! 베트남 오지 산골마을에서는 한밤중에 개구리 소리를 들으려고 나가다 웅덩이에 카메라를 빠뜨렸다. 체스키크룸로프를 오랫동안 기억하라고 빚어진 일이라 생각하니 마음이 편하다. 숙소에 돌아와 조심스레 카메라에 배터리를 끼우고 셔터를 누르니 탈 없이 작동된다. '주님, 감사합니다!' 음력 6월 16일 다락방에 보름달 빛이 흘러 들어온다. 창문을 열고 내다보니 프라하 구도시가 더욱더 예스럽다.

오스트리아, 헝가리, 다시 독일

예술과 문화의 도시 빈

프라하 중앙역에서 8시 39분발 기차에 올라 오후 1시 24분 오스트리아 수도 빈에 도착했다. 기차는 정확하게 출발하고 도착한다. 숙소에 짐을 두고 혹 늦게 돌아오면 마트 문이 닫힐까봐 미리 식료품을 사서 냉장고에 넣어두고 오후 관광을 나섰다. 먹거리를 준비하니 마음이 놓인다.

빈에는 시 중심을 둘러싼 환상(環狀) 도로가 있다. 외적의 침입을 막기 위해 쌓았던 성벽을 허물고 도로를 만들어 링이라 부른다. 이 길을 따라 오페라 하우스, 자연사 박물관, 국회의사당, 시청사, 왕궁 등 주요 건물과 공원이 있다. 구시가지인 링 안에는 슈테판 대성당과 모차르트 빈 하우스가 있고, 링 밖에는 여름 궁전인 쇤브룬과 벨베데레가 있다.

국회의사당은 그리스 민주주의를 염두에 두고 디자인한 것이라 그리스 신전을 닮았다. 의사당 광장의 기마상과 아테나 분수의 황금빛 동상이 섬세하고 아름답다. 도로 건너에 시민정원과 바로크 양식의 왕궁이 있어 국회의사당이 더 돋보인다.

국회의사당 옆 시청사는 높이 98미터의 탑 위에 6미터의 쇠로 만든 기사상이 세워져 높고 날렵하다. 작은 4개의 닮은꼴 탑이 조화를 이룬다. 빨간 꽃바구니가 아치형 창문을 장식했다. 광장에는 한여름 밤에 열리는 필름 페스티벌의 가설무대가 있다. 광장을 사이에 둔 궁정극장(부르크 극장)은 흰 대리석 2층 건물로 지붕에 조각상이 둘러서 있고, 창문의 장식은 레이스처럼 아름답다. 빈 최초의 극장으로 연극만 공연한다.

의사당, 시청사, 궁정극장은 빈을 세계에서 가장 아름다운 도시로 만드는 데 일조한다. 나는 세 건물을 왔다 갔다 하며 번갈아 보았다. 서로가 그 자리에 있어 더욱 아름답게 보이는 윈윈(win-win) 관계다. 오스트리아 구경을 다 한 기분이다.

우리는 시민정원을 거닐며 신왕궁의 부르크 문 앞 광장에서 쉬었다. 광장 중앙 기마상 아래의 대리석 바닥이 넓다. 다리를 쭉 뻗고 누워보니 낮 동안 태양열로 데워진 대리석 바닥이 따뜻하다. 해질 녘 하늘은 노을로 아름답고 합스부르크가를 상징하는 머리가 2개 달린 독수리 문양을 새긴 부르크 문은 웅장하다.

시청 광장에서 9시에 시작되는 필름 페스티벌을 기다리며 피로를 푸는 동안 손자는 또래 친구를 만나 술래잡기를 하며 재미있게 논다. 틈만 나면 놀 거리를 찾는 손자다. 힘들다고 칭얼거리지 않고 빡빡한 일정을 잘 소화한다.

7시가 되니 건물에 조명이 들어온다. 빛은 또 다른 아름다움을 연출한

_ 빈 오페라 하우스. 유럽 3대 오페라 하우스 중 하나다.
_ 궁정극장(부르크 극장).

_ 슈테판 대성당. 처음에는 규모가 작은 교회였지만 몇 차례 증축되어 지금의 모습이 되었다.

다. 시청 벽면 대형 스크린에서 신나게 연주하는 필름이 돌아간다. 광장에 마련된 좌석과 스탠드를 메운 사람들은 손뼉을 치며 노래를 따라 부른다. 신이 난 몇 사람이 무대 앞으로 나가서 몸을 흔들자 누구랄 것도 없이 줄줄이 일어나 손에 손을 맞잡고 좌석을 크게 돌며 리듬을 탄다. 내 엉덩이도 들썩인다. 손자도 박수를 치며 분위기를 즐긴다.

사람들이 모이는 곳에 먹거리가 빠질 수 없다. 스탠드바처럼 높다란 탁자에 삼삼오오 모여 맥주잔을 기울이고 간이 레스토랑에서는 맛있는 요리가 잘도 팔린다. 우리도 그들 속에서 음식을 사서 들고 먹으며 빈의 한여름 밤 축제를 즐겼다.

링스트라세 안 슈테판 대성당은 800년 역사를 지닌 빈의 랜드마크다. 처음에는 규모가 작은 교회였지만 몇 차례 증축되어 지금의 모습이 되었

_ 모차르트 하우스 입구에 있는 나이별 모차르트의 초상화.

다. 남쪽 탑의 높이는 137미터로 계단을 오르니 빈 시가지가 내려다보이는 전망대다. 성당 안에는 많은 조각상이 있다. 그중 벽면의 '치통의 그리스도' 조각상이 인상적이다. 모차르트의 화려한 결혼식과 장례식도 이 성당에서 거행되었다. 지하에는 황제들의 유골이 있다.

성당 앞 광장은 만남의 장소로 사람들로 북적인다. 관광객을 태울 마차가 줄지어 섰다. 손자가 마차를 타겠다고 한다. 볼 것이 많으니 다음에 타자고 타이르니 말귀를 알아듣는다. 어린것이 여행 일정을 아는 듯 떼를 쓰지 않는다. 자신의 욕구를 조절할 줄 아는 것 같아 놀랍다.

광장 근처 모차르트 하우스를 찾았다. 모차르트가 3년간 살면서 일생에서 가장 행복한 시절을 보낸 5층집이다. 오페라 '피가로의 결혼'을 이 집에서 작곡했다. 입구에서는 나이별 모차르트의 초상화와 그의 삶에 관

_ 슈테판 광장의 마차.

한 영상물을 볼 수 있다. 나는 위대한 작곡가가 지나다녔음직한 골목을 서성이며 연미복에 높은 모자를 쓴 모차르트가 대기하고 있는 마차에 오르는 모습을 상상해보았다.

슈테판 광장에서 케른트너 거리와 그라벤 거리가 나뉜다. 이 두 거리는 빈의 번화가다. 케른트너 거리에는 고급 상점이 많다. 레스토랑과 카페에는 관광객이 붐빈다. 거리 악사의 연주와 노천카페의 여유로움이 보행자 전용 거리의 분위기를 만든다. 폭이 넓어 광장과 같은 느낌을 주는 그라벤 거리 중앙에는 하얀 페스트 기념주가 있다. 10만 명이 목숨을 잃은 페스트가 물러간 것에 대한 감사의 표시로 세운 탑이다. 조각상이 역동적이다. 거리는 카페와 고급 부티크, 레스토랑 등으로 활기차다.

케른트너 거리 끝에 국립 오페라 하우스가 있다. 여름에는 공연이 없지만 유럽 최고의 오페라 하우스라는 명성이 있기에 찾았다. 건물 앞에 서니 2000석이 넘는 내부가 상상된다. 모차르트와 베토벤이 활약한 음악의 도시 빈이 아닌가. 그냥 돌아서려니 많이 아쉬웠다.

링스트라세를 따라 길게 조성된 시립 공원은 숲과 작은 호수로 이루어져 조용하고 아늑하다. 하얀 대리석 아치 안에 바이올린을 연주하는 요한 슈트라우스 2세의 작은 황금빛 동상이 서 있다. 출렁이는 파도를 타고 춤추는 남녀의 조각상이 슈트라우스의 왈츠 '아름답고 푸른 도나우'를 떠올리게 한다. 동상 바로 앞에 매일 밤 오케스트라와 왈츠 공연이 펼쳐진다는 쿠어살롱이 있다. 혹시나 창으로 흘러나오는 노래와 춤을 볼 수 있지 않을까, 쉬면서 기대했는데 이곳 역시 조용하다.

도나우 강 풍경을 보기 위해 시가지를 벗어났다. 강가에는 누구나 수영을 할 수 있게 부조물이 놓여 있다. 가족단위 또는 연인끼리 와서 윗옷을 훌훌 벗고 물속으로 풍덩 뛰어들거나 햇볕 아래 누워 책을 펼쳐 들고 일광욕을 즐긴다. 참 간단하고 자연스럽다. 손자는 옷을 벗고 나는 옷을 입은 채 도나우 강 물속에 들어가 한참을 놀았다. 강변 산책로에서는 사람들이 자전거나 롤러스케이트를 탄다. 웃통을 벗고 운동하는 모습도 보인다. 우리는 나무 그늘에서 점심을 먹고 잠시 낮잠을 잤다. 평화스럽고 아늑한 곳에서 갖는 휴식 덕분에 여행을 일정대로 잘하고 있다.

음악가 묘지

시립 공원과 오페라 하우스 사이에 베토벤 광장이 있다. 도로변에 위치한 넓지 않은 공간이다. 유명한 음악가의 흔적을 동상만 보고 떠나려

_ 베토벤 좌상.

_ 슈베르트의 묘. 나는 음악가들의 묘 앞에 포도 몇 알씩을 놓고 인사를 했다.

니 아쉽다.

중앙묘지를 찾아봐야겠다고 생각하고 새벽에 딸과 둘이 나섰다. 이른 아침이라 공원 안내소 문이 닫혔다. 250만 명이 묻힌 중앙묘지는 빈에서 가장 큰 규모라 음악가들이 잠든 곳이 어디쯤인지 알 수가 없다. 안내소 문을 열 때까지 기다릴 수도 없다. 찾다가 못 찾으면 가까이 왔다 가는 것으로 위안을 삼기로 하고 입구에 들어섰다. 용케 앞서 걷는 한국 관광팀을 만났다.

입구에서 멀지 않은 곳에 모차르트 기념비를 앞에 두고 작은 묘 4구가 나란하다. 베토벤, 슈베르트, 브람스, 요한 슈트라우스 부자의 묘다. 나는 가이드 옆에 바짝 붙어 설명을 들었다.

모차르트가 한창 명성을 날릴 즈음 베토벤이 그를 찾아와 음악을 배우고 싶다고 간청했다. 모차르트는 생면부지의 애송이를 대수롭지 않게 여기고 작곡 중이던 악보를 내밀며 연이어 완성해보라고 했다. 베토벤이 완성한 악보를 본 모차르트는 그 자리에서 "자네는 이 세상을 깜짝 놀라게 할 천재일세" 하며 극찬했다. 그 후 베토벤이 모차르트를 그리워하며 다시 빈에 찾아왔을 때 모차르트는 36세로 막 세상을 떠난 후였다고 한다. 그때부터 베토벤은 모차르트가 살았던 빈에 정착했다.

베토벤의 묘 옆에 슈베르트의 묘가 있다. 슈베르트는 내성적이고 온순한 성품이라 베토벤을 존경하지만 만날 용기가 없어 주저했다. 큰 결심을 하고 베토벤을 찾았을 때 베토벤은 병상에서 "자네와 좀 더 일찍 만났더라면 좋았을 텐데…" 하며 늦은 만남을 애석해했다. 슈베르트는 죽어서라도 베토벤 옆에 묻히기를 유언으로 남겨 그의 뜻에 따라 베토벤과 나란히 잠들어 있다. 가이드의 이야기가 사실인지는 알 수 없다. 하지만 모차르트와 베토벤 그리고 슈베르트는 나이 차이는 있지만 동시대 사람들이다. 같은 음악을 하는 사람으로서 좀 더 일찍 만나 서로를 알고 지냈더라면 음악적 영감을 주고받았을 텐데… 그들의 늦은 만남에 내가 애석하다. 새벽 짧은 시간 큰 관광을 했다. 우리나라 관광 팀을 만나 쉽게 묘지를 찾고 가이드 이야기까지 들은 것은 행운이다.

빈의 궁전

빈에는 3개의 큰 궁전이 있다. 국회의사당 근처 호프부르크 궁은 1918년까지 650년간 합스부르크 왕가의 궁전으로 왕실의 거처였다. 링 밖의 쇤브룬과 벨베데레는 여름 별궁이다.

시내 중심에 자리한 호프부르크 궁은 구왕궁과 신왕궁으로 나뉜다. 군주의 세력 확장에 따라 건물이 하나씩 늘어난 구왕궁에는 왕실 보물관, 황제의 거처, 왕궁 성당 및 승마학교가 있다. 바로크 양식의 신왕궁은 합스부르크 왕가가 망한 뒤 완공되었기에 궁으로 사용되지 않았다. 현재는 대통령 집무실과 국제회의장, 도서관과 박물관으로 사용된다. 우리는 호프부르크 궁은 외관을 구경하는 것으로 만족하고 두 여름 별궁을 찾기로 했다.

쇤브른 궁전이 가까워지자 도로변에 세기의 커플 프란츠 요제프와 시시 그리고 마리아 테레지아의 초상화 입간판이 쭉 늘어서 있다. 궁전과 관련이 깊은 주인공들이다. 쇤브룬 궁전은 황제의 사냥터로 작은 별장에서 시작했다. 1696년 레오폴트 1세가 베르사유 궁전을 모델로 더 큰 왕궁을 짓기로 했다. 하지만 재정난으로 축소 건설했다. 그 후 마리아 테레

_ 쇤브룬 궁전. 마리아 테레지아가 자신의 취향대로 외벽을 노란색으로 바꾸고 개축하여 대궁전으로 만들었다.

지아가 자신의 취향대로 외벽을 현재의 노란색으로 바꾸고 개축하여 대궁전으로 만들었다. 그녀는 아들 요제프 2세를 이 궁전에서 낳고 아들의 결혼식도 이곳에서 치렀다. 6살의 모차르트가 마리아 테레지아를 위해 피아노를 연주한 장소이며, 나폴레옹이 오스트리아를 점령하고 사령부를 이곳에 세우고 6개월간 머물기도 했다.

마리아 테레지아 여제와 그녀의 자녀들을 떠올리며 궁전을 구경했다. 여걸인 그녀는 카를 6세의 딸로 미모와 영특함을 지녔다. 왕위 계승의 어려움을 뛰어난 외교술로 극복하고 왕위에 올라, 탁월한 정치력을 발휘하여 국가 재정과 군사력을 튼튼히 했다. 프란츠 공작과 결혼하여 16명의 자녀를 낳고 그 자녀들을 정략결혼을 시켜 합스부르크 왕가의 권위를 공고히 했다. 막내딸 마리 앙투아네트는 루이 16세와 결혼시켰다. 남편이 죽은 후 오랫동안 상복을 입은 성품으로 오스트리아를 유럽의 최강국으로 만든 여걸이다.

그녀의 아들 프란츠 요제프는 어머니의 반대를 무릅쓰고 독일 공작 가문의 딸 엘리자베트(애칭 시시)와 결혼했다. 시시는 언니의 맞선 자리에 나와 요제프의 첫눈에 들어 약혼을 하면서 세기의 러브 스토리 주인공이 되었다. 오스트리아 국왕이 헝가리를 통치한 이중 제국 시절, 시시는 헝가리를 더 사랑하여 그곳에 머물며 헝가리 국민의 사랑을 받았다. 그녀는 스위스를 여행하던 도중 무정부주의자의 총탄에 맞아 61세로 생을 마감했다. 자유분방하고 감성적인 성품은 시누이인 프랑스의 마지막 왕비 마리 앙투아네트와 비슷하다. 쇤브룬 궁전에는 이들의 흔적이 많다. 마리 앙투아네트의 방과 화려한 거울의 방 등 베르사유 궁전의 화려함을 닮았다.

우리는 정원을 구경하며 언덕에 올랐다. 큰 연못으로 꾸며진 언덕에는 왕가를 상징하는 독수리상이 세워진 그리스 신전 양식의 글로리에테가 우뚝 서 있다. 프러시아와 싸워 이긴 것을 기념한 건축물이다. 언덕에서 바라보니 정원과 궁의 전경이 일품이다. 넓은 정원과 우거진 숲, 많은 조각상은 베르사유 정원과 닮은 듯하나 넓이와 화려함을 따르지는 못한다.

벨베데레 궁전을 찾았다. 오이겐 왕자가 당시 빈 외곽이었던 넓은 공원에 하궁을 지어 여름 별장으로 사용했다. 그리고 연회장으로 이용하기 위해 다시 상궁을 지었다. 궁전 앞뜰에 들어서니 큰 호수가 여름 별장답다. 하궁과 상궁 사이에 프랑스식 정원이 펼쳐져 있다. 통로가 넓고 꽃과 잔디로 무늬를 꾸민 정원이 대칭적이다. 마리아 테레지아 여제가 1752년 궁을 인수하여 벨베데레라는 이름으로 미술 수집품을 보관했다. 지금

_ 벨베데레 상궁 앞 정원에 놓인 조형물.

의 상궁은 19세기와 20세기 회화관, 하궁은 오스트리아 미술관으로 사용한다.

상궁 현관에 들어서니 궁전 정원과 하궁 그리고 빈 시가지가 한눈에 보인다. 홀의 장식이 화려하다. 현재는 미술관임을 말하는 조형물 하나가 홀에 놓여 있다. 손자는 그것을 장난감 삼아 놀려고 한다. 이곳에서 가장 유명한 것은 구스타프 클림트 전시실의 '키스' 그림이다. 중년의 한국 관광객을 만났다. '키스'는 절대로 외부로 유출되지 않는 그림이라 진품은 이곳에서만 볼 수 있다고 귀띔을 해준다.

클림트는 오스트리아 화가로 평생 독신으로 살며 많은 애인을 두었다. '키스' 그림 속 남자는 화가 자신이고 여자는 그가 가장 사랑한 여인이라 한다. 자세히 살펴보면 두 사람의 시선이 각각이다. 짝사랑을 한 화가 자신의 마음을 드러낸 그림 같다. 손자는 뽀뽀 그림이라며 선물가게에서 자석으로 된 키스 그림을 고른다. 그림의 주제는 분명 사랑이다. 손자 눈에 그렇게 비치기에. 그는 금세공 일을 한 아버지의 영향을 받아 금박을 사용한 그림을 많이 남겼다.

하궁은 오이겐 공이 거처한 곳이라 내부가 화려하고 우아하다. 현재는 미술관으로 그림과 조각이 많이 전시되어 있다.

1일 여행 부다페스트

빈에서 1일 관광으로 헝가리 부다페스트를 다녀오기로 했다. 소풍 가는 기분으로 새벽에 일어나 음식을 만들었다. 주방이 지하의 별도 공간이라 물소리나 달그락거리는 소리에 신경을 쓰지 않고 요리할 수 있어 좋았다. 큰 냄비와 프라이팬 종류가 많고 식용유, 소금, 후추 등 간단한 양념도 있다. 닭다리를 튀기고 돼지고기를 볶고 생채무침도 했다. 오랜만에 김치를 담그고 된장국도 끓였다. 저녁까지 만들어 냉장고에 넣어두고 도시락을 준비했다. 아침상이 풍성하다. 젊은 여행객이 맛있어 보인다며 음식을 팔라고 한다. 많은 양을 보고 하는 말인 듯하다. 식구들이 잘 먹어야 씩씩하다는 일념에 피곤을 감수하고 만든 것인데….

부다페스트로 가는 기차여행길이 행복하다. 손자는 생글거리고, 남편은 아침식사를 잘한 포만감으로 기분이 좋은 듯하다. 딸은 새로운 곳을 찾는 여행을 즐긴다. 가족이 저마다 만족한 표정이라 내 마음이 즐겁고 편안하다. 차창 밖에 펼쳐지는 풍경이 한결 더 아름답게 보인다.

나는 기차를 타면 차창 밖 경치를 즐긴다. 휙휙 지나가는 풍경이 그림 같아 좋고, 저마다 사연과 목적을 지닌 사람들이 플랫폼에서 타고 내리는 것을 보고 상상하길 좋아한다.

1970년대 말 겨울, 우리 가족은 서울로 향하는 밤기차를 탔다. 서울에서 공부하는 남편과 합치기 위해 나는 다니던 경남의 학교에 사표를 냈다. 이삿짐을 트럭에 실어 보내고 뒤따라 부산역에서 무궁화호에 올랐다. 서울로 간다고 좋아하던 어린 자식들은 잠이 들고 남편도 깊은 잠에 빠졌다. 나는 앞으로 펼쳐질 서울 생활을 그리며 잠을 이룰 수 없었다. 어두운 차창 밖을 내다보았다.

교육대학을 졸업하고 남편을 만나 올망졸망한 자식 셋을 키우며 초등학교 교사로 살아온 날들을 돌아보았다. 불빛이 환한 대도시를 지나고 어두운 들판을 달렸다. 그리고 가끔 굴속도 지났다. '그래, 내 살아온 날들이 바로 밤기차와 같구나!' 나는 여교사로, 세 아이의 엄마로, 한 가정의 주부로 힘들고 슬픈 순간이 많았다. 굴속 같은 어둠과 절망으로 숨이 막혔다가도 대도시의 밝은 불빛 같은 즐거움, 들판처럼 편안하고 행복한 순간도 많았다. 어려움을 참고 최선을 다한다면 끝이 있을 거라 믿었다. 당시 내가 할 수 있는 것은 그 길밖에 없었다. 많은 역사를 지나 기차는 밤새 서울을 향해 달리듯 나는 더 나은 삶을 위해 서울로 향하고 있지 않은가. 뜬눈으로 한 밤을 보내고 새벽 6시경 서울역에 도착했다. 매서운 1월의 찬 새벽 공기에 코끝이 시렸다. 잠실 15평 시영 아파트가 대궐같이 컸다. 그렇게 시작된 서울 생활은 지난날 아픔과 즐거움보다 더 아프고 큰 보람으로 나를 몰아세웠다.

내 인생의 기차는 쉼 없이 달려 70을 바라보는 나이에 오스트리아와 헝가리 국경을 넘나든다. 차창 밖 풍경이 지난날을 떠올리게 한다.

_ 도나우 강 변의 국회의사당.

12시경 부다페스트에 도착하니 내륙 지방의 무더운 여름 날씨답게 열기가 확 다가온다. 왕궁과 어부의 요새를 찾아 공원을 가로질러 걷다가 나무 그늘에 자리를 깔았다. 준비해온 점심을 차리니 즐거운 야외 소풍이다.

여행의 기본은 체력이다. 일단 배불리 먹어야 씩씩하게 잘 걷고, 걸어야 알찬 여행을 할 수 있다. 튀긴 닭다리는 맛있는 영양식이고 갖가지 재료를 넣은 김밥은 푸짐하고 맛있다. 손자는 뜨거운 물에 불린 누룽지를 잘 먹고 과일과 고기도 주는 대로 먹는다. 집에서보다 신경을 써서 챙겨주니 더 많이 먹게 된다. 배불리 먹고 기분이 좋아진 손자는 언덕과 계단을 앞서서 올라간다. 점심을 먹고 나니 짐도 가볍다.

어부의 성에 오르니 부다페스트 시내가 한눈에 보인다. 남북으로 흐르

_ 어부의 성에서 내려오는 계단.
_ 마차시 교회. 붉은 색조의 모자이크 지붕과 탑이 어울리는 고딕 양식의 예쁜 교회다.

는 도나우(다뉴브) 강을 사이에 두고 서쪽의 부다와 동쪽의 페스트 두 지역이 선명하다. 14세기경 헝가리의 수도였던 부다와 상업의 중심지였던 페스트가 1872년 합쳐져 부다페스트가 되었다. 강 건너 국회의사당 건물은 영국 템스 강 변의 국회의사당과 비슷하고, 강변에는 고풍스러운 건물들이 늘어서 있다.

어부의 성은 7개의 하얀 원뿔 모양 탑이 적당한 위치에 우뚝한 성벽이다. 어부들이 이곳에서 적을 물리쳤다는 이야기가 있고, 어부조합이 있던 장소라 해서 '어부의 성'이란 이름이 붙여졌다고도 한다. 어부의 성은 좋은 전망대 역할도 한다.

성 근처에 마차시 교회와 삼위일체 광장이 있다. 마차시 교회는 붉은 색조의 모자이크 지붕과 탑이 어울리는 고딕 양식의 예쁜 교회다. 마차시 왕 때 건립되어 붙여진 이름이다. 이슬람 사원으로 사용되기도 했던 작은 교회는 그 흔적이 남아 있다. 이곳에서 합스부르크가의 프란츠 요제프 황제와 엘리자베트 황후(시시)의 대관식을 치렀다. 교회 앞 광장에는 18세기에 페스트가 이 도시에 돌지 않기를 바라며 세운 삼위일체상과 이슈트반 1세의 청동 기마상이 있다.

언덕길을 내려와 세체니 다리에서 걸어 내려온 부다 지역을 바라보았다. 언덕 위에 세워진 르네상스 양식의 왕궁과 어부의 성 탑이 언덕을 꾸민다. 왕궁은 유네스코 세계문화유산에 등재된 건축물로 현재는 역사박물관과 국립 미술관으로 사용된다. 둘러볼 시간이 없어 왕궁은 멀리서 바라보는 것으로 만족했다.

1849년 완공된 세체니 다리는 부다와 페스트 두 지역을 연결한 최초의 다리다. 다리 입구 양쪽의 큼직한 사자상과 독립문과 같은 건축물이 도나우 강을 더 운치 있게 한다. 남편은 다리를 걸으며 '아름답고 푸른 도나우' 노래를 부른다. 강변의 경치가 까까머리 시절을 떠올리게 하여 가슴으로 부르는 노래다. 따가운 햇살 아래 강바람이 시원하다. 다리를 건너 물가로 내려갔다. 남편과 나는 바지를 걷어 올리고 강물로 들어갔다. 두 손을 모아 강물을 움켜 담았다. 손안에 도나우 강 물이 찰랑인다. 청소년 시절 즐겨 불렀던 노래를 부르며 우리는 하늘을 향해 물을 뿌렸다. 도나우 강 물이 남편과 나의 머리를 타고 흐른다. 10대로 돌아간 순수한 마음과 행동이다. 여행은 생각의 회기성이 강하다. 남편은 까까머리로, 나는 단발머리로, 그때 그 시절 소년과 소녀가 되어 도나우 강 물속에서 잠시 놀았다. 강물은 멈추지 않고 흘러간다. 흐르는 세월 따라 우리는 황혼기를 맞은 지금의 남편과 내가 되었다. 살아온 날을 더듬어 즐기는 이것 또한 여행의 가치다. 강물에서 나오니 깨끗이 세탁된 옷을 갈아입은 듯 마음이 해맑다. '아! 이런 순간이 지친 삶을 어루만져 주는구나!'

강변에서 멀지 않은 곳에 기독교를 전파한 이슈트반 왕을 기리는 성 이슈트반 대성당이 있다. 부다페스트에서 가장 큰 성당이다. 중앙 돔의 높이가 96미터이고 양쪽 탑은 80미터이다. 헝가리 건국 896년에 맞춘 숫자이다. 중앙 돔의 96은 도나우 강 변의 건축물 높이의 기준으로, 도시 미관을 생각하여 이 탑보다 더 높게 지을 수 없게 되어 있다. 성당 내부의 분위기는 천장과 기둥, 조각과 스테인드글라스 등으로 아름다우면서도 경건하다.

서울의 명동과 같은 부다페스트의 번화가 바치 거리를 걸었다. 보행자 전용 도로에는 레스토랑과 기념품점, 각종 상점들이 모여 있어 생동감을 느끼게 한다. 나는 어느 도시에 가든 그 도시에서 가장 번화한 거리를 찾

_ 세체니 온천. 시민공원 안에 있는 온천에서 물놀이를 즐기는 손자.

는다. 활기찬 관광 분위기를 맛볼 수 있고 남들의 모습에서 나를 보게 되기 때문이다.

부다페스트에는 유럽에서 이름난 온천이 여러 곳 있다. 피부병과 류머티즘에 탁월한 효과가 있다고 소문이 난 곳들이다. 동구권 온천 구경도 하고 그간의 피로도 풀기 위해 버스를 타고 시민공원 안에 있는 세체니 온천을 찾았다.

시민공원 입구의 영웅 광장은 헝가리 건국 1000년을 기념하여 만들었다. 높이 36미터의 기둥 위에 헝가리 왕관을 든 수호천사 가브리엘상이 있다. 기둥 아래에는 건국 부족장 6명의 기마상과 무명용사의 묘가 자리한다. 기둥 양쪽 주랑에는 헝가리 독립과 자유를 위해 싸운 14명의 동상이 헝가리 역사를 말해준다.

근처에 있는 미술 박물관과 예술궁전은 외관만 보고 곧장 세체니 온천에 들어갔다. 실내 온천은 세계적이라는 이름에 걸맞게 바로크 양식의 화려한 외관과 로마식 대리석 기둥으로 꾸몄다. 사람들이 너무 많아 놀랐다. 야외에는 큰 수영장과 2개의 온천탕이 있고, 실내에는 10개의 온천과 사우나실이 있다. 물의 온도가 다른 탕에서 저마다 느슨하다. 손자는 물놀이에 재미를 붙이고 나는 높은 열기를 내뿜는 사우나에 들어가 땀을 뺐다. 열차 시간에 맞춰 서둘러 나오느라 많이 아쉬웠지만….

잘츠부르크

오스트리아 북서쪽의 독일 국경과 인접한 잘츠부르크는 모차르트의 출생지이자 영화 '사운드 오브 뮤직'의 촬영지로 유명하다. '잘츠'(소금)와 '부르크'(성)가 합쳐진 '소금성'이란 뜻의 지명은 근처에 소금광산이 있어 붙여졌다.

역에서 가까운 미라벨 궁전과 정원을 찾았다. 정원은 그리스 신화에 나오는 조각상과 분수, 아름다운 꽃으로 꾸며졌다. '사운드 오브 뮤직'의 장면을 떠올리며 정원을 한 바퀴 돌았다. 미라벨 궁전은 1606년 당시 정치·종교의 통치자로 이곳을 다스린 대주교가 애인을 위해 지었고, 후에는 대주교의 별궁으로 사용했다. 현재는 시청사로 사용한다. 모차르트가 연주회를 가졌던 2층 대리석 방에서 지금도 실내악 연주회를 열고 있다. 정원 벤치에 앉아 바라보니 언덕 위에 우뚝 선 호엔잘츠부르크 요새가 이곳을 역사적인 도시로 만든다.

마카르트 다리를 건너니 구시가지 게트라이데가세의 좁은 거리가 나

_호엔잘츠부르크 성으로 올라가는 골목.
_호엔잘츠부르크 성에서 내려다본 잘츠부르크 시내.

온다. 골목길에는 관광객들이 넘쳐난다. 보석, 최신 패션, 전통의상 상점들을 구경하는 재미가 쏠쏠하다. 특이한 간판들이 눈길을 끈다. 빵가게는 빵 모양, 구둣방은 구두 모양으로 집집마다 매달아놓은 간판들이 중세의 골목 분위기를 만든다. 당시 글을 모르는 사람들이 쉽게 가게를 찾도록 철제로 그 가게의 물건 모양을 만들어 달았다.

모차르트 생가는 골목길에 있다. 빈의 모차르트 하우스는 3년간 그가 살았던 집을 기념관으로 만든 것이고, 이곳은 26년간 모차르트 가족이 생활하고 17년간 모차르트가 살았던 집으로 지금은 박물관이다. 모차르트가 어릴 때 사용했던 바이올린과 풍금, 가족사진과 편지 등이 그의 삶을 그려볼 수 있게 한다. 모차르트의 두 아들과 아내의 사진도 보았다. 명성과는 달리 그가 죽은 뒤 많은 빚이 남았다니 사실일까 궁금하다. 미라벨 공원 근처 마카르트 광장에도 모차르트의 집이 있다. 게트라이데가세 골목집에서 이사를 가 8년간 살면서 작품을 남긴 곳이다.

광장에서 호엔잘츠부르크 성까지 케이블카가 운행된다. 우리는 30분 정도 비탈길을 돌아 걸어 올랐다. 90도 절벽 위에 세워진 성채는 한 번도 점령을 당하지 않은 천연 요새다. 성직자 임명권을 놓고 독일 황제와 로마 교황이 싸울 때 독일의 공격을 막기 위해 대주교가 세운 성이다. 유사시 대주교의 피난처가 되기도 했다. 대주교가 거주했던 황금의 방은 사치스럽고, 감옥으로 사용한 적이 있는 성이라 고문실도 있다. 옥외 오르간은 소리가 크고 우렁차서 잘츠부르크의 황소로 불린다.

성에서 바라보니 구시가지와 잘자흐 강 건너편의 신시가지가 한눈에 들어온다. 붉은 지붕의 집들이 모여 있는 도심과 멀리 넓은 들판이 밝은 햇살 아래 평온하다. 경사가 급한 계단으로 내려오니 금방 광장에 도착한다. 광장 주위에는 대성당과 대주교의 거처인 레지덴츠가 있다. 잘츠부르크가 주교의 도시로 유명한 만큼 레지덴츠에는 황제의 방, 기사의 방, 옥좌의 방 등 화려한 공간이 많다. 기사의 방에서 모차르트가 자주 연주를 했다고 한다.

모차르트 광장은 여행객들로 붐볐다. 나는 이곳에서 한 사람의 영향력을 보았다. 광장 주변의 선물가게에는 모차르트에 관한 상품들로 가득하고, 간판에도 그의 이름과 얼굴이 많다. 광장은 여름밤 음악 축제 무대를 준비하느라 한창이었다. 우리는 모차르트 동상 앞에서 사진을 찍고, 아쉽지만 오후 6시 56분발 뮌헨행 기차를 탔다.

다시 독일로

여행 루트상 다시 독일 땅 뮌헨으로 이동했다. 기차가 그대로 국경을 넘어 달린다. 국경을 통과할 때 열차 안내원에게 여권을 내보이기만 한다. 나라가 도시처럼 붙어 있어 건축양식도 유사하다. '여기가 어느 나라다'라고 인지하지 않으면 구분이 되지 않는다. 사람들의 생김새와 생활 모습도 비슷하다.

1시간 30분 만에 뮌헨에 도착했다. 뮌헨 숙소는 중앙역에서 걸어서 20분 정도의 아파트가 즐비한 주택가에 위치한 호텔이다. 방이 넓고 깨끗하다. 벽에는 이름난 관광지 사진이 알맞게 붙어 있고, 커튼과 침대, 소파의 색상이 안정감을 준다. 주방에는 식탁과 냉장고, 식기류가 깔끔하게 정리되어 있다. 독일 하면 떠오르는 이미지와 닮은 방이다. '푹 쉬어야지!' 나는 두 팔을 벌리고 푹신한 침대에 벌렁 누웠다. 손자가 옆에 따라 누우며 "좋다!" 하고 외친다.

뮌헨의 숙소는 내가 좋은 숙소라고 생각하는 기준에 들어맞고 딸이 바라는 숙소다. 아침밥도 호텔에서 제공되니 일단 흘가분하다. 내 기준에서 좋은 숙소는 일단 숙박료가 싸야 한다. 그리고 값에 비해 시트가 깨끗하고 교통이 편리한 곳이 최고다. 더 중요한 것은 음식을 만들 수 있는 주방 시설이다. 방의 크고 작음과 호텔의 시설은 크게 문제가 안 된다. 근처에 대형 마트가 있으면 금상첨화다. 이런 조건의 숙소를 만나기는 쉽지 않다. 간혹 '행운이다' 싶은 숙소를 찾으면 마음이 편하다.

딸은 이번 70일간의 유럽 여행을 떠나기 전에 인터넷으로 숙소를 예약했다. 세 살 꼬마가 있음을 밝히고 숙박이 가능한지 또 추가 요금이 있는지 타진했다. 성인 침대 3개에 별도 요금이 붙는 곳도 있었다. 사전 예약의 할인 폭이 큰 호텔은 반드시 예약했다. 곳에 따라 숙박료를 전액 결제한 곳도 있고, 예약금 일부만 내기도 했다. 예약 변경이 가능한 곳은 마음이 편하다. 혹 일정이 바뀌면 숙소가 달라지기에 몇몇 도시는 현지에서 숙소를 찾기로 했다. 인터넷 예약은 10박당 1박 무료 이용권을 받아 상트페테르부르크에서 3일간 사용했다.

딸이 숙소를 정한 기준은 나와 다르다. 첫째는 이동하기 편한 곳이다. 밤늦게 도착하거나 이른 새벽에 출발할 경우 숙박료에 구애받지 않고 역에 가까운 곳을 잡았다. 둘째로, 며칠간 같은 숙소에 머물 때는 숙박료를 감안하여 도시 중심에서 벗어난 민박으로 잡았다. 가능하면 주방이 있는 숙소를 찾아 경비를 절감한다. 셋째로, 당일 관광은 가능한 한 숙소를 옮기지 않는다. 교통이 편리한 곳에 머물며 하루씩 왔다 갔다 한다. 스위스 베른에서는 4일간 같은 호텔에 머물며 유레일패스를 이용하여 스위스 곳곳을 여행했다. 이렇게 하다보니 이번 여행은 값비싼 호텔에서부터 주택가의 민박까지 다양한 숙소를 경험하게 된다. 남편과 나는 지금껏 단 둘의 배낭여행으로 다닌 숙소와는 격이 다르다며 넓고 깨끗한 시설에 놀라고 높은 가격에 또 놀란다.

뮌헨 구경

뮌헨은 남부 독일에서 가장 번창한 도시이자 독일의 3대 도시로 한국의 경주와 같은 고도이다. 히틀러 나치 운동의 본거지로 제2차 세계대전 때 연합군의 집중 폭격을 받아 많은 문화재가 파괴되었다. 그래도 14~15세기의 건물이 남아 있다. BMW 본사가 있고 세계 최대의 맥주 축제가 벌어지는 곳이기도 하다. 우리는 유레일패스로 무료인 S반을 이용하고 시내는 걸어서 구경했다.

시 외곽에 있는 다하우 강제 수용소를 먼저 찾았다. 히틀러가 만든 나치 수용소이다. 20만 명이 넘는 죄수가 수용되고 3만 2000명의 유대인이 죽은 곳으로, 폴란드의 아우슈비츠 강제 수용소만큼 참혹한 곳이다. 일부 막사를 전시관으로 꾸며 제2차 세계대전 동안 이곳에 수용된 유대인들의 생활상을 사진과 영상으로 자세히 보여준다. 또 다른 막사에는 단체 숙소와 화장실 등이 있다. 가스실, 시체 소각로, 공동 샤워장 등에는 당시 유대인들이 살기 위해 몸부림친 흔적들이 낙서로 남아 있다.

히틀러, 나치 수용소, 유대인의 죽음 등 내가 알고 있는 것 이상의 참혹상을 보니 머리가 멍하다. 인간의 존엄성이 짓밟히고 짐승 취급을 당하며 죽어간 유대인들의 심정이 어떠했을까? 히틀러는 무엇을 성취하기

_ 다하우 강제 수용소. 히틀러가 만든 나치 수용소이다.
_ 다하우 강제 수용소의 막사가 있던 터.

위해 끔찍한 만행을 저질렀을까? 짧은 내 식견으로는 이해되지 않는다. 단지 인간 이기심의 발로일 거라 생각했다.

여행 중 가장 더운 날씨다. 헐린 수용소 막사 30여 채의 자갈 바닥이 내뿜는 열기가 대단하다. 더위보다 더 지치게 하는 것은 인간성 말살에 대한 서글픔이다. 나무 그늘에 앉아 쉬면서 바라보는 수용소 마당에 황량함이 감돈다. 많은 영혼이 그 황량함 속에 머뭇거리는 것 같다. 교사의 권위로 학생을 일방적으로 다루고 자식을 내 관점에서 이끌려 한 욕심, 나를 이해하지 못한다고 남편에게 대들던 숨 막혔던 순간들을 떠올려보았다. 최선이라 생각한 내 행동과 항변이 때때로 상대방에게는 횡포가 되지 않았을까? 역사적인 곳에서 나를 돌아보게 된다.

님펜부르크 궁을 찾았다. 님펜부르크 궁은 독일에서 군주제가 끝난 1918년까지 왕가의 아름다운 여름 별장이었다. 궁전 앞의 큰 연못이 시원스럽다. 중앙궁전을 중심으로 좌우 대칭의 바로크 양식 궁전이 아름답다. 붉은 지붕에 흰 벽의 중앙궁전 홀에 들어서니 황금색 장식이 대단히 화려하다. 천장과 벽은 요정 그림으로 꾸며져 성(님프)의 이름만큼 궁전 내부도 아름답다. 몇 시간 전에 방문했던 나치 수용소와 대조되는 곳이라 인간 생활의 양면을 보는 듯하다. 악(惡)은 인간성을 말살하여 파괴하지만 미(美)는 선으로 창조적인 능력을 발휘하게 하여 예술과 문화를 남긴다.

'미인들의 갤러리'라 이름 붙은 방에는 36명의 여인 초상화가 걸려 있다. 루트비히 1세는 누이와 딸을 포함하여 나라와 신분을 가리지 않고 가장 매력적인 여자의 초상화를 그릴 것을 명했다. 벽면을 도배한 초상화의 주인공들은 자신의 얼굴 그림이 이곳에 붙어 있다는 사실을 알기나

했을까? 여성 편력을 드러낸 왕의 권위가 남긴 업적(?)이다.

중앙궁전에서 내려다보니 넓은 정원이 펼쳐져 있다. 프랑스의 베르사유 궁전에서 마음껏 정원과 뜰을 거닐며 보았기에, 이후 만나는 궁전은 베르사유 궁전과 비교하게 된다. 베르사유 궁전의 정원이 다보탑이라면, 님펜부르크 궁전의 정원은 석가탑이라 생각된다. 정원 역시 중앙대로를 대칭으로 잔디와 꽃으로 꾸며져 싱그럽고 아름답다.

뮌헨 올림픽 공원 근처 BMW 박물관으로 갔다. 손자는 장난감 중에서 자동차를 가장 좋아한다. 돌을 막 지나 아장아장 걷기 시작할 무렵, 남편은 종종 손자를 안고 운전석에 앉아 핸들을 쥐어주었다. 운전자가 된 기분을 느껴보라는 것이었다. 때로는 시동을 걸어 살짝 움직여주면 아주 좋아했다. "할아버지 차 타자!" 손자는 자동차 타기를 즐겨하며 주차장의 많은 차 중에서 할아버지 차를 용케 찾아낸다. 여행을 떠나기 전에 딸이 뮌헨에 가면 여러 종류의 자동차를 볼 수 있다고 이야기를 많이 해주었다. 손자의 기대가 큰 곳이다.

번쩍거리는 철제와 거울로 꾸며진 실내에 들어서니 계단이 아닌 비탈 통로를 따라 구경할 수 있게 되어 있다. 초창기에 생산된 비행기 엔진부터 100여 대의 차가 전시되었다. 손자의 눈이 휘둥그레진다. 시대순으로 전시되어 디자인의 변화를 한눈에 볼 수 있다. 다양한 색과 모양의 난생 처음 보는 차들이다. 크기와 모양이 다른 오토바이도 많다. 자동차 제작 과정, 디자인 연구 개발 자료 등을 보면서 자동차는 최첨단 과학의 결정체임을 알았다.

BMW 박물관에는 손자가 좋아할 만한 체험 프로그램도 다양하다. 직접 운전하는 것처럼 느낄 수 있는 시뮬레이션, 실제 자동차를 타고 핸들을 돌려보는 공간, 오토바이에 올라타기 등으로 손자는 "와! 와!" 하며 어쩔 줄 몰라 한다. 어른들도 감탄하게 만드는 곳이라 어린 손자 눈에는 더더욱 그런 것 같다. 관람자 중에는 손자 못지않게 들뜬 기분으로 열심히 살피는 젊은이도 있다. 나는 자동차에 그리 관심이 많지 않아 손자만큼 감탄스럽지는 않았다.

기념품점에 들러 모형차를 하나 사라고 하니 손자는 쉽게 고르지 못한다. 한참을 둘러보더니 작은 것을 하나 집어 든다. "너무 작다! 이걸로 하자!" 세계적인 곳에 왔으니 물건다운 것을 샀으면 하는 마음에 나는 큼직한 것을 권했다. "가지고 갈 수 없어요." 제법 의젓하게 말한다. 분명 큰 것을 갖고 싶을 것이다. 하지만 엄마와의 약속을 지키면 칭찬을 받는다는 것을 안다. 손자와 나는 다른 관점에서 물건을 골랐다.

뮌헨 중앙역에서 일직선으로 걸으니 칼스 광장이 나온다. 시원한 분수 주위에 사람들이 모여 있다. 이곳에서 시작되는 노이하우저 거리는 보행자 전용 도로로 뮌헨 최고의 번화가이다. 백화점과 레스토랑이 늘어섰고 노점상이 많다. 곳곳에서 벌어지는 퍼포먼스는 관광 분위기를 만든다. 연이은 카우핑거 거리를 걸었다. 많은 상점, 북적이는 사람들, 독일의 명물인 쌍둥이 칼 상점도 있다.

뮌헨 시민의 성금으로 지어진 2개의 탑이 돋보이는 프라우엔 교회 앞에 섰다. 1400년대에 지어진 고딕 양식의 교회는 뮌헨 최대의 교회로 2만 명 이상이 예배를 볼 수 있다. 뮌헨의 상징적 건물이다. 뮌헨의 중심인 마리엔 광장에서는 게이 축제가 한창이다. 가설무대의 밴드 연주가 광장을 흥겹게 한다. 뮌헨 시의 수호신인 마리아의 탑이 광장 중앙에 자리 잡았고, 광장 주위에는 신시청사와 구시청사, 페터 교회 건물이 우뚝하다. 보행자 전용 광장인 만큼 노천카페와 레스토랑, 쇼핑센터로 사람들이 북적인다.

신시청사는 42년간의 공사로 완성한 네오고딕 양식의 웅장한 건물로, 외관 벽면에는 다양한 사람들의 모습이 조각되어 있다. 2층 무대처럼 꾸며진 시계탑이 특이하다. 하루에 몇 차례(겨울: 11시, 12시, 여름: 11시, 12시, 17시) 사람 크기의 인형들이 종소리에 맞춰 춤추는 인형 시계는 뮌헨의 명물이다. 아쉽게도 춤추는 모습을 놓쳤다.

딸은 부지런히 우리를 데리고 다니며 뮌헨 시내 관광에 최선을 다한다. 쇼핑을 하거나 레스토랑에서 여유롭게 식사를 하는 관광이 아니다. 짧은 시간 뮌헨의 거리를 걸으면서 그런대로 구경한 기분이다. 어른들이 서두르니 손자도 덩달아 바쁘다. 세계에서 가장 유명한 맥주 집이라는 뮌헨 호프브로이 하우스에서 남편, 딸과 함께 맥주 한잔을 마시며 여행의 기분에 젖지 못한 것은 못내 아쉽다.

백조의 성

뮌헨에서 100킬로미터 떨어진 백조의 성이라 불리는 노이슈반슈타인 성에 갔다. 뮌헨 중앙역에서 기차로 2시간 정도 걸려 퓌센 역에 내리니 관광객이 한꺼번에 쏟아져 나온다. 우리도 그 틈에 끼어 73번 버스를 탔다. 약 20분 동안 산속으로 들어가니 산 위에 숲에 둘러싸인 하얀 성채가 우뚝 서 있다. "와!" 감탄사가 절로 나온다. 티켓 센터가 있는 광장은 성으로 오르는 마차와 버스를 타려는 사람들로 북적인다. 딸은 마차를 태워주기로 한 손자와의 약속을 지키기 위해 줄을 서서 기다리고, 남편과

_ 노이슈반슈타인 성에서 바라본 알프제 호수.

나는 잘 닦인 산길을 걸어 올랐다.

성 입구 역시 예약된 시간을 기다리는 사람들로 가득하다. 전광판에 입장 번호가 뜨고 한 무리씩 가이드의 안내를 받아 들어간다. 성 내부로 들어서니 무리 지어 다니는 관광객이 많아서 놀라고 궁전의 화려함에 더 놀란다. 나는 한국어 오디오 가이드를 들으며 구경했다. 노이슈반슈타인 성은 알프스 자락에 위치한 성으로 유럽에서 가장 화려하고 웅장하기로 첫째다. 루트비히 2세는 17년간 심혈을 기울여 성을 완성했다. 그러나 그는 이곳에서 3개월 정도밖에 살지 못했다. 예술을 사랑한 루트비히 2세는 18세에 왕위에 올라 3개의 성을 지었다. 그는 왕좌보다 알프스 자연에서의 생활을 좋아했다. 결국 미치광이로 몰려 성 아래 호수에서 의문의 죽음으로 세상을 떠난 비운의 왕이다.

_ 마리엔 다리에서 바라본 노이슈반슈타인 성.

오디오 설명을 들으면서 가이드를 따라다니며 보자니 바쁘다. 자세히 보고 싶은 것은 많은데 가이드가 손짓으로 따라오라고 한다. 볼 것을 남겨두고 휙휙 지나는 기분이다. 방마다 감탄하며 보았다. 왕좌의 방에는 1톤이 넘는 거대한 왕관 모양의 샹들리에가 천장에 매달려 있는데도 중압감이 없다. 천장과 벽면의 꾸밈이 섬세하다. 모자이크 바닥에 새겨진 동식물 도형화 등 모두 놀라움을 금치 못하게 한다. 나무 조각으로 벽면을 장식한 왕의 침실, 대형 벽화가 있는 백조의 방, 알프스 산자락이 내려다보이는 서재, 연회장의 커다란 홀 등 방마다 그림과 장식품으로 아름답다. 바그너의 오페라를 즐긴 루트비히 2세는 오페라 주인공이 사는 성처럼 만들기를 원했고, 특히 '로엔그린'에 나오는 백조의 전설에 영감을 받아 백조를 곳곳에 장식으로 두었다. 백조의 성이란 이름이 여기에서 유래한다.

가이드가 동행한 관람은 40~50분으로 끝났다. 나는 혼자서 한 번 더 둘러보고 싶었으나 출구 앞에서 오디오 가이드를 반납해야 하고 개별 구경이 허용되지 않는다. 아래층으로 내려오다 부엌을 보았다. 세련된 그릇과 정갈한 주방에 또 감탄했다.

갑자기 소낙비가 내린다. 한참을 기다려도 검은 하늘은 갤 것 같지 않다. 매점에서 우비를 사서 입고 나오니 하늘이 갠다. 5분만 더 참았더라면…. 그래도 얼마나 다행인가. 계곡 위에 세워진 마리엔 다리에서 성을 볼 수 있게 되었으니. 협곡 위에 세워진 좁은 다리에는 발 디딜 틈이 없다. 모두 성을 배경으로 사진 찍기에 바쁘다. 다리 위에서 바라보는 성은 디즈니랜드의 모델이 될 만하다. 알프스 자락의 산과 호수, 그림 같은 성이 어우러진 풍경은 달력에서 보던 바로 그 풍경이다.

너무 비좁은 다리라 오래 머물 수가 없다. 나는 다리를 건너 반대편 산봉우리를 향해 걸어 올랐다. 가끔 트레킹 하는 사람들이 지나간다. 계곡 밑 낭떠러지로 폭포가 흘러내리고, 소나기가 그친 뒤의 구름이 산허리를 휘감는다. 호젓한 산길을 걸어 들어가면 놀라운 풍경이 펼쳐질 것 같다. 마음은 발걸음을 재촉하며 앞으로 나아가라 하고, 정신은 남편이 기다리니 되돌아서라 한다. 나는 헉헉거리며 작은 봉우리 정상에 섰다. 멀리 알프스 산들이 겹겹이 산맥을 이룬다. 호숫가에 자리 잡은 예쁜 마을과 들판이 그림 같다. 마리엔 다리와 성을 멀리 두고 바라보니 '이게 알프스구나' 하고 감탄이 절로 나온다.

그 순간 눈에 보이는 자연은 내 것이다. 마음이 갑자기 풍요로워진다. 그 어떤 감상도 지나치지 않다. 나 혼자라 조용하다. 조용함은 희열로 다가온다. 두 손을 벌리고 숨을 깊이 들이마셨다. 이 순간의 행복은 값으로 매길 수 없다. 2002년 페루의 마추픽추 유적군을 둘러보고 건너편 앞산 '젊은 봉우리' 정상에 올랐다. 안데스 산들로 둘러싸인 고대도시 마추픽추 유적을 내려다보았을 때의 감동을 알프스 산자락 백조의 성을 바라보며 다시 맛본다. 잔잔한 감동이 일렁인다. '힐링이란 이런 거구나!'

한밤 깊은 산속, 황량한 들판, 어둠에 쌓인 적막감에서 나는 풍요로움을 느낀다. 그리고 나 자신을 돌아보는 여유를 갖는다. 경남 산골 학교 운동장에서 올려다본 밤하늘의 별, 산이 날 에워싼 강원도 정선 산속 분교 운동장에서 보낸 하룻밤과 새벽 기운, 캐나다 루이즈 호수 뒷산 빙하 위를 걸었던 순간, 북극 배로 곶에서 바라본 백야, 국토 순례로 걸었던 고성의 달밤 길, 중국 어메이 산의 일출 순간…. 내 삶의 여정에서 만난 감동의 순간들이 나를 치유해주었다. 오랫동안 그리던 알프스 산자락에서 또 하나의 큰 감동을 얻어 간다.

남편은 다리 근처에서, 마차를 타고 내려간 딸은 광장에서 나를 기다리고 있다. 돌아서야 한다. 잠시 나 혼자 즐긴 감동을 안고 발걸음을 재촉했다. 남편과 나는 오를 때와 다른 숲길을 택해 광장으로 내려왔다. 우리는 호숫가 벤치에 앉아 쉬면서 백조의 성과 마주한 호엔슈반가우 성을 바라보았다. 루트비히 2세의 아버지가 세운 성이다. 나는 성문 앞까지라도 올라가고 싶지만 손자가 호수에 들어가 놀자고 한다.

"지훈이가 성에서 구경을 잘해서 고마워!" 가이드를 따라 움직이는 팀에서 손자가 짜증을 내거나 보챘다면 우리는 구경을 제대로 하지 못했을 것이다. 그러나 손자는 엄마를 따라다니며 그 복잡함에도 신기한 듯 구경을 잘했다. 마치 어른 같아서 기특하고 고마운 일이다. 그 보상으로 함

_노이슈반슈타인 성에서 내려와 호수에서 물놀이를 즐겼다.

께 물놀이를 했다. 우리뿐만 아니다. 호수에서 수영하는 사람도 여럿 있고 벤치에 앉아 윗옷을 벗고 일광욕을 즐기는 사람도 있다. 알프스 산들이 호수에 그림자를 드리운다. 손자 덕에 알프스 산에서 흘러내린 물에 들어가 놀면서 또 하나의 좋은 추억을 만들었다.

스위스

조용한 수도 베른

오후 늦게 베른에 도착했다. 숙소는 역에서 가까운 구시가지에 있다. 방도 크지 않고 시설도 별로인데 숙박료가 하루에 25만 원이 넘는다. 아침은 제공되나 간단한 빵 정도다. 스위스의 물가가 비싸다는 소문이 피부로 느껴진다. 베른에서 4박 5일간 머무르며 인터라켄, 취리히, 루체른, 체르마트를 구경하기로 했다. 유레일패스가 있기에 가능하다. 이동 거리와 시간은 알프스 관광이라 생각했다.

베른은 스위스 연방의 수도로 정치와 문화의 중심지이다. 이곳을 건설한 베르히톨트 공작 5세가 사냥을 나갔다가 처음 발견한 동물이 곰이어서 도시 이름이 곰(Baren)이라는 뜻의 '베른'이 되었고, 곰은 이 도시의 마스코트이다. 독일어를 사용하지만 수도이기에 공공시설 표지판은 독일어, 프랑스어, 이탈리아어, 로망스어 4개 국어로 표시되어 있다.

유네스코 세계문화유산에 지정된 구시가지는 중세 유럽의 모습을 지녔다. 넓지 않은 구시가지를 걸었다. 거리 곳곳에 있는 다양한 모양의 분수를 보는 재미도 있다. 4일 동안 베른 역으로 오가다보니 중심거리와 상점들이 눈에 익는다. 쇼윈도 안에는 곰 인형으로 교실 풍경을 꾸며놓았다. 회초리를 든 곰 선생님과 책상에 앉아 공부하는 곰 학생들의 모습을 재미있고 앙증스럽게 표현했다.

베른 광장 근처 감옥탑은 지금은 박물관과 각종 문화행사 장소로 이용된다. 날렵한 첨탑이 주위의 건물과 어울려 감옥이란 이미지에 맞지 않게 고풍스럽고 아름답다. 감옥탑이라는 이름을 바꿔야 할 것 같다.

베른의 상징인 시계탑은 베른에서 가장 오래된 건축물이다. 매시 4분 전에 닭이 울고 광대와 곰, '시간의 신' 인형이 차례로 나와 시간을 알려주는 공연을 펼친다. 이것을 보기 위해 관광객들이 기다린다.

시계탑 앞 크람 거리 양쪽에는 4, 5층 건물이 대칭으로 있다. 길 중앙에 동상과 분수가 있는 대로에는 아스팔트가 아닌 옛 돌길로 버스가 다닌다. 이 거리에 물리학자 아인슈타인의 집이 있다. 일반 주택의 평범한 출입구에 아인슈타인의 집이라는 작은 팻말이 전부라 그냥 지나치기 쉽다. 취리히 대학의 교수로 재직하던 1905년 이 집에서 상대성 이론을 세웠다. 좁은 2층 계단을 오르니 평소 그가 사용했던 물건들이 옛 모습 그대로 재현되어 있다. 소박한 생활 모습이 엿보였다.

100미터 높이의 첨탑이 있는 고딕 양식의 대성당은 베른 어디서나 잘 보인다. 성당 정문 입구에는 최후의 심판을 기다리는 234명의 조각이 있다. 성당 안의 대형 파이프 오르간과 스테인드글라스가 아름답고, 계단

_ 시계탑. 베른에서 가장 오래된 건물로 옛날 우리의 동대문과 같은 역할을 했다.

을 올라 탑에서 시내를 바라볼 수 있다.

구도시를 휘감아 흐르는 아레 강에 놓인 뉘데크 다리 옆에 곰 공원이 있다. 언덕을 이용한 곰 사육장에는 여러 마리 곰이 놀고 있다. 손자는 다리 위에서 내려다보며 큰 소리로 곰을 부르고, 강변으로 내려가 철망 울타리를 붙잡고 좀 더 가까이에서 보려고 애를 쓴다.

알프스 빙하물이 흘러내려 물살이 센 아레 강을 따라 걸었다. 강가의 우거진 숲과 언덕에 자리 잡은 오렌지색 지붕의 주택들이 베른을 한적하고 아름다운 도시로 만든다. 호텔에서 준 시내 교통카드는 숙박료에 포함된 듯하다. 걸어서 구경하니 딱히 차를 탈 필요가 없었지만, 구시가지를 벗어난 베른을 보고 싶어 버스를 타고 파울 클레 박물관을 찾았다. 파울 클레는 스위스 출신의 독일 화가로, 음악가이자 시인이기도 한 그를 기념한 박물관은 일반 건물과 달리 모양이 특이하다. 물결치는 파도처럼 보이기도 하고 산의 능선이 이어진 것 같기도 하다.

지하 1층은 어린이 문화교실로 햇볕이 그대로 쏟아져 밝다. 마침 아이들이 그림을 그리고 조형 활동을 한다. 현대적 건물에 걸맞은 교육활동이다. 1층 홀에는 특이한 설치예술 작품이 있다. 여러 종류의 나무 막대를 길게 연결하여 높낮이로 형체를 만들고 건물 전체를 하나의 전시공간으로 사용한다. 작품의 시작과 끝은 건물 밖의 땅에 꽂았다. 세상 만물의 끝은 결국 흙이라는 뜻일까? 아니면 무와 유는 결국 같다는 것을 말하는 것인가? 그림과 조각, 도서실 등 볼거리가 많다.

버스를 타고 주택 지역을 벗어나니 바로 농촌 풍경이다. 들판과 언덕의 녹음, 예쁘고 조용한 마을이 대도시 서울에서 복잡하게 살고 있는 내 눈에는 풍요롭게 보인다.

페스탈로치의 고장 취리히

여태껏 좋던 날씨가 스위스에 오니 비가 내린다. 안타깝지만 어쩔 수 없는 일. 융프라우에 오르는 하루만이라도 쾌청하길 빌었다. 베른 역에서 스위스 여러 곳으로 이동하는 기차가 많다. 예약비가 없는 유레일패스는 유람선까지 무료이고, 4일간 머무니 날씨에 따라 행선지를 선택할 수 있다.

제일 먼저 취리히를 찾았다. 스위스 제1의 도시로 교통의 요충지이다. 19세기에 수력발전을 이용한 중화학공업과 정밀기계공업이 발달했고 스위스 시계로 유명하다. 정치적 중립으로 세계금융의 중심지가 되었으며, 도시는 중세의 분위기를 지녔다. 교육자 페스탈로치가 태어난 곳이기도 하다.

취리히 중앙역에 내리니 우산을 쓰고 다닐 만하다. 비닐로 손자를 감싸 유모차에 태웠다. 취리히 중앙역은 스위스에서 가장 규모가 크다. 정문 위의 아름다운 조각과 역 광장에 우뚝 서 있는 철도왕 알프레드 에셔의 동상 때문에 역사가 왕궁처럼 보인다. 수도 베른과 달리 활기차다.

도시 남북으로 흐르는 리마트 강의 반호프 다리를 건너 취리히 호수까지 이어지는 구시가지를 걸었다. 좁은 골목에 레스토랑과 기념품가게, 골동품점이 즐비하고 관광객들이 붐빈다. 서민적인 냄새가 물씬하다. 시계의 고장에 왔으니 적당한 가격의 시계를 선물용으로 사고, 앞치마 입은 스위스 인형을 하나 갖고 싶어 선물가게를 기웃거렸다.

뮌스터 다리 근처에 스위스 최대 로마네스크 양식의 대성당이 있다. 뮌헨의 프라우엔 교회를 닮은 듯한 쌍둥이 탑이 우뚝 솟아 강변의 경치

_취리히 중앙역에서 바라본 시내.

를 꾸민다. 대성당뿐만 아니라 강을 사이에 두고 성모 성당과 성 페테 성당 건물들이 돋보인다. 성모 성당은 9세기에 세운 수녀원으로 뾰족한 녹색 첨탑이 어디서나 눈에 띄게 높고, 성당 안 그리스도와 성모 마리아의 스테인드글라스가 아름답다. 성 페테 성당은 취리히에서 가장 오래된 성당으로, 지름이 8미터가 넘는 유럽에서 가장 큰 시계가 달려 있다.

궂은 날씨라 취리히 호수의 유람선 선착장은 한산하다. 주위에 백조 떼만 호수에 떠다닌다. 손자는 백조 떼를 쫓아 빗속을 달린다. 스위스에서 세 번째로 큰 호수 주위에 알프스 산들이 둘러서 있다. 날씨만 좋으면 유람선을 타고 호수를 한 바퀴 돌 수도 있는데 아쉽다.

우리는 다시 중앙역을 향해 북쪽으로 걸어 취리히에서 가장 번화가인 반호프 거리를 구경했다. 이곳은 구시가지와 달리 고급 시계와 보석, 세

_ 페스탈로치 동상.

계적인 명품 브랜드가 모여 있다. 내 눈이 휘둥그레진다. 특히 명품 시계 숍의 쇼윈도에 진열된 시계를 보니 놀랍다. 다이아몬드가 박힌 시계는 우리 돈으로 1억 원이 넘는다. 난생처음 구경하는 고급 시계라 카메라에 담았다. 스위스에 본점을 둔 액세서리 브랜드 스완 상점에 들어갔다. 영롱한 크리스털의 빛깔과 모양이 어쩌면 이렇게 예쁠까? 가게가 하나의 대형 크리스털 작품이다. 남편은 여행 기념으로 마음에 드는 것을 하나 골라보라고 한다. 너무 많은 곳에서 고르기도 어렵고 또 예상보다 너무 비싸다. 진열된 아름다운 상품을 구경하는 것으로 만족했다.

그 번화가에 세계적인 교육자 페스탈로치의 동상이 있다. 도심의 작은 공간에 한 소년의 손을 잡고 인자하게 내려다보고 선 페스탈로치의 동상을 한 바퀴 돌며 올려다보았다. 그는 신 앞에 누구나 평등하다 했다. 옥좌에 앉은 사람이나 나무 그늘 밑에 있는 사람이나 똑같이 존귀하며, 어린이는 귀천에 관계없이 내재된 능력을 계발하는 교육을 받아야 한다고 했다.

빗속의 여행, 루체른

루체른은 필라투스, 리기, 티틀리스 봉우리로 둘러싸인 호반의 도시다. 사진으로 많이 본 전형적인 스위스 풍경이다. 오전에 그런대로 참아주던 빗줄기가 점점 거세진다. 구경도 좋지만 손자가 비를 맞고 감기에 걸릴까봐 역에서 잠시 기다렸다. 쉽게 그칠 비가 아니다. 딸과 손자를 역에 남겨두고 남편과 나는 우산을 쓰고 나섰다. 우리 부부가 먼저 구경한 다음에 딸을 내보내려고 서둘렀다.

역을 나서니 넓은 루체른 호수와 로이스 강 변에 펼쳐진 풍경이 취리히와는 다른 분위기다. 나는 카펠교를 걸었다. 지붕이 있는 카펠교는 호수를 통해 들어오는 적을 막기 위해 1333년 건설한 오래된 나무다리다. 204미터나 되는 다리 아래로 백조 떼가 유유히 떠다닌다. 삼각 지붕 천장에는 루체른 역사와 도시의 수호신을 그린 판화 112개가 있고, 다리 근처 물 위에 세워진 팔각형 뾰족탑이 운치를 더한다. 어디를 바라보아도 아름답다. 강과 인접한 집들과 높지 않은 언덕의 마을, 로이스 강에 놓인 또 다른 다리들이 함께 어우러진 풍경에 감탄이 절로 나온다.

다리를 건너 구시가지에 접어드니 우산끼리 부딪쳐 걸을 수가 없다. 상점도 많고 관광객들은 저마다 패키지 가방을 하나씩 들고 몰려다닌다. 남편과 나는 무제크 성벽을 찾았다. 대부분 무너지고 남은 900미터 정도

_ 루체른 중앙역 근처의 교회.

의 성벽을 걷고, 적을 감시하기 위해 세운 9개의 탑 중 개방된 3개의 탑에 올랐다. 구시가지를 둘러싸고 늘어선 탑은 나를 중세로 이끈다. 비가 오니 인적이 뜸하고 조용해서 더더욱 좋다. 감상에 젖어 걷는데 딸에게서 전화가 왔다. 카펠교에서 기다리고 있으니 그곳에서 만나자고 한다. 성벽을 끼고 '빈사의 사자상'까지 걷기로 한 계획을 바꾸어 돌아섰다.

딸과 함께 구시가지 백조의 광장을 지나 '빈사의 사자상'을 찾아 걸었다. 돌바닥이라 유모차를 밀고 나가기가 어렵다. 비닐에 감싸여 유모차에 앉아 있는 손자는 재미있다고 한다. 나는 손자가 비에 젖을세라 우산을 받쳐 들고 유모차를 따라갔다. 여행객들은 서로 부딪쳐도 싱글벙글한다. 비는 손자에게 또 다른 재미를 준다.

'빈사의 사자상'은 화강암 절벽의 바위를 파서 만들었다. 부러진 창에

_ 빈사의 사자상. 죽음을 목전에 둔 사자가 체념한 듯 편안해 보인다.

찔려 다리를 뻗고 가는 숨을 몰아쉰다. 덴마크의 조각가 토르발센이 스위스 용사를 추모하기 위해 만든 것이다. 프랑스 혁명 당시 성난 군중이 궁전을 습격하자 700명이 넘는 스위스 용병이 루이 16세와 마리 앙투아네트를 지키며 끝까지 싸우다 전멸한 기념물이다. 죽어가는 사자는 스위스 병사로, 프랑스 왕가의 몰락은 방패로 나타냈다.

빗속에도 '빈사의 사자상'을 보려는 관광객들이 줄을 이었다. 빗줄기가 점점 거세지더니 바람까지 휘몰아친다. 관광객들이 한꺼번에 빠져나갔다. 주변이 텅 비었다. 동물의 왕 사자가 쓸쓸히 죽어가는 모습과 절묘하게 어울린다. 조각 아래 작은 연못에 떨어지는 빗줄기까지 더하니 쉽게 발걸음을 뗄 수가 없다.

우리는 슈프로이어교로 향했다. 카펠교를 닮은 슈프로이어교 역시 지붕이 있는 나무다리로 해적의 침입을 막기 위해 세웠다. 지그재그로 놓인 다리 중간에 작은 예배당이 있고, 지붕 아래에는 '죽음의 춤'이란 제목의 판화 67점이 걸려 있다. 유럽을 휩쓴 페스트를 주제로 한 그림에는 사제와 병사, 신랑과 신부, 수녀 등 다양한 인간상이 묘사되어 있다. 삶과 죽음을 생각하게 하는 그림이다. 이 그림은 다리를 오가는 사람들에게 경건한 마음을 갖게 하므로 작은 예배당을 세웠다고 한다. 예배당 안에는 성화를 밝히는 촛불이 켜 있다. 나도 자연스럽게 두 손을 모아 기도를 했다. 슈프로이어교는 생각하며 걸어볼 만하다.

골든패스 파노라믹 열차가 인터라켄을 향해 출발하려 한다. 머뭇거릴 새가 없다. 루체른과 인터라켄 사이는 알프스 비경이다. 유로패스로 탈 수 있고, 인터라켄에 도착하면 다시 베른행 기차도 있다. 열차로 알프스를 제대로 볼 수 있기에 얼른 기차에 올라 앞 칸에 자리를 잡았다. 나는 기관사 뒤에 서서 펼쳐지는 알프스 전경을 놓치지 않으려 했다. 푸른 들판과 우거진 숲, 호수와 언덕 위의 아름다운 마을을 지난다. 기차는 절벽 사이를 아슬아슬하게 빠져나가고, 협곡에서 떨어지는 폭포 줄기를 바로 옆에서 볼 수 있다. 관광열차라 천장과 창문이 유리로 훤하다. 비 내리는 날 이보다 좋은 관광은 없다.

나는 손자가 좋은 것을 좀 더 많이 볼 수 있도록 안아 올렸다. 옆에서 지켜보던 우리나라 사람이 참 좋아 보인다며 부러워한다. 중학생 아들과 15일 일정으로 여행을 하고 있다는 아주머니였다. 자신도 훗날 손자와 함께 여행을 하겠다고 말하며 나더러 멋지게 산다고 한다.

거세게 내리던 비가 그치고 금방 어둠이 깔린다. 하루 종일 비가 오락가락한다. 인터라켄에 도착하니 이미 늦은 밤이다. 우리는 곧 베른행 기차를 탔다. 유레일패스로 알프스 산을 휘젓고 다니는 기분이다. 창밖은 캄캄하고 호숫가 마을의 불빛만 반짝인다. 남편과 딸과 손자는 빗속을 헤매고 다녀 피곤했는지 잠이 들었다. 나는 어둠에 쌓인 알프스 풍경 속을 달리는 기차 안에서 조금 전에 들었던 '멋지다'는 말을 곱씹어 보았다.

남에게 보이는 모습은 겉으로 드러난 내 활동 에너지이다. 정작 본연의 나는 후회와 회한에서 벗어나지 못한 상처를 지니고 있다. 그래서 나는 남들의 '멋지다'는 말을 웃고 넘길 뿐 긍정하지 않는다. 진정한 긍정은 자신감으로 현실을 밝게 보는 안목에서 나온다. 그렇다고 모든 것을 부정하지도 않는다. 부정은 결과를 단순하게 판단하고 회피하며 불만을 일삼기 때문이다. 나는 원인도 살피고, 결과만을 좇지도 않는다. 매사를 OK 하지도 않지만 NO라고 쉽게 단정 짓지도 않는다. 중년기 한때 남편이 이런 나를 별스럽다고 했다. 기분 좋게 들으면 참 특이하다는 의미로 들려 나다운 색을 지닌 사람으로 인정받는 기분이었고, 부부 싸움이나 좋지 않은 상황에서는 문제가 많은 사람으로 비난받는 기분이었다. 억눌린 마음이 분출구를 찾지 못해 나온 말과 행동을 몰라주니 서글펐다. 그래서 별스럽다는 말의 양면성을 짚어보려 애쓴 적도 있다.

나는 깊은 산속 문명의 이기가 닿지 않은 곳에서 마음이 편안해지고 자연의 일부가 된 행복감을 느낀다. 외진 산속에서 한밤에 혼자 있는 것은 분명 무서운 일이다. 그러나 무서움의 대상을 명확히 짚고 나면 무섭지 않다. 요즘 산에 맹수가 있을 리 없고, 늦은 밤 깊은 산에는 사람도 없다. 산속 무덤은 나보다 한발 앞서 살다 먼저 간 망자의 동네다. 내 엄마도 깊은 산속 무덤에 있다고 생각하면 무섭지 않다. 그래서 무덤 앞을 지나칠 때면 "편히 쉬세요. 살아생전 후회되는 일을 일러주시면 깨우쳐 바르게 살고 싶어요. 나도 언젠가 가야 하니까요"라고 소리 내어 인사하고 부탁까지 한다. 무서움은 실제가 아니라 관념이라 생각했다. 이것이 별스럽다면 그 원인은 5살 무렵의 내 첫 여행 경험에서 비롯하지 않았을까 생각한다.

엄마 따라 외할아버지 제사를 지내러 외가에 가는 날, 버스가 허허벌판에서 고장이 났다. 사방은 어둡고 비는 억수로 쏟아졌다. 엄마는 머리에 보따리를 이고 막내 동생을 업었다. 나와 바로 아래 남동생은 엄마 손을 잡고 걸었다. 엄마는 웅덩이에 빠지기도 하고 넘어지기도 하며 더딘 우리의 발걸음을 재촉하느라 "도깨비불이다" 겁을 주었다. 사방의 논에서는 개구리가 울어댔다. 앞서간 사람들이 우리를 부르는 소리도 들리지 않았다. 엄마와 동생들, 나만 어둠 속을 걸었다. 그러나 나는 엄마 손을 꼭 잡고 있었기에 하나도 무섭지 않았다. 머리에서 줄줄 흘러내리는 비도, 칠흑같은 어둠도, 번쩍이는 도깨비불 빛과 개구리 울어대는 소리도, 그 모든 것이 재미있고 신기하기만 했다. 물에 빠진 생쥐 같은 모습으로 마을 어귀 첫 집에서 하룻밤을 자고 눈을 뜨니, 간밤의 어둠과 거센 빗줄기는 온데간데없고 밝은 햇살이 마당에 가득했다. 나뭇잎들은 반들거리고 감나무 열매가 손톱만 한 크기로 조롱조롱 달려 있었다. 별세계였다. 그 하룻밤 기억은 내 마음에 깊이 각인되어 나는 그때와 같은 환경을 그리워한다.

젊은 날, 삶이 버거울 때 문득문득 떠오르는 동화 같은 추억을 억누르며 주어진 현실과 맞서 애써 아닌 체 살았다. 중년을 넘기며 아팠던 것들이 한꺼번에 터져 나를 우울하게 만들 때, 엄마와 걸었던 그날 밤과 같은 곳을 찾았다. 하룻밤을 보내고 새벽을 맞으며 내 스스로 추스르고 일어섰다. 이런 나를 옆에서 본 남편은 겉으로 드러난 내 행동을 별스럽다 하고 부정적이라 했다. 왜 아파하는지를 살피기보다 지난 일은 지난 일이니 지금의 일에 중점을 두기를 원했다. 그러나 어린 자식에게 부모로서 해야 할 것을 놓친 잘못들은 지난 일로 끝나지 않았다. 그 결과는 연결고리로 현재를 좌우하니 자연히 뒤돌아보게 되고, 후회와 아픔은 가슴속에 쌓여 무게를 더한다.

그 무게를 조금이나마 덜어내려고 나는 딸과 함께 손자를 데리고 여행을 하고 있다. 내가 할 수 있는 것이 있다는 것, 또 할 힘과 여건이 주어진 것은 분명 축복이다. 이 축복은 그저 주어지는 것이 아니다. 살아온 날들의 보상이다. '잘 살아왔어!' 오늘 따라 '멋지다'는 말이 내 가슴을 울린다. 세계에서 가장 아름다운 스위스 알프스이기 때문인가. 밤 11시가 가까워 베른에 도착했다. 이것도 멋진 삶이지 않은가?

인터라켄 융프라우

'알프스의 소녀 하이디가 살고 있는 나라 스위스'라고 생각하니 이 나이에도 가슴이 떨린다. 유럽을 여행하는 동안 어릴 때 읽었던 동화책의 주인공을 만나고 세계사로 배웠던 것을 눈으로 보면서, 동경하고 그리던 것을 직접 대하니 감동의 연속이다. 이게 여행의 맛이다. 감동은 잊힌 동심을 일깨우고 상상의 날개를 달아준다. 구름 낀 날씨지만 빗방울이 떨어지지 않아 다행이다. 융프라우로 오르기 위해 베른 중앙역에서 기차를 탔다. 날씨는 하늘에 맡겼다. 만약 비가 내리면 인터라켄에서 유람선을 타기로 했다. 날씨가 점점 개더니 햇볕이 쨍쨍 비친다. 행운이다.

_ 라우터브루넨 역.

인터라켄 남쪽 15킬로미터 지점 라우터브루넨 역에 내리니 융프라우요흐까지 가는 등산열차를 타려는 사람들로 붐빈다. 해발 796미터의 라우터브루넨은 가파른 절벽으로 둘러싸인 작은 마을이다. U자 계곡의 절벽에서 흘러내리는 폭포 줄기가 장관이다. '큰 소리'라는 뜻의 라우터와 '샘'이란 뜻의 브루넨이 합쳐진 지명처럼 70개 이상의 폭포가 여기저기서 쏟아진다. 역사 주변과 마을을 둘러보았다.

쉴트호른으로 오르는 케이블카 승강장 역시 사람들로 만원이다. 케이블카와 등산열차를 번갈아 갈아타고 융프라우를 멀리서 바라보는 쉴트호른 2967미터 정상에 도착하려는 사람들이다. 저마다 알프스를 제대로 즐긴다. 나는 두 가지를 다 하고 싶었지만 돈도 시간도 벅차다. 알프스 하면 유럽의 지붕 융프라우다. 우리는 오른쪽 능선으로 올라 융프라우를 보고, 내려올 때는 왼쪽 능선 그린델발트로 내려오기로 했다. 알프스의 많은 관광객 속에 있다는 사실만으로도 나는 즐겁고 신난다. 등산열차 출발을 기다리며 손자와 나는 두 팔을 벌리고 톱니바퀴 철로 위를 걸어보았다. 소풍 가는 날의 설레는 마음으로.

등산열차는 철로와 열차의 바퀴가 톱니로 서로 맞물려 미끄러지지 않고 비탈길을 오른다. 5~6칸 객차를 달고, 통로와 좌석은 일반 열차보다 좁다. 경사진 초원에 자리 잡은 통나무집 샬레, 목초지에서 풀을 뜯고 있는 양 떼와 이목(移牧)을 하는 방울소, 울창한 침엽수 숲, U자 계곡과 터널, 우뚝 솟아오른 눈 덮인 산봉우리 등 참 아름다운 알프스 경관이다. 어디선가 하이디가 뛰어나와 손을 흔들어줄 것 같다. 나는 한시도 눈을 떼지 않고 그동안 그려왔던 알프스 풍경을 찾았다. 다른 루트로 달리는 등산열차와 하이킹을 즐기는 사람들이 알프스 초원을 누빈다.

해발 2061미터 지점 중간 기착지 클라이네 샤이데크에 도착하여 알프스 들꽃을 보았다. 그곳에서 융프라우요흐행 등산열차로 갈아탔다. 바위산을 뚫고 만든 터널을 통과하며 열차는 잠시 정차했다. 고도가 높아지자 설산이 펼쳐진다. 열차를 타고 내리는 재미도 있다. 세계에서 가장 높은 역 융프라우요흐에 도착하니 쏟아지는 사람들 속에 내가 있었다. 바위산을 관통하는 철도를 설계하고 16년 공사 끝에 개통한 아돌프 구쿠에르첼러의 흉상 앞에서 사진을 찍었다. 그의 기발한 아이디어와 용기, 추진력을 닮고 싶다. 유럽 최고봉 융프라우를 바라볼 수 있는 전망대에 오르기 위해 사람들 무리에 휩쓸렸다.

고속 엘리베이터를 타고 전망대에 오르니 표지판이 잘 되어 있다. 전망대에는 이미 많은 사람들로 발 디딜 틈이 없다. 만년설을 인 산봉우리

_ 등산열차에서 바라본 알프스 풍경.
_ 등산열차 내부.

_ 융프라우요흐 전망대에서 바라본 알레치 빙하. 24킬로미터로 알프스에서 가장 긴 빙하다.

들이 펼쳐졌다. 구름이 걸힌 봉우리를 놓칠세라 모두 사진을 찍느라 바쁘다. 알프스에서 가장 긴 24킬로미터의 알레치 빙하가 햇살을 받아 반짝이며 강물처럼 흘러내린다. 우리는 어린 손자의 고산 증세와 추위를 걱정하며 전망대 유리창을 통해 밖을 바라보고 흥분된 마음을 진정시켰다. 그러나 손자는 결정적인 순간에 우리를 돕는다. 고산 증세로 아프다고 칭얼거리거나 춥다고 울지 않는다. 마치 '이 순간을 놓치지 말자'는 듯 앞장을 선다. 나는 손자를 데리고 전망대 여기저기를 구경하고 가장 높은 곳에 있는 우체국과 기념품점, 레스토랑 등을 기웃거렸다.

전망대 밖으로 나섰다. 알프스의 상쾌한 바람이 분다. 만년설 봉우리들이 눈앞에 우뚝하다. 융프라우 봉우리는 햇살 아래 전체를 다 드러내고 빛난다. "여기가 알프스 산이다." 나는 또 하나의 꿈을 이뤘다. 배낭여행을 시작하면서 세계의 오지와 대륙의 끝점, 유명 산과 강, 도시를 찾았다. 백두산을 시작으로 캐나다의 로키 산, 아프리카의 킬리만자로 산, 뉴질랜드의 마운트 쿡, 네팔의 히말라야, 남미의 안데스 등을 다녀왔다. 이제 유럽의 알프스 산에 올랐으니 대륙마다 높은 산을 다녀본 셈이다.

손자는 낭떠러지가 훤히 보이는 철망 계단을 오르내린다. 처음에는 주저하다 떨어지지 않는다는 것을 알고는 즐긴다. 오히려 딸이 겁을 먹고 쩔쩔매니 손을 잡아주며 안심을 시킨다. 어린것이 새로운 것을 보면 나보다 더 적극적이다. 많은 사람들이 눈밭에서 즐기는 것을 보고는 추위도 아랑곳하지 않고 미끄럼을 타고 눈사람도 만들어 세운다. 나는 로프를 잡고 갈 수 있는 지점까지 빙산 위를 걸었다. 알프스 산바람을 깊이 마셨다.

빙하 밑 30미터를 뚫어 만든 얼음궁전에 갔다. 얼음으로 조각한 여러 가지 동물들이 터널을 따라 서 있고, 제법 넓은 광장은 다양한 얼음 조각으로 꾸며져 온통 얼음 세상이다. 어디선가 '겨울왕국'의 엘사 자매가 나타날 것 같다.

알프스 정상의 기후는 변화무쌍하다. 그렇게 맑던 하늘이 구름으로 앞이 보이지 않는다. 바람도 거세게 불어 밖에 나갈 수가 없다. 뒤늦게 올라온 사람들은 전망대 유리창을 통해 구름밖에 볼 것이 없다. 여러 가지 할인 혜택을 받아도 한 사람당 약 16만 원인 등산열차 요금이 비싸다고 생각했는데, 맑은 날씨에 완벽하게 구경하고 구름 낀 광경까지 보았으니 돈이 아깝지 않다. 전망대 휴게소에서 한국 컵 라면을 판다. 우리는 유레일패스를 구입하며 받은 무료 쿠폰으로 라면을 받았다. 공짜로 먹는 라면이라 더 맛있다.

내려올 때는 그린델발트행을 타고 인터라켄 동역으로 왔다. 욕심 같

_ 융프라우요흐의 만년설. 손자는 추위도 아랑곳하지 않고 눈밭에서 즐긴다.

아서는 도중에 내려 하이킹을 하고 싶지만 가족이 함께 움직이며 베른으로 돌아가는 기차를 타야 한다. 역에서 가까운 산비탈 마을과 목장을 찾아 걸었다. 작은 마을에 놀이터가 있다. 손자는 그곳에서 놀겠다고 한다. 알프스 산속에서 그네와 시소를 타는 손자를 보니, 손자가 바로 하이디다.

인터라켄 시내를 구경하며 서역을 향해 걸었다. 툰 호수와 브리엔츠 호수 사이에 자리 잡은 작은 마을 인터라켄은 알프스 3개의 봉우리 아이거, 묀히, 융프라우로 둘러싸여 알프스에서 가장 아름다운 곳이다. 산악열차가 개통되면서 더 유명해졌다. 중앙공원의 넓은 잔디 광장이 시원스럽다. 시청사가 있는 구시가지와 윌리엄 텔 야외극장, 회에마테 잔디 공원을 보았다. 빙하가 녹은 물이 거세게 흘러내리는 강과 고급스러운 호텔, 선물가게, 레스토랑 등이 많은 인터라켄은 세계인이 모여드는 관광지답다. 옹기종기 모여 있는 집들이 산속에 자리 잡은 알프스의 무릉도원이다. 시내 주변의 작은 산악마을로 하이킹 코스가 잘되어 있어 느슨하게 걸어 다니며 알프스 자연을 만끽할 수 있다.

이곳에서 1박을 했더라면 새벽과 밤, 낮의 알프스를 제대로 볼 수 있었을 텐데 아쉽다. 그뿐만 아니라 조금만 젊었더라면 뉴질랜드 퀸스타운에서 즐긴 래프팅을 다시 해보고 이곳의 스키와 번지 점프 등 다양한 레포츠를 즐길 수 있었을 텐데…. 우리는 이동하기 쉬운 중간 지점 베른에 숙소를 정했다. 그러나 와서 보니 곳곳에 다양한 숙소가 많다. 기회가 되어 다시 스위스에 온다면 숙소를 예약하지 않고 오리라. 자유롭게 이동하며 알프스 산 위 통나무집에서도 자고 하이킹도 할 것이다. 그리고 융프라우 3일 패스를 구입하여 여러 코스의 등산열차와 케이블카를 마음껏 타면서 제대로 알프스 자연을 맛보고 싶다. 우리는 인터라켄 서역에서 베른행 기차를 탔다.

체르마트 대신 찾은 몽트뢰

스위스 여행 마지막 날이다. 베른에서 기차를 타고 툰 역에 내려 유람선을 탄 후 인터라켄 서역에 도착했다. 체르마트행 기차를 타려니 직행이 없다. 유레일패스는 사용할 수 없고 중간 환승역에서 각자 별도 요금 10만 원 정도가 추가된다. 미국 영화사 '파라마운트 픽처스'의 상징으로 눈에 익은 4478미터의 마터호른 봉을 보려 했는데 곧 돌아 나와야 하는 상황이다. 돈에 비해 즐길 시간이 없다. 계획을 몽트뢰로 바꾸었다.

유레일패스를 이용할 수 있는 골든패스 파노라믹 열차는 취리히에서 루체른을 지나 인터라켄을 경유하여 몽트뢰까지 운행된다. 가장 경치가 좋은 루체른과 인터라켄 구간을 구경했으니 몽트뢰 기차여행도 뜻있는 코스다. 차창 밖 풍경이 며칠간 본 알프스 경치와 사뭇 다르다. 광산과 공장지대를 지나 산비탈에 포도밭이 연이어진다.

제네바 호수 연안에 발달된 작은 도시 몽트뢰는 지난날 관광으로 호황을 누렸다. 제네바 인근에 위치해 18세기 영국과 프랑스의 상류층이 즐겨 찾은 곳으로, 스위스 최초의 호텔이 세워진 관광지였다. 등산열차가 개통되자 한적한 휴양도시로 바뀌었고 국제 재즈 페스티벌이 열린다. 마침 피아노를 실은 수레가 호숫가에서 연주를 한다. 아름다운 선율이 울려 퍼진다. 호수 주변의 예쁜 꽃과 활엽수 산책로, 잘 가꿔진 공원이 하와이 같다. 숨은 보물을 찾은 기분이다. 어린이 놀이터도 있다. 딸은 손자를 데리고 놀고 남편과 나는 호수에 떠 있는 듯 보이는 시용 성을 목표로 산책을 했다. 시용 성은 이탈리아에서 알프스로 넘어오는 상인에게 통행세를 받기 위해 13세기에 세운 성으로 감옥으로도 사용했다. 성문이 닫힐 시간이라 급히 성안 구경을 했다. 탑에 올라 제네바 호수를 바라보니 지는 햇살을 받은 알프스 봉우리들이 빛난다. 혹 저것이…. 멀리 마터호른 봉처럼 생긴 봉우리가 선명하게 보인다.

체르마트행 대신 몽트뢰로 바꾸길 잘했다. 배낭여행을 할 때 찾는 여행지가 아니다 싶으면 재빨리 코스를 바꾸어야 한다. 비단 여행길만이 아니다. 내 하루 일상에서 수없이 겪는 일이다. 좋은 곳에 와서 또 하나의 지혜를 배운다. 호수를 바라보며 중국 레스토랑에서 맛있는 저녁을 먹고 베른행 기차를 탔다.

남프랑스, 이탈리아

고흐의 흔적 아를

새벽 6시 5분 기차를 타기 위해 서둘러 나오니 호텔 로비 안내원이 미리 알려주었더라면 아침밥을 도시락으로 준비할 수 있었다고 한다. 4인분이라 아깝다. 처음 알게 된 사실이다. 기차에 오르자 손자는 잠이 들었다. 일등석 기차는 우리에게 더없이 좋은 휴식 장소다. 베른에서 곧장 이탈리아의 밀라노로 넘어갈 수도 있지만, 남프랑스의 아를, 칸, 니스, 모나코를 둘러보기 위해 마르세유행 기차를 탔다.

잠에서 깬 손자는 젓가락질을 제법 한다. 여행 동안 배워가는 가는 게 한두 가지가 아니다. 언어 구사력이 날이 갈수록 늘고, 활동량이 많아짐에 따라 다리에 힘이 올라 빨리 잘 달린다. 또 상황을 판단하고 적응하는 능력을 보이며 새로운 것에 적극적이다. '잘한다'는 칭찬에 힘을 받아 무엇이나 혼자 하려 한다. 무엇보다 자신이 대우받고 있음을 알고 자신감 있게 행동한다.

오후 1시 20분경 프랑스 마르세유의 생 샤를 역에 도착했다. 남프랑스답게 햇살이 따갑다. 역 앞 호텔에 짐을 두고 곧장 아를로 갔다. 아를은 고흐가 '해바라기'와 '별이 빛나는 밤' 등의 작품을 남긴 곳이라 꼭 찾기로 했었다. 연중 따뜻한 날씨로 포도와 여러 작물의 곡창지이며, 기원전 46년 로마의 지배를 받은 곳이기에 곳곳에 로마 유적이 남아 있다.

역 가까이 원통형의 돌기둥 카발르리 문 안으로 들어서니 로마풍의 아담한 도시다. 카페와 아이스크림가게, 선물가게가 늘어선 볼테르 거리를 따라 걸으니 원형 경기장이 나왔다. 기원전 90년에 건설되었으며 2만 명을 수용할 수 있다고 한다. 지금도 매일 투우가 열리는 경기장의 스탠드에 앉아 잠시 쉬며 경기장의 크기를 가늠하고 고대 관중들이 열광하는 모습을 상상해보았다. 맨 위 층에 올라서니 중세의 고풍스러운 시가지가 내려다보인다. 아를은 원형 경기장을 중심으로 좁은 골목이 방사상으로 뻗은 계획도시다. 굽이쳐 흐르는 론 강 건너에 넓은 평원이 펼쳐졌다.

리퍼블릭 광장을 찾았다. 광장 중앙에 네 마리의 청동 사자상이 있는 뾰족탑이 우뚝하고, 이 탑을 중심으로 중세 모습을 지닌 건물들이 둘러섰다. 유네스코 세계문화유산에 등재된 생 트로핌 대성당은 프로방스 지방에서 가장 아름다운 건축물로, 성당 문에는 최후의 심판을 묘사한 반월창이 있다. 성당과 마주 보는 수도원과 시청사 건물 또한 광장을 예스럽게 한다. 기원전 1세기 때 세운 고대 극장은 거의 파괴되어 우뚝 선 2개의 돌기둥과 크고 작은 돌무더기만 남았다. 옛날 1만 명 이상을 수용했던 반원형 극장은 그 전통을 이어 지금도 예술 공연의 장소로, 보수된

_ 카발르리 문. 마을의 입구다.
_ 원형 경기장.

_ 에스파스 반 고흐. 고흐가 요양한 병원 건물과 정원을 그대로 복원해놓은 곳이다.

스탠드와 콘서트 장비가 보인다.

나는 고흐의 흔적을 찾았다. 고갱과 헤어진 후 자신의 귀를 자르고 요양한 병원은 크지 않은 건물과 정원이다. 나는 그가 거닐었음직한 1, 2층의 복도와 정원을 왔다 갔다 하며 걸었다. '반 고흐 정원' 그림의 복사본이 정원에 걸려 있다. 정원에 그림 속 나무와 꽃을 그대로 꾸며놓았다. 그림 속에 내가 있는 듯하다. 작은 분수와 다양한 꽃과 나무, 종류와 색 모두 그대로다. 천재 화가는 그림에 무엇을 담고 싶어 했을까? 단순히 정원 풍경만은 아닐 텐데…. 지금은 종합문화센터로 이용되며 고흐의 진품 그림은 한 점도 없다.

'밤의 카페 테라스'의 모델이 된 포룸 광장(Place du Forum)으로 갔다. 광장 주위에는 2층 건물과 노천카페, 레스토랑 등이 있다. 2층 창문은 고흐 그림의 작은 나무창이다. 광장 어디쯤에 담뱃대를 문 고흐가 앉아 있을 것만 같다. 옛 모습 그대로의 광장은 고흐의 온기를 느끼게 한다.

포룸 광장 북쪽 골목을 지나니 강폭이 넓은 론 강이 나온다. 제방을 걸으며 '론 강의 별이 빛나는 밤' 그림을 떠올렸다. 한낮이라 그림 속 풍경은 찾을 수 없다. 강 건너 펼쳐진 넓은 평원은 조용하고 평화롭다.

고흐는 아를에서 200여 점의 그림을 그렸다. 온화한 기후와 맑은 태양, 고대 역사가 어우러진 아를에 예술가들을 불러 모아 공동생활을 계획했던 고흐다. 그러나 그 뜻을 이루지 못하고 고갱과도 불화로 헤어졌다. 이상과 현실에서 타협점을 찾지 못한 고흐는 자신의 귀를 자르는 자해로 분출구를 찾으려 하지 않았을까? 고흐의 흔적을 간직한 아를은 그 어느 여행지보다 나에게 여운을 남겼다.

뒤틀린 마르세유 구경

어제와 달리 날씨가 쾌청하다. 오전에 마르세유 구경을 하고 12시 30분 기차로 니스로 가야 한다. 항구의 새벽 시장을 보고 내친 김에 시내 구경을 하자고 하니 남편과 딸의 생각은 나와 다르다. 짐을 싸서 로비에 맡기고 체크아웃한 후 구경을 하자고 한다.

마르세유 기차역은 언덕 위에 있다. 역 광장에 서니 빨간 지붕의 건물과 푸른 지중해가 내려다보이고 도시 건너편 언덕 위 노트르담 드 라 가르드 대성당이 파리의 몽마르트르 언덕 사크레쾨르 대성당처럼 서 있다. 구름 한 점 없는 푸른 하늘과 지중해의 코발트 빛 바다가 태양에 빛난다. 프로방스의 태양을 제대로 느낄 수 있을 것 같아 약간 흥분된다.

_ 마르세유 기차역으로 올라가는 계단.

마르세유는 파리와 리옹 다음으로 큰 도시로 프랑스 최대의 무역항이다. 제목도 잊은 옛날 프랑스 영화에서 본 맑은 하늘과 태양, 푸른 바다, 흰 요트, 시끌벅적한 항구의 모습 그대로다. 넓은 도로, 활기찬 사람들, 과일가게에 넘쳐나는 갖가지 과일 등 풍족하고 생기가 있다. 제2차 세계대전 때 독일의 폭격으로 거의 파괴된 도시를 항구인의 강한 생활력으로 극복한 곳답다.

역에서 10여 분 걸어 구항구에 도착했다. 새벽 어시장이 거의 파장이다. 좌판에 놓인 고기를 흥정하는 사람, 장사의 너털웃음 소리, 새벽 조업을 마치고 돌아온 어선 등 항구의 정취가 물씬하다. 아쉽다! 좀 일찍 나왔더라면…. 생선 값이 알고 싶어 물어보니 내 모습을 훑어본다. 살 것 같지 않아 보인다는 뜻이다. 천혜의 조건을 갖춘 항구는 바닷물이 U자

_ 마조르 대성당. 구항구 주변에서 만난 성당으로 건물의 줄무늬가 항구도시와 잘 어울린다.

형으로 깊숙이 들어와 있다. 항구 주변에는 오페라 극장, 해양 박물관, 이프 섬으로 떠나는 선착장을 비롯해 시청사, 고대 박물관 등 주요 볼거리들이 모여 있다.

우리는 버스를 타고 언덕 위 노트르담 드 라 가르드 대성당부터 찾았다. 비탈길을 올라 성당 입구에 서니 마르세유 해안선과 섬들이 내려다 보이고 2개의 언덕 사이에 넓게 자리 잡은 마르세유 도시가 한눈에 들어온다. 붉은 대리석으로 아름답게 꾸민 성당 안에 들어서니 아기 예수를 안은 마리아상이 십자가상 대신 황금빛 천장 아래 세워져 있다. 지하로 내려가니 성직자의 석관들이 있다.

제단 앞에서 간단히 기도를 한 후 마르세유 도시 풍경을 카메라에 담고 둘러보니 식구들이 보이지 않는다. 손자의 이름을 크게 부르며 이곳저곳 한참을 찾아 헤맸다. 늦어도 12시 10분까지 호텔에 도착해야 기차를 탈 수 있다. 다른 날과 달리 허투루 시간을 보낼 수 없다. 우리는 구경하는 관점이 서로 다르다. 나는 감동이 크면 반복해서 보는 습관이 있다. 그래서 가끔 앞서거니 뒤서거니 한다. 시간을 효과적으로 활용하여 가능한 한 좀 더 많이 또 상세하게 보자는 내 바람이 때때로 무시되기도 한다. 그동안 쌓인 불만이 터졌다. '내 마음을 알 듯도 한 딸과 남편이 마르세유에서….' 다리에 힘이 빠지고 서글프다. 시내 구경을 하고 싶은 생각이 싹 가시며 지난 일들이 떠오른다.

남편은 '별스럽다'는 한마디로 내 생각을 싹둑 자를 때가 많다. 마음을 풀려고 이야기를 하다보면 때로 싸움으로 번져 더 답답해진다. 이날 아침 일도 같은 맥락이다.

가방을 싸고 체크아웃을 하느라 아침 시간이 더 달아났다. 관광이 목적이니 새벽 시간을 효과적으로 활용하여 구경부터 하자는 게 내 생각이었다. 90분 이내 마음대로 탈 수 있는 교통패스를 이용한다면 12시 체크아웃은 가능하다. 숙소가 기차역 바로 앞에 있고 출발이 12시 30분이다. 혹 12시에 체크아웃을 못하더라도 10분 정도는 호텔에 양해를 구할 수도 있다. 남편은 나와 달리 체크아웃 시간에 초점을 두고 내 말을 들으려 하지 않았다. 딸까지 합세하여 체크아웃부터 하자고 했다. 딸은 그렇다 치고 남편은 내 말뜻을 한 번쯤 헤아려주길 바랐는데 딸보다 더 강하게 말했다. 손자 앞이라 여러 말이 오가는 것이 싫어 입을 다물고 애써 태연한 체 숙소를 나섰을 때 이미 9시가 넘었다.

비단 여행만이 아니다. 일상생활에서 생각의 차이가 있을 때도 마찬가지다. 젊었을 때는 남편의 태도에 숨이 조여들고 가슴이 터질 듯 아팠다.

나이가 들면서 다름을 서로 보완하며 사는 게 인생이라 생각하며 이해하려고 한다. 그런데도 가끔 '이 나이에 여전히…' 서글프다. 아침에도 '이 좋은 여행지에서…'라는 생각이 스치며 섭섭했다.

나는 식구를 찾기 포기하고 혼자 걸었다. 올라온 길을 따라 내려가면 항구가 나올 것이고, 아침에 걸었던 길을 되돌아가면 역과 숙소를 쉽게 찾을 수 있다고 생각했다. 동네 골목길을 가로질러 내리막길을 걸으면 돌아 내려오는 버스도 만난다고 믿었다. 그게 아니다. 갈림길에서 방향을 잘못 잡았다. 지나가는 사람은 영어가 안 되고 묻는 나는 불어가 안 되니 길을 물어서 찾기도 어렵다. 전화기를 갖고 있지 않으니 연락을 취할 수도 없다. 하는 수 없이 성당 근처 버스 정류장으로 다시 올라갔다. 순간을 참으면 만사가 편한데…. 그러나 참는 것만이 능사가 아님을 지난 세월 동안 뼈저리게 느꼈기에 손익을 따지고 싶지 않다.

항구에 도착하니 아침의 어시장 분위기는 말끔히 사라지고 이프 섬으로 가는 관광객들로 붐빈다. 달라진 항구 분위기가 꼭 내 삶과 같다. 숨 막히는 순간에는 앞이 전혀 보이지 않다가도, 절망적인 서글픔이 가라앉으면 평상심을 찾아 일상을 산다. 항구는 새벽이면 또다시 어시장으로 북적이듯이, 나는 또 하나의 멍을 가슴에 새기며 살 것이다. 시시포스 신화에 불행과 행복은 한 뿌리라 했다. 어느 한쪽만으로는 살아갈 수 없다. 그러므로 희로애락의 소용돌이에 휘말리며 살아가는 것은 당연하다.

이런저런 생각을 하며 바다를 보니 지중해 수평선이 구름 한 점 없는 푸른 하늘과 맞붙었다. 하늘과 바다의 경계가 없다. 내 눈에 보이는 것이 사실이 아니듯 내 생각이 다 옳은 것도 아니다. 하찮은 것에 화를 내고 가족과 헤어져 혼자 걸어 내려온 내 행동이 크게 잘못되었다. 평화로이 정박된 요트와 마르세유의 맑은 태양이 내 마음을 어루만져 준다.

한결 나아진 기분으로 호텔에 돌아오니 로비에 맡긴 가방은 그대로 있고 남편과 딸은 보이지 않는다. 남편과 딸만이라도 제대로 구경을 해서 다행이다 싶었다. 출발 시간이 임박해 돌아온 남편은 기차 시간에 늦었다며 짐을 찾아 끌고 앞서간다. 최소한 혼자 떨어져 무엇을 했는지는 물어야 하는 게 아닌가. 순간 내 발이 땅에 붙었다. 무시당한 기분이다. 남의 감정 따위는 싹둑 자르는 남편의 태도가 이기적이라 생각한 선을 넘어 야멸차다. 기차를 타야 하고 딸과 손자는 역에서 기다리지만, 모든 것이 다 의미가 없어진다. 이대로 여행을 그만두고 싶었다. 다리에 힘이 빠져 한 발짝도 뗄 수가 없다.

'내 팔자야!' 남편을 만나 살아오면서 억울하고 답답할 때 쌓인 분노가 꺽꺽 울음으로 나왔다. 밝은 태양 아래 내 마음은 걸레같이 너덜거린다. 감정은 이성을 앞선다. 호텔 뒤쪽 나무 그늘에 주저앉았다. 남편은 짐을 역에 갖다놓고 와서는 자기도 답답하다 한다. 이미 차는 떠났다. 그리고 그다음 차도 지나갔다. 아침도 제대로 먹지 않고 점심도 넘겼다. 남편은 딸과 손자가 역에서 기다림에 지쳐 있다며, 언제나 판에 박은 말 '곰곰이 생각해보면 알 것'이라 한다. 감정을 담아 대응도 하기 싫은 말이다. 손자는 눈치가 빤하다. 우리보다 더 씩씩하게 여행을 잘하는 어린 손자에게 부끄럽다. 분명 무슨 일이 벌어졌다는 것쯤 파악하고 북적이는 역에서 힘없이 있을 손자의 모습이 그려진다. 나는 털고 일어났다. 그리고 남편과 시장으로 갔다. 과일과 즉석 음식을 기차에서 먹을 수 있게 일회용 그릇에 담았다.

마르세유와 니스는 멀리 않은 거리다. 기차를 기다리는 사람들이 길게 줄을 섰다. 기차에 오르니 일등석 넓은 좌석이 아니다. 비좁은 좌석에 겨우 끼어 앉았다. 게다가 에어컨까지 나오지 않는 찜통 열차다. 출발 시간이 되어도 기차는 움직이지 않는다. 준비한 음식을 꺼내 손자에게 먹일 수도 없다. 따가운 햇볕을 커튼으로 가리니 바람도 들어오지 않는다. 손자는 덥다고 짜증을 내며 나가자고 조른다. 여행객 모두 지쳐갈 즈음 열차 안내원이 생수를 나눠 준다. 연발에다 에어컨이 가동되지 않는 데 따른 특별 공급이라 한다. 지금껏 없던 일이다. 하루가 뒤틀리니 기차까지 문제를 보탠다. 뒤늦게 출발한 열차에서 지중해 해안선 풍광이 제대로 눈에 들어오지 않는다. 니스에 도착하니 오후 늦은 시간이다. 계획했던 오후의 칸 구경을 놓쳤다. 사온 음식으로 대충 저녁을 먹고 침대에 누웠지만 쉬 잠이 들지 않는다.

여행을 하다보면 누구와도 언짢은 마음을 갖게 된다. 상대에 따라 참고 배려하는 정도가 다를 뿐이다. 저마다 생각이 다르고 감정은 두부모를 자르듯 정리되지 않기에 어느 한순간에 터지게 마련이다. 딸과 단둘이 인도를 여행할 때 물값을 아끼려다 다투고, 남편과 함께하는 여행에서 길을 잘못 물어 헤매다 싸우고, 친구와 함께 중국을 여행하며 음식이 입에 맞지 않아 속상하고, 형제와 함께한 여행은 무거운 짐을 척척 받아주지 않아 섭섭함을 느낀다. 가족과 함께한 여행에서 음식과 빨래로 나 혼자 힘들다고 짜증을 냈다.

나는 여행을 종합학습이라 생각한다. 학교에서 배운 공부를 총체적으로 응용하기 때문이다. 판단력, 추진력, 선택과 용기 등이 제때 발휘될 때 재미있고 효과적이며 유익한 여행을 하게 된다. 특히 원만한 대인 관계가 이루어져야 맛있는 여행이 된다. 손자와 함께하는 여행이라 언짢은 표정을 보이거나 큰 소리를 내지 말자고 서로가 조심을 한다. 그러나 한 달이 넘는 시점에 우리 모두 그간 쌓인 작은 불만이 터졌다. 아직 맛있는 여행을 하기에는 턱없이 부족한 나다.

지중해 휴양도시 니스, 모나코, 칸

성당 미사 때 '내 탓이요! 내 탓이요!' 하지만 남편과 나는 내 탓이 아닌 네 탓이라 하며 산다. 언제쯤 진정으로 내 탓이라 통회하게 될까. 서로 잘못을 묻은 채 2박 3일간 지중해 해변도시 니스, 칸, 모나코를 둘러보기로 했다. 손자가 좋아하는 해수욕도 해야 한다.

니스는 1860년까지 이탈리아의 일부였다. 아름다운 해변을 찾아 니체, 샤갈, 모파상, 피카소 등의 예술가들이 모여든 예술의 도시이며, 매년 2월 열리는 니스 카니발은 15일 동안의 화려한 퍼레이드로 유명하다. 계절에 상관없이 세계의 관광객들이 찾아드는 지중해 휴양지다.

니스의 중심 장 메드생 거리에는 상점이 즐비하고, 오가는 사람들의 옷차림은 가볍다. 카니발의 가장행렬이 시작되는 마세나 광장에는 거리 공연과 노점상 그리고 관광객이 넘쳐난다. 주변 공원의 잔디밭과 분수의 물줄기가 시원스럽다. '천사의 만'을 따라 활처럼 굽은 해변과 종려나무가 늘어선 '영국인 산책로'가 지중해를 감쌌다. 바닷가 자갈밭은 형형색색의 비키니로 눈이 부시다. 세계적인 휴양지 지중해에 몸을 담갔다. 바닷물이 차다. 따가운 햇살이라 시원할 줄 알았는데 파도가 세다. 물놀이를 좋아하는 손자도 겁을 낸다. 자갈밭에 누워 일광욕을 즐기는 사람들 틈에 돗자리를 펴고 파라솔을 펼치니 손자는 좋아서 어쩔 줄을 모른다.

남들과 같이 즐긴다는 것이다. 손자는 돌쌓기 놀이로 신난다.

우리는 산책로 서쪽 성터의 언덕에 올랐다. 파괴된 성터의 흔적이 남은 넓은 공원이다. 지중해 푸른 바다가 발아래 있다. 저녁노을이 퍼진 해변은 남미 이스터 섬에서 모아이상을 배경으로 바라본 남태평양의 저녁노을 풍경과 비슷하다. 공원을 한 바퀴 돌며 내려다보니 요트와 크고 작은 유람선이 빼곡히 정박된 항구도 있고, 산비탈에 자리한 빨간 지붕의 주택단지와 높은 건물의 다운타운도 보인다.

구시가지 좁은 골목길로 접어드니 중세 분위가 물씬하다. 작은 성당을 향해 마리아상을 앞세우고 촛불을 밝힌 신자들이 성가를 부르며 행진하고 있다. 무슨 행사인지 알 수 없지만 엄숙한 분위기다. 구시가지 골목길의 가게마다 관광객들로 흥겹다. 살레야 광장에는 야시장이 벌어졌다.

가로등 불이 밝혀지자 니스 해변은 또 다른 풍경이 된다. 거리의 악사들이 연주를 하고 묘기를 보이는 재주꾼들이 볼거리를 제공한다. 산책로 옆에 다양한 이동식 어린이 놀이기구가 있다. 손자는 풍선 미끄럼틀을 오르내리며 신나하고 트램펄린 위에서 펄쩍펄쩍 높이 뛰어오른다. 농구대에 '슛!' 공을 던지며 평소에 못 해본 놀이를 차례로 즐긴다. 안내인이 아이들을 보살펴주니 부모들 또한 저마다 니스의 한여름 밤을 즐긴다. 세계적인 휴양지 시설이 바로 이런 것이구나 싶다.

숙소를 잡은 니스를 가운데 두고 20분 거리에 칸, 40분 거리에 모나코가 있다. 먼저 출발하는 기차를 타기로 하고 일단 역으로 갔다. 모나코를 향해 달리는 기차에서 바라보는 해안 경치가 아름답다.

모나코 몬테카를로 역 앞에 레니에 3세와 고 그레이스 켈리의 결혼사

_ 모나코 왕궁에서 내려다본 해안.

진과 그들의 가족사진을 전시해두었다. 관광용처럼 보인다. 지중해의 푸른 바다와 흰 모래밭, 바람에 일렁이는 열대 가로수, 해안을 따라 늘어선 집들이 햇살 아래 빛난다. 국경도 없고 지중해 연안에 연이어 프랑스의 한 도시 같다. 돈도 생활양식도 말도 프랑스와 같다. 하지만 엄연한 독립국으로 국왕이 있다. 모나코 공국은 세계에서 바티칸 다음으로 작은 나라다. 자동차 경주로 유명하고, 카지노와 관광 수입으로 국가를 운영하며, 세금과 병력 의무가 없다.

우리는 언덕 위 모나코 지역을 향해 걸었다. 왕궁 광장은 11시 55분에 벌어지는 왕궁 수비대 교대식을 보려는 사람들로 꽉 찼다. 파란 하늘 아래의 흰색 왕궁은 단아하다. 영국의 버킹엄 궁전 근위병 교대식을 비롯하여 여러 나라의 궁전 교대식을 보았기에, 나는 작은 독립국의 경계는 어디쯤일지 찾아보았다. 해안선에 접한 모나코는 높은 산이 뒤에서 받쳐

주고, 왕궁이 있는 모나코 지구와 카지노가 모여 있는 몬테카를로 지역이 마주한다. 그 사이 해안과 산기슭에 자리한 도시는 넓지 않다.

칸에 도착하니 백사장의 비치파라솔과 비키니 수영복 차림의 미녀들이 지중해 푸른 바다와 어울려 이국의 정취를 만든다. 세계 3대 영화제 중 하나인 칸 영화제가 매년 5월에 열린다. 아름다운 해변, 청명한 하늘, 바람에 일렁이는 야자수, 깨끗한 도로와 쇼윈도의 고급스러운 상품 등 세계 일류 스타들이 모여 축제를 즐길 만한 곳이다.

해변 가까이 위치한 국제회의장에 갔다. 1년에 300일 이상 각종 행사가 열리는 장소로 건물 계단에 빨간 융단이 깔려 있다. 건물 앞의 바닥에는 칸 영화제를 빛낸 스타들의 손도장이 새겨져 있다. 나는 계단 위의 카펫을 밟고 서서 지중해를 바라보고, 손자는 바닥에 새겨진 손도장에 고사리손을 대보며 논다.

도로변에 인접한 해변 백사장에는 쭉쭉 빵빵 미녀들이 작열하는 태양을 겁내지 않고 다양한 포즈로 일광욕을 즐긴다. 10여 분간만 햇볕을 받아도 빨갛게 타는 나는 부럽기도 하다. 모자에 파라솔을 쓴 내 모습은 이곳에서 이방인이다.

남프랑스의 지중해 휴양지를 둘러보며 나는 내가 이솝 우화 '개미와 베짱이' 속 개미 같다는 생각이 든다. 놀 때 못 놀고 쉬어야 할 때 일하는 것은 결코 바람직하지 않다. 제대로 즐길 줄 아는 것은 능력이고 재주다. 개미의 근성을 지녔으니 추운 겨울 식량을 구걸하지 않을 자신은 있다. 한여름 시원한 숲 속에서 베짱이처럼 즐기고 싶은데 그게 잘 되지 않는다. 고기도 먹어본 사람이 잘 먹는다는 속담처럼 돈도 써본 사람이 잘 쓴다고 생각한다.

결혼 초 교사의 박봉을 저축하려고 허리띠를 졸라맸다. 수입의 80퍼센트 이상을 저축하며 저축 상품으로 설탕을 받았다. 한 푼 아끼는 것이 한 푼 버는 것보다 중요하다고 생각하며 절약으로 가난을 이겨내려 했다. 그래서 지금도 편하고 풍족한 것에 성큼 다가서지 못하고, 지난날을 떠올리며 없어도 되는 것에 욕심내지 않고 참을 수 있는 것을 피하지 않는다. 가까운 마트보다 재래시장을 찾고, 작은 것은 손빨래를 한다. 한두 정거장 거리는 걷는 것을 더 좋아한다.

하고 싶은 여행을 준비하며 나는 여행통장부터 만들었다. 장을 보며 아끼고 걸어서 절약한 한 푼 두 푼을 저축했다. 동대문 노점에서 산 옷을 백화점 옷값으로 환산하여 여행통장에 넣고 보너스가 나오는 달에 자아발전 기금으로 목돈을 떼어 만든 종잣돈이 새끼를 치자 '최소의 경비로 최대의 효과'를 외치며 배낭을 메고 나섰다. 여행경비를 감안하여 '더 넓게 더 많이' 하며 욕심을 내다보니 항상 빡빡한 일정으로 서두르는 여행패턴에 익숙해졌다. 잠시 일손을 놓고 베짱이와 더불어 한판 신나게 춤을 즐기고, 겨울이 오면 따뜻한 보금자리에 베짱이를 초대하여 희망을 나누는 지혜로운 개미가 되고 싶다.

나의 1차 배낭여행이 극기와 체험학습이었다면 2차 여행은 여유와 즐거움을 찾는 여행이 되어야 한다. 그리고 3차 여행은 하늘나라로 떠난다. 이 세상 모든 것에 미련을 두지 않고 훌훌 떠날 수 있도록 지금부터 준비해야지. 칸 해변에서 여유를 즐기는 사람들이 "우리를 보라!" 한다.

밀라노

니스에서 약 5시간의 기차여행으로 밀라노에 도착했다. 밀라노는 세계적인 고급 브랜드의 본사가 로마보다 많은 곳, 세계의 유행을 선도하는 곳, 유럽에서 가장 부유한 도시 중 하나로 '세계적'이란 수식어가 많이 붙는다. 그만큼 볼거리도 많다. 알프스 남쪽 48킬로미터에 위치하며 이탈리아 최대의 경제·산업의 중심지이기도 하다.

먼저 도시 중심부에 위치한 두오모를 찾았다. 두오모(duomo)는 이탈리아어로 대성당을 뜻한다. 세계에서 바티칸 대성당 다음으로 큰 성당이다. 광장에서 바라보니 창문과 지붕의 가장자리는 레이스를 두른 듯하다. 높이 쭉쭉 뻗은 135개의 첨탑과 2245개 조각상의 흰 대리석 대성당은 아름다움을 넘어 화려하다. 가장 높은 첨탑은 108미터 높이에 황금 마리아상이 서 있다. 비디오카메라로 당겨서 보았다. 500년간의 공사 끝에 완성한 대성당은 '하늘에서 그대로 내려온 건축물' 같다. 나폴레옹이 이 성당에서 황제 즉위식을 가졌다.

대성당 옥상에 올라가면 수많은 첨탑과 성자들, 사도들의 조각상을 가까이에서 볼 수 있고, 밀라노 시가지 전경과 두오모 광장의 넓이도 가늠할 수 있다. 외부와는 달리 성당 안은 약간 어두운 조명이라 화려한 스테인드글라스가 더욱 아름답게 보인다. 바닥은 무늬로 꾸며졌고 지하에는 보물방이 있다. 높은 기둥과 스테인드글라스가 만드는 엄숙한 분위기에 손자는 촛불을 밝히고 두 손을 모아 기도한다.

두오모 광장 중앙에는 이탈리아 반도를 통일한 비토리오 에마누엘레 2세의 기마상이 있다. 거대한 대리석 받침대 위에 용맹스러운 사자가 버

두오모 광장에서 바라본 밀라노 대성당.

티고 앉아 성당을 바라본다. 기마상을 떠받치는 사방의 부조상 위에서 꼬리를 휘날리며 힘차게 달려가는 기마상이 넓은 두오모 광장을 돋보이게 한다. 비둘기 떼가 사람보다 많은 광장이다. 손자는 비둘기를 쫓아다니느라고 정신이 없다. 세계적인 성당을 배경으로 광장에서 뛰노는 손자를 카메라에 담았다. 하나의 작품이다. 훗날 자라서 이 사진을 보고 무엇을 느낄까?

광장에 접한 비토리오 에마누엘레 2세 기념관은 쇼핑 아케이드다. 독립문과 비슷한 출입문으로 들어서니 유리 지붕의 긴 회랑 2개가 십자로 교차한다. 이곳을 꾸민 대리석은 4대륙(유럽, 아시아, 아프리카, 아메리카)에서 가져왔다는 의미의 프레스코화와 이탈리아의 4개 도시(피렌체, 로마, 밀라노, 토리노)를 상징하는 백합, 늑대, 십자가, 황소가 바닥에 모자이크로 장식되어 있다. 황소 위에 서서 발뒤꿈치에 중심을 두고 한 바퀴를 돌면 소원을 이룬다는 말이 있다. 관광객들이 줄을 서서 돌고 있다. 나도 해보았으나 반 바퀴 정도에서 그쳤다. 넓은 대리석 바닥의 무늬가 아름답고, 높은 아치형 천장에서 들어온 자연 채광으로 회랑은 밝고 멋있다.

명품 브랜드와 레스토랑, 카페와 선물가게 등 상점을 눈으로 보고 지났다. 선물가게 앞을 지나가다 스파이더맨의 붉은 망토를 본 손자가 사겠다고 한다. 예상외로 값이 비싸다. 구경부터 하고 다른 곳과 값을 비교한 다음에 사자고 손자를 달랬다. "가게 문을 닫으면 어떻게 해?" 하고 걱정을 한다. 꼭 갖고 싶은 것을 고를 줄도 알고, 가게마다 가격이 조금씩 다르다는 것도 눈치로 안다. 어린것이 가게 문 운운하니 놀랍다. 세상을 살아가는 방법을 하나씩 배워가는 손자다. 이번 여행을 통해 손자는 돈과 물건의 관계를 자연스럽게 알고 시간의 개념도 터득한다.

회랑을 빠져나오니 스카라 광장이다. 광장 가운데 수염이 긴 레오나르도 다빈치 동상이 높이 서 있다. 그 아래 4명의 제자가 둘러선 기념탑에는 스승과 제자들의 활동이 조각되어 있다. 이탈리아로 넘어오니 르네상스 분위기가 난다. 광장과 마주해 밀라노 스카라 극장이 있다. 처음에 스카라 교회였던 건물을 헐고 그 자리에 그 이름을 그대로 붙인 극장으로, 세계 3대 오페라 하우스 중 하나다. 외관은 빈 오페라 하우스의 웅장함과는 달리 평범하다. 유명한 성악가들도 이 극장의 무대에 서기를 열망한다. 조수미와 김동규도 이곳에서 활동했다니 예사롭게 보이지 않는다. 공연 시간을 기다리는 관람객들이 말끔하게 차려입고 극장 앞을 서성인다.

트램을 타고 셈피오네 공원 근처 스포르체스코 성으로 갔다. 15세기에 만든 성 주위에 해자를 파서 외부의 침입을 막았다. 레오나르도 다빈치

_ 레오나르도 다빈치 동상. 다빈치 동상 아래는 4명의 제자가 둘러선 기념탑이다.

와 당대의 유명한 건축가들에 의해 복원된 붉은 벽돌의 성채는 현대적인 건축미를 느끼게 한다. 지금은 중세 미술품을 전시하는 박물관으로 미켈란젤로의 조각 등 유명 작품이 소장되어 있다.

성채 앞 유리로 된 삼각형 건물 안에서 '2015 밀라노 엑스포' 홍보 행사를 하고 있다. 식생활에 관련된 친환경적인 먹거리 행사인 듯 여러 가지 채소와 과일 모형으로 사람의 얼굴을 만든 큼직한 조형물이 특이하고 아름답다. 어린이들이 체험활동을 할 수 있는 공간도 있다. 과일과 채소 그림에 색칠을 하도록 책상과 의자를 마련해두었다. 손자는 프린트물에 색칠을 하고 여러 음식 모형으로 형체를 만드는 놀이를 한다. 딸은 손자 옆에 앉아 채소의 이름을 가르쳐주며 손을 잡고 그림을 그리고 모형으로 다양한 모양을 함께 만든다. 밀라노 곳곳에서 1년 후의 행사를 미리 홍보하는 것도 놀랍고, 손자가 관심을 갖는 것을 놓치지 않고 손자의 눈높이에 맞게 친절하고 재미있게 함께 활동하는 딸의 모습도 놀랍다.

베네치아

베네치아의 숙박료가 비싸 당일 여행을 고려했지만 운하 골목을 느슨하게 걷고 싶어 1박을 하기로 했다. 밀라노에서 아침 7시 5분에 출발하니 오전 이른 시간 베네치아에 도착한다. 베네치아 산타루치아 역을 나서니 바로 수상버스 선착장이다. 역 앞 대운하 다리 위에 섰다. '물의 도시 베네치아에 왔구나!' 관광객을 가득 실은 수상버스와 제비를 연상케 하는 곤돌라가 지나간다. 줄지어 선 수상택시가 손님을 기다리고 모터보트가 쌩쌩 달리는 운하의 풍경이 내 마음을 들뜨게 한다.

역 근처의 예약된 호텔 체크인 시간이 오후 2시라 짐을 로비에 맡기고 구경을 나섰다. 베네치아는 바다가 호수처럼 생긴 석호에 세워진 도시다. S자 대운하가 도시 중심을 흐르고 미로 같은 소운하가 그물처럼 연결되어 있다. 150개의 운하에 400여 개의 다리가 놓인 베네치아는 독특한 아름다움을 지녔다. 베네치아는 지난날 최강의 공국으로 셰익스피어의 희극 '베니스의 상인'에 등장할 만큼 동양과의 무역 중심지였다. 피렌

_ 베네치아의 운하.
_ 베네치아의 운하 골목.

_ 베네치아의 곤돌라.
_ 운하로 연결된 골목.

체와 함께 르네상스의 꽃을 피운 도시다. 지금은 세계인이 찾아드는 아름다운 관광지다.

우리는 베네치아의 분위기에 젖기 위해 걸었다. 기차역 왼쪽 다리를 건너 골목길로 접어드니 생필품을 나르는 배와 시멘트를 실은 공사용 배가 짐을 싣고 내린다. 트라케토라고 불리는 작은 곤돌라가 자가용처럼 좁은 물길에 정박해 있다. 작은 다리의 모양은 제각기 다르고 골목 같은 운하를 사이에 두고 3~4층의 옛 주택이 줄지어 서 있다. 관광객을 태운 곤돌라들이 지나간다. 가끔은 뱃사공 곤돌리에가 배를 저으며 칸초네를 부르기도 한다.

미로 같은 골목길을 걷다보니 광장이 나오고 광장 둘레에는 교회와 선물가게, 작은 상점이 있다. 지나가는 관광객들이 잠시 쉬어 가는 광장 풍경은 여유롭다. 우리도 돌바닥에 주저앉아 피자를 먹으며 베네치아 골목 마을의 정감 있는 중세 분위기에 젖는다. 시간이 멈춘 듯하다. '분위기'란 정체는 참 요상하다. 내 발길을 잡고 서둘지 말라 한다. 가슴을 열고 즐기라고 한다. 좁은 골목길에는 화살표가 있어 따라 걸으니 길을 잃을 염려가 없다.

베네치아에 있는 다리 중에서 가장 유명한 리알토 다리 위에는 각종 가게와 관광객들로 발 디딜 틈이 없다. 나는 몇 번이나 다리를 오가며 주위를 바라보았다. 다리 아래로 내려가 운하 물길 옆에서 다리를 올려다보았다. 중앙 삼각 지붕의 아치를 중심으로 24개의 아치가 좌우로 대칭을 이룬다. 하나의 큰 반원 교각 사이로는 낭만을 실은 배가 지나가며 베네치아의 풍경을 만든다. 원래 나무다리였던 것을 미켈란젤로와 같은 거장들이 설계 공모전에 참가하여 대리석으로 만들었다. 운하 물길과 딱 어울린다.

리알토 다리를 건너니 공예품과 기념품을 파는 가게가 밀집된 골목이 나온다. 예쁘고 화려한 물건들이 가게마다 가득하다. 특히 카니발 가면이 재미있고 다양하다. 손자는 갖고 싶은 것은 많은데 하나만 골라야 되니 쉽게 사겠다고 않는다. 좀 더 좋은 것을 찾으려고 가게마다 들어가 살핀다. 마음 같아서는 얼른 하나 사고 구경을 했으면 좋겠는데 빨리 사라고 채근도 못하고 지켜보려니 인내가 필요하다. 나와 달리 딸은 손자와 이야기를 주고받으며 아이 뒤를 따라다닌다. 결국 사지 않고 나온다. '칭찬을 해야 하나?' 할머니 역할 하기도 참 어렵다. 분명 작은 것으로 큰 것을 배울 수 있는 기회이고 경험이니 참을 수밖에.

산마르코 광장에 도착하니 걸어온 골목길과는 또 다른 웅장한 베네치아가 느껴진다. 잠시 앉아 쉬는 동안 발밑에 찰랑이던 바닷물이 빠진다. 베네치아가 석호 위에 세워진 도시라는 걸 눈으로 확인했다. 나폴레옹이 유럽에서 가장 멋진 응접실이라 표현한 광장 가운데 서서 한 바퀴 돌아본다. ㄷ자형 대리석 주랑이 광장을 둘러싸고, 화려한 홀과 명품점, 오래된 유명한 카페들이 있다. 거기에 대성당과 궁전, 높은 종루가 떡 버티고 있다. 수많은 관광객과 구구거리는 비둘기 떼, 노천카페에 앉아 노래를 들으며 여유를 즐기는 모습 등 광장은 여행자를 만족시키는 모든 것을 다 갖췄다.

산마르코 대성당은 이슬람 사원을 연상케 한다. 베네치아 상인이 이집트에서 성 마르코의 유해를 돼지고기 밑에 숨겨 와 안치한 성당이다. 중앙의 문 위에는 이스탄불에서 전리품으로 가져온 네 마리 청동 기마상이 버티고 있다. 보통은 예수님이나 성인상이 서 있을 장소다. 하지만 쭉

_ 산마르코 대성당. 중앙의 문 위에는 이스탄불에서 전리품으로 가져온 네 마리 청동 기마상이 버티고 있다.
_ 산마르코 대성당의 첨탑.

쭉 뻗은 첨탑 끝의 십자가들이 대성당의 위상을 세운다. 성당 안 역시 감탄스럽다. 구약성서 내용을 모자이크로 표현한 천장화, 금박과 보석으로 장식한 황금 벽면, 보물을 전시한 방, 제단 뒤 성 마르코의 묘 등 성당 외관의 아름다움에 비길 만하다.

산마르코 대성당과 나란히 있는 고딕 양식의 두칼레 궁전은 베네치아 공국의 총독 관저다. 벽화와 천장화의 꾸밈, 세계에서 가장 큰 유화인 틴토레토의 대벽화 '천국', 포고문을 붙인 문서의 문, 중세의 칼과 창, 갑옷 등을 전시한 무기고 등 볼거리가 많다. 엘리베이터를 타고 종탑 전망대에 오르면 운하에 떠다니는 많은 배와 주황색 지붕이 빽빽한 시가지, 아드리아 해에 떠 있는 섬이 한눈에 들어온다.

두칼레 궁전과 작은 운하를 사이에 두고 있는 프리지오니 누오베 감옥을 잇는 다리가 '탄식의 다리'이다. 궁정 재판소에서 판결을 받은 죄수가 다리를 지나며 다시는 햇빛을 볼 수 없게 되어 한숨을 쉰다고 해서 붙여진 이름이다. 알맞은 높이에 세워진 다리는 이름과 달리 아름답다.

산타 마리아 델라 살루테 성당은 흑사병이 끝나기를 기원하며 마리아에게 받친 교회이다. 커다란 돔의 대리석 성당 건물은 웅장하고 외벽의 조각이 세밀하다. 성당 안에는 '가나의 혼인', '다윗과 골리앗' 등 유명 화가의 그림이 많다. 운하 건너 산마르코 광장이 보이고, 바다 건너 산 조르조 마조레 성당 탑이 우뚝하다.

손자가 좋아하는 수상버스 바포레토를 탔다. 수상버스는 완행과 급행 두 가지다. 1번은 로마 광장에서 산마르코 광장까지 대운하 정류장마다 정차하는 완행이고, 2번은 급행으로 로마 광장에서 리도 섬까지 운행된다. 우리는 2번을 탔다. 만원이라 좌석이 없다. 손자를 배 앞부분에 세웠

_ 두칼레 궁전. 흰색과 분홍색의 대리석으로 장식되어 산뜻하고 우아하다.
_ 탄식의 다리. 다리 아래로 마침 곤돌라가 지나간다.

_ 대운하. 대운하 주변은 골목길에서 본 좁은 운하의 풍경과 다르다.

다. 배가 속력을 내자 시원한 바람에 머리카락이 휘날린다. 손자는 배의 속도를 느끼며 신이 나서 환호성을 지르고, 나는 대운하 양옆의 건축물을 보고 감탄한다. 아름다운 발코니를 가진 황금 궁전 카도르, 고딕 양식의 중세 대저택들, 배에서 바라보는 두칼레 궁전과 산마르코 광장, 탄식의 다리 등 대운하 주변은 골목길에서 본 좁은 운하의 풍경과 또 다른 베네치아다. 몇 시간 동안 걸으며 구경했던 베네치아를 수상버스를 타고 총정리하는 기분이다.

종점에 내리니 손자가 또 타자고 한다. 저녁때라 관광객이 붐비지 않는다. 손자가 원하고 나도 오랫동안 그려온 베네치아라 유람선에 앉아 제대로 구경하고 싶어 다시 1번을 탔다. 손자가 내리자고 할 때까지 탔더니 막배다. 손자 덕에 대운하 노선을 세 번이나 왔다 갔다 하니 운하 옆 건축물이 눈에 익는다. 대운하에는 수상버스가 시원하게 달리고, 골목의 소운하에서는 수상택시와 곤돌라로 요리조리 다니며 마을을 구경한다. 수영을 즐길 수 있는 리도 섬, 유리 공방이 있는 무라노 섬, 레이스로 유명한 부라노 섬도 찾고 싶지만 그럴 수 없는 것이 아쉽다.

피렌체

피렌체 숙소는 일반 주택가 민박이다. 예약한 숙소에 가니 문이 잠겼다. 주인에게 전화를 거니 오후 1시 체크인 시간을 기다리라고 한다. 오전 10시경 도착하여 시내 관광을 계획했는데 어긋났다. 딸은 짐을 가지고 손자와 역 근처의 산타 마리아 노벨라 성당 앞 광장에서 놀고, 남편과 나는 시간이 아까워 거리라도 구경하러 나섰다. 멋진 상점의 쇼윈도에 걸린 옷을 구경하며 걷다보니 시뇨리아 광장이 나왔다. 2시에 입장이 예약된 우피치 미술관 앞을 지나 피렌체 중심을 걸었다. 숙소의 위치와 볼거리와의 동선을 파악했다.

성당 앞 광장에 돌아오니 손자는 광장 꽃밭 울타리에 색색의 바람개비와 꽃을 만들어 꽂으며 놀고 있다. 거리를 두고 바라보니 하나의 작품이다. 바람에 떨어지니 달려가 꽂기 바쁘다. 안데르센 기념관에서 받은 종이로 만든 것이란다. 기다린 시간은 낭비가 아니다. 손자에게 더없이 좋은 미술활동이고 재미있는 놀이다. 당장 드러나지 않겠지만 훗날 엄마와 여행하며 넓은 광장에서 바람개비를 날리고 화단을 꾸민 추억은 무의식에 깔려 새록새록 되살아날 것이다. 그리고 그 경험은 일생 동안 활동 에너지로 발산되리라 믿는다.

혹시나 집주인이 일찍 나타날까 해서 숙소 앞 골목에서 기다렸다. 지나가던 멋쟁이 일본인 아가씨가 우리를 딱하게 여기고 주인에게 전화를 걸어준다. 이탈리아어라 알아들을 수는 없지만 우리가 기다리고 있는 상황을 전해주는 것 같다. 세련된 의상에 친절한 태도, 배우고 닮고 싶은 사람이다. 전화를 받고 집주인이 금방 달려왔다. 문을 열고 들어서니 옛날 건물이라 엘리베이터가 없다. 무거운 짐을 들고 4층까지 올랐다. 그러나 불평보다 놀라움의 탄성이 터진다. 부자가 살았음직한 옛날 집이다. 높은 천장에 부엌과 거실이 넓고 방이 2개다. 숙박료도 다른 곳에 비해 저렴하다. 이탈리아 피렌체에서 이런 호사를 누리게 되다니. 밀린 빨래를 하고 음식도 푸짐하게 만들어 먹을 수 있다. 무엇보다 손자가 마음대로 놀 수 있는 우리만의 공간이다.

피렌체는 14~16세기경 베네치아와 더불어 강력한 도시국가였다. 메디치 가문의 통치로 상업과 예술, 정치가 최고로 발달하여 르네상스를 부흥시켰다. 미켈란젤로, 레오나르도 다빈치, 단테, 마키아벨리의 고향이기도 하다. 중세 모습을 간직한 도시로 유네스코 세계문화유산으로 지정된 곳이다. 곳곳의 건물에서 르네상스를 주도한 메디치 가문의 상징인 백합 문장을 볼 수 있다.

피렌체에서 가장 유명한 우피치 미술관부터 관람했다. 서울에서 예약했기에 긴 줄을 기다리지 않고 들어갔다. 르네상스 회화를 모아놓은 미술관으로 세계 제일이다. ㄷ자형 미술관은 메디치 가문의 코시모 1세가 정사를 보던 관청이다. 우피치(Uffizi)는 이탈리아어로 사무실이란 뜻으로, 1737년 메디치 가문의 마지막 후손인 안나 마리아 루드비카가 소장한 미술품을 대공국에 기증하면서 미술관이 되어 일반에게 공개되었다. 메디치 가문은 200년 동안 피렌체를 통치하면서 예술가들에게 미술품 제작을 의뢰하고 작품을 수집했다. 4명의 교황을 배출한 가문으로 유럽의 왕족과 정략결혼을 하여 권력을 넓혔다. 특히 학문과 건축, 예술을 사랑하여 13세의 미켈란젤로의 재능을 알아보고 조각 공부를 시키는 등 많은 예술가들이 마음 놓고 창작활동에 전념할 수 있도록 후원했다. 그 결과 피렌체는 르네상스 발상지로서의 기틀을 다지게 되었다.

미술관 안으로 들어서니 명성에 걸맞게 관람자들이 많다. 긴 회랑을 따라 있는 각각의 전시실에는 2500여 점의 그림이 꽉 차 있다. 중세의 신(神) 중심에서 인간 중심의 세계로 넘어온 르네상스 시대의 작품들이라 성화가 다르다. 여위고 고통스러워하는 예수가 아닌 건장하고 잘생긴 젊은이로, 성모와 아기 예수는 얌전한 어머니 품에 안긴 영특하고 귀여운 아기로, 우리 이웃에서 흔히 만날 수 있는 사람으로 표현되었다. 신화를 주제로 한 그림은 인간 세상의 이야기를 담고 있다.

유명한 작품 앞에는 많은 사람들이 모여 있다. 특히 보티첼리의 그림 '비너스의 탄생'과 '봄(프리마베라)' 앞에는 사람들이 끊이지 않는다. 마침 한국 가이드가 그림 설명을 하고 있어 옆에서 들었다.

'비너스의 탄생'은 거세된 우라노스의 생식기가 바다에 떨어져 일어난 거품 속에서 비너스가 탄생하는 모습이다. 조가비 속 아름다운 여인은 메디치 가문으로 시집 온 아가씨라고 한다. 신화 이야기로 가문의 영광을 드러낸 르네상스 작품이다. 같은 전시실에 있는 '봄'은 서풍(西風)의 신 제피로스의 입을 부풀게 하여 봄을 표현하고, 그에게 잡힌 여신의 입에서 꽃이 쏟아진다. 꽃잎은 꽃의 여신 플로라로 변했다. 빨간 숄로 살짝 몸을 가린 마리아가 중심에 있다. 이 그림은 메디치 가문의 신혼부부 침실을 장식했던 것이라고 한다.

가이드의 설명을 듣고 자세히 보았다. 얼굴 표정과 여인들의 곡선미, 하늘거리는 옷 등 아름다움으로 화면을 꽉 채운 그림이다. 매서운 겨울이 지나고 화사한 봄을 느끼게 한다. 중심의 마리아는 어떤 의미일까? 만물이 살아나는 봄과 마리아? 이런저런 생각을 하다 손자 생각이 났다. '옳지! 손자에게 그림을 많이 보여주어야지!' 그림만큼 생각을 유도하는 것은 없다 싶다. 어릴 때부터 그림을 많이 접하면 자연스럽게 눈에 보일 것이고 보이는 대로 느끼는 것이 생각으로 영근다. 영국 내셔널 갤러리의 그림 앞에서 손자와 이야기를 나누던 딸처럼 집에 돌아가면 박물관에 자주 데리고 다녀야겠다!

가장 마음에 닿는 그림은 미켈란젤로의 '성가족'이다. 요셉이 마리아와 아기 예수를 감싸 안았다. '성가족'이란 제목을 빼고 보았다. 나이 많은 가장과 젊고 풍만한 아내 그리고 귀여운 아기가 있는 그림은 사랑과 책임감으로 똘똘 뭉친 가족처럼 보인다. 그런데 세 사람은 서로 눈 맞춤이 없다. 그래서 성가족인가? 가족 사랑을 포함한 더 큰 인류 구원의 사랑을 세 사람의 시선으로 나타내려 하지 않았을까 싶다. 그림 속에 숨은 미켈란젤로의 생각을 내 나름으로 더듬는다.

우피치 미술관에는 그림 외에도 대리석으로 잠자리 날개 같은 가벼움을 표현한 조각, 17~18세기 유럽 여러 나라의 예술 작품들이 많다. 샤갈이 직접 자신의 그림을 기증하러 찾아올 정도로 유명한 미술관답다.

많은 그림을 대하니 '좀 알고 보았더라면' 하는 아쉬움이 남는다. 시간이라도 넉넉하면 찬찬히 보겠는데 그럴 수도 없다. 스쳐 지나가자니 아깝다. 폐관이 가까워지니 마음도 급하다. 사람들이 웅성거리는 그림을 찾아다녔다. 레오나르도 다빈치의 '수태고지'와 '마가의 예배', 라파엘로의 '자화상', 티치아노의 '우르비노의 비너스', 카라바조의 '메두사' 등을 중점적으로 보았다. 회랑에는 그리스와 로마 시대의 조각상을 비롯하여 역사 속의 인물상이 많다. 우피치 미술관의 너무 많은 작품에 제압당하는 기분이다. 메디치 가문은 정치적 세력과 재력을 예술품으로 영원히 남겼다. 소장된 작품은 절대 외부로 반출하지 말라는 유언까지 남겨 더 가치를 지니게 한 선견지명이 감탄스럽다.

피렌체 두오모(산타 마리아 델 피오레 대성당) 앞은 입장하려는 사람들로 장사진을 이루고 있다. 140년에 걸쳐 지은 르네상스 양식의 대성당을 한 바퀴 돌며 그 크기를 가늠해보았다. 3만 명이 들어갈 수 있는 크기에 높이 106미터의 반원형 돔이 있다. 성당 외벽은 여러 가지 색 대리석의 기하학적 도안이고, 사도의 조각상이 맨 위층 아치 속에 나란히 서 있다. 어느 한 부분도 허술하지 않은 꾸밈이다. 밀라노 두오모의 고딕식 첨탑의 화려함과 대조적인 아름다움이다.

성당 안은 장엄하고 엄숙하다. 둥근 돔 천장에는 '최후의 심판'을 주제로 한 프레스코화가 그려져 있다. 463개의 계단을 올라 옥상 전망대로 나가니 시내의 주황색 지붕들이 한눈에 들어온다. 중세풍의 도시는 아름답다. 이곳 전망대에서 일본 영화 '냉정과 열정 사이'를 촬영해서 일본 관광객들이 많이 보인다.

두오모 앞에 있는 산조반니 세례당은 8각형 건물로 피렌체의 수호성인 산 조반니에게 바쳐진 교회다. 두오모가 완성되기 전에는 대성당으로 사용했으며, 단테가 이곳에서 세례를 받았다. 3개의 청동 문이 유명하고, 특히 동쪽 문 앞에 사람들이 장사진을 치고 있다. 기베르티가 28

_ 피렌체 두오모. 맨 위층 아치 속에 사도의 조각상이 나란히 서 있다.
_ 피렌체 두오모 앞. 입장하려는 사람들로 장사진을 이루고 있다.

년 동안 심혈을 기울여 만든 '천국의 문'으로 미켈란젤로가 '천국의 문답다'고 격찬했다고 한다. 10개의 청동판 부조로 창세기 이야기를 차례로 새겼다. 세밀하고 아름다운 조각의 진품은 박물관에 소장되어 있다. 예수의 생애를 묘사한 북쪽 문 역시 21년간 노력한 기베르티 작품이다. 가장 오래된 남쪽 문은 피사노의 작품으로 성 요한의 이야기다. 북문과 남문 쪽은 한산하다. 동문처럼 청동이 번쩍거리지는 않지만 새겨진 조각의 표정이 살아 있다. 조용하게 바라볼 수 있어 나는 좋았다. 숙소가 가까워 며칠 있는 동안 여러 번 다시 보았다. 볼 때마다 감탄스러웠다.

피렌체 두오모 앞에 있는 높이 84미터의 종탑은 두오모와 짝을 이루는 건축물이다. 계단을 올라 테라스에 서면 두오모의 웅장함을 내려다볼 수 있지만, 나는 프랑스 노트르담 성당 전망대에서 바라본 성당 지붕 모습과 주위의 풍경을 떠올리며 아래에서 올려다보았다.

시뇨리아 광장을 중심으로 피렌체 1대 왕 코시모 1세의 기마상과 넵튠 분수, 고딕 양식의 베키오 궁전이 있다. 피렌체 공국의 청사였던 베키오 궁전은 현재는 피렌체 시청사로 이용한다. 홀에 들어가 올려다본 궁전 또한 웅장하다. 궁전 앞에는 미켈란젤로의 '다비드상'을 복제한 조각상이 있다(진품은 아카데미 미술관에 보관). 무대처럼 보이는 린치 회랑에는 메두사의 머리를 든 페르세우스의 청동상 '첼리니의 페르세우스'와 '사빈 여인의 강간' 등이 전시되어 르네상스 유명 조각품의 야외 전시장 같다. 역동적이며 아름다운 조각이 있는 단상에서 마침 오케스트라 공연이 펼쳐진다. 단원 전체가 아시아계 사람이다. 유학생들인가? 오케스트라의 우렁찬 연주가 광장에 울려 퍼지니 예술의 도시에 와 있다는 것이 실감 난다.

_ 베키오 다리. 오렌지색 지붕이 늘어선 강기슭은 조용하고 한적하게 보인다.

우피치 미술관 뒤로 피렌체를 가로지르는 아르노 강이 흐른다. 강에는 피렌체에서 가장 오래된 베키오 다리가 놓여 있다. 1345년에 건설된 이 다리는 2층 구조로, 아래층은 푸줏간과 대장간으로 서민용이고, 위층은 귀족과 부자가 놀이 삼아 거닐던 다리다. 지금은 선물가게와 귀금속과 보석을 파는 상점으로 관광객을 모은다.

대형 마트를 찾아서

시설이 좋은 부엌을 만났는데 음식을 만들 재료가 없다. 숙소 근처 골목의 작은 가게는 물건 값도 비싸고 볼품이 없다. 딸이 인터넷으로 검색하니 시 외곽의 대형 마트가 9시에 문을 닫는다고 한다. 유레일패스로 갈 수 있는 곳이라 서둘러 기차를 탔다. 한 정거장 가서 내렸다. 조용한 거리라 길을 물을 사람이 없다. 마감 시간이 임박하여 손자를 유모차에 태우고 달렸다. '가게에서 조금 사고 말걸…' 뛰면서 후회했다.

새벽부터 서둘러 기차를 탔고 미술관 관람을 한다고 신경도 썼다. 저녁을 먹고 쉬어야 할 시간이다. 낯선 곳에서 대형 마트를 찾느라 헤매고 다니니 이건 아니다 싶다. 못 찾으면 억울해서 어쩌지. 앞서 달려가던 딸이 "여기다!" 한다. 문 닫기 5분 전 출입구로 슬라이딩! 아주 큰 매장이다. 야채와 과일, 고기 등 사고 싶은 것을 카트에 주섬주섬 담았다. 값을 살펴 비교할 시간이 없다. 우리가 서두르니 어린 손자도 과자 코너에서 원하는 것을 집어 담는다. 즉각 보고 배운다. 계산대에서 빨리 나오라고 손짓을 한다.

계산을 끝마치니 값이 너무 싸서 놀라고 양이 많아 놀랐다. 수박까지 샀으니 무거운 것을 어찌 들고 간담? 돌아갈 길이 걱정이다. 피렌체 외곽 주택 지역이라 도로가 넓고 깨끗하며 조용하다. 도심에서 어느 방향인지 분별이 안 된다. 일단 사고 싶은 것을 풍족하게 샀으니 목적을 달성했다.

남편은 유모차에 짐을 가득 실어 밀고, 딸은 양손에 들고, 나는 밤길이라 손자를 업었다. 등에 업힌 손자는 팔을 벌리고 덩실덩실 춤을 춘다. 나는 손자의 흥을 돋우려 노래를 부르며 펄쩍펄쩍 뛰었다. 어린것이 늦은 시간까지 잘 따라다녀 기특하다. 늦은 시간이지만 가족이 함께하니 걱정이 없다. 돌아갈 차편과 좋은 숙소가 있으니 마음도 편하다. '이게 행복이다' 싶다. 세계적인 관광명소에 와서 호텔에서 쉬어야 할 시간에 마트를 찾아 헤매고, 무겁게 물건을 들고 밤길을 걸으면서 무슨 행복? 하지만 나는 이와 같은 상황을 수없이 겪으며 살아왔다. 그러면서도 매 순간 고생이 아닌 희망과 행복을 진하게 느꼈던 젊은 시절이 있다.

막내가 막 돌을 지났을 즈음에 나는 경남의 읍 소재지에 있는 초등학교에 근무했다. 4살과 5살인 연년생 딸과 아들을 고아원에서 운영하는 탁아소에 보내고, 막내는 학교 교문 앞 노부부에게 낮 시간 동안 맡겼다. 당시에는 영·유아 보육시설이 전무했다. 내가 사는 근처 마산수출자유지역에서 인력을 흡수하여, 나를 도와줄 사람을 구하기가 어려웠다. 남편은 뒤늦게 다시 공부를 시작하여 집을 떠나 있고, 나 혼자 세 아이를 데리고 학교 근무를 했다.

아침에 두 아이를 탁아소에 보내고 막내가 먹을 우유와 기저귀 가방을 챙겨 출근길에 데려다주었다. 퇴근길에 막내를 데리러 가면 언제나 우유 가방과 포대기를 들고 사립문을 쳐다보고 서서 나를 기다렸다. 돌아오는 길, 내 등에 업힌 막내는 팔을 벌리고 춤을 추고 두 아이는 그날 배운 노래를 불렀다. 낮 시간 동안 떨어져 있던 아이들은 가족을 만난 안심을 춤과 노래로 표현했다. 어린 자식의 마음을 어루만져 주려고 나는 펄쩍 펄쩍 뛰고 두 아이의 손을 잡고 노래를 따라 불렀다. 잔잔한 슬픔이 가슴 밑에 일렁이지만 내색할 수도, 피곤하다 힘들다 느낄 겨를도 없었다.

세 아이를 방 안에서 놀게 하고 기저귀 등을 빨고 나면 늦은 시간이었다. 남의 집 아래채의 재래식 부엌이라 막내가 연탄아궁이에 떨어질까 봐 밖에서 문을 채웠다. 일을 마치고 들어가면 어떻게 깔았는지 어린것들이 이불을 나란히 펴고 잘 놀았다. 하루 일과를 마친 시간 아이들이 잠든 모습을 보며 나는 더없이 행복했다.

가을에 접어들면 연구 발표를 했다. 모든 것이 수작업이었을 때라 그리고 오려서 환경 정리를 하고 발표 업무를 나눠 하다보면 퇴근이 늦었다. 기다리는 아이들을 생각하면 가슴이 탔다. 하루는 캄캄한 운동장을 달려 나가는데 어두운 나무 밑에서 "엄마!" 부르며 두 아이가 나왔다. "집에 있지 왜 여기 있니?" "방보다 엄마가 있는 학교가 좋아요."

그 며칠 전 교무실 앞에서 칭얼거리는 아들 소리를 듣고 나가 야단을 쳐서 집으로 돌려보냈다. 그리고 당연히 집에서 놀고 있을 거라 생각했다. 그런데 그게 아니었다. 내가 늦는 날이며 교문 앞 느티나무 밑에서 교무실 불빛을 쳐다보며 이제나저제나 내가 나오길 기다리다 내 모습이 보이면 혼날까 봐 먼저 집에 갔다고 했다. 쌀쌀한 밤공기 속에 떨며 나를 기다린 아이들을 생각하니 애처롭고 불쌍해서 가슴속에서 눈물이 콸콸 흘렀다. '나는 하늘 같은 엄마다! 슬퍼하고 울어서도 안 된다.' 입술을 깨물었다.

두 아이를 데리고 막내를 데리러 가면 늦게 나타난 엄마와 형과 누나를 보고 좋아서 어쩔 줄 모르는 막내를 업었다. 돌아오는 길 "비가 오면 즐거운 내 세상이죠…" 아이들과 동요를 합창했다. 조금 전까지의 기다림과 불안, 슬픔은 날려버리고 팔딱팔딱 좋아하는 아이들을 보면 나 또한 새 힘이 나서 세상을 다 얻은 행복감을 느꼈다.

35년 세월이 흘러 나는 피렌체 외곽의 밤거리에서 손자를 등에 업고 그날의 행복을 다시 느낀다. 하늘 같은 엄마의 자리를 내려놓고 딸과 남편을 뒤따르며 손자를 등에 업고 기분을 북돋우는 할머니가 되었다. 행복이란 큰 것이 아닌 사소한 것에서 진하게 느껴진다. 그리고 힘들고 어려운 상황에서 불씨처럼 희망이 살아난다. 나는 행복과 불행은 한 뿌리에서 나온다는 것을 생활 속에서 체험한다.

피렌체로 돌아오는 마지막 기차를 탔다. 세계적인 미술관에서 유명한 그림을 보고, 싼값에 먹을거리를 푸짐하게 사 들고, 피렌체 외곽의 상큼한 밤공기를 마셨다. 편안한 마음이 몸의 고단함을 날려버린다. 이게 바로 행복이다. 양배추로 김치를 담그고, 닭고기를 튀기고, 손자가 먹을 쇠고기볶음도 했다. 오랜만에 야채샐러드도 만들어 상을 차리니 늦은 시간이지만 레스토랑 요리가 부럽지 않다. 이 또한 행복이다. 내일은 푸짐한 점심을 준비하여 좋은 장소에서 피크닉을 즐길 것이다. 이 또한 여행에서 얻는 즐거움이고 행복이다.

피사

피사는 고대 로마 시대에 해운왕국으로 번영을 누렸다. 피렌체에 합병된 후 과학과 학문의 도시로 발전했고, 제2차 세계대전으로 유적이 파괴되었다. 지금은 한적한 작은 도시지만 유명한 피사의 사탑이 있어 여행객이 찾아든다.

피사 중앙역에서 2킬로미터 정도 중심거리를 구경하며 걸었다. 거리에는 옷가게와 선물가게, 레스토랑이 줄지어 있다. 몇 군데 가게를 둘러보니 세련된 명품은 아니지만 우리나라 제품이 품질도 월등히 좋고 가격도 싸다. 아르노 강을 건너 미라콜리 광장에 다다르니 삐딱하게 기운 피사의 탑, 두오모, 세례당, 납골당이 한곳에 모여 있다.

피사의 탑은 1173년 피사 출신의 피사노가 건축을 시작하여 기울어진 상태로 완성했다. 건축 당시 3층 높이에서 이미 기운다는 사실을 알았다. 진단한 결과 약한 지반 탓이지만 문제가 없다는 확신을 갖고 지었다고 하니 그 배짱이 놀랍다. 그래서 세계 7대 불가사의 중 하나인가? 두오

_ 피사 두오모와 피사의 탑.
_ 피사 두오모의 잔디밭. 해질 녘 푸른 잔디 위에서 손자가 할아버지와 재미있게 놀고 있다.

모의 부속 종루로 맨 위층에 서로 다른 소리를 내는 종 7개가 있다. 사탑은 완공 후 매년 1밀리미터씩 기울어져 1990년부터 10년간 보수공사를 거쳐 지금은 한정된 인원만 입장시킨다.

직접 와서 보니 생각했던 것보다 크다. 한 단씩 열주로 된 원통형을 8층으로 쌓아 올린 대리석 건축물은 단아하고 아름답다. 4.5도 삐딱하게 기운 상태로 오랜 세월 버티고 있다고 생각하니 대견하다. 어디에서 보느냐에 따라 느낌 또한 다르다. 잔디밭에 누워서 사탑을 올려다보니 푸른 하늘을 배경으로 아름답다. 탑 꼭대기의 이탈리아 국기가 구름 한 점 없는 하늘에서 펄럭인다. 갈릴레이가 낙체 법칙을 실험한 탑을 내가 바라보고 있다니 꿈만 같다. 탑을 손바닥에 올려놓은 듯 사진을 찍기 위해 사람들은 저마다 좋은 장소를 찾아 폼을 잡는다.

피사의 두오모는 이탈리아에서 가장 오래된 성당이다. 50여 년간의 공사 끝에 완성한 성당 정면 또한 열주로 된 4층 높이라 사탑과 짝을 이룬 듯하다. 섬세한 조각이 새겨진 출입구가 돋보인다. 단조로운 성당 내부의 설교단은 이 성당의 자랑거리다. 갈릴레이의 진자의 등시성에 결정적인 힌트를 준 램프도 있다. 두오모 맞은편의 세례당 역시 열주가 있고 붉은 돔 지붕이 아담하다. 내부의 설교단에는 예수의 생애와 최후의 심판이 새겨져 있고, 단을 받치는 기둥은 천사의 모습이다. 납골당은 높은 벽으로 둘러싸인 대리석 건물이다. 긴 회랑의 프레스코화와 정원이 아름답다. 잔디밭을 중심으로 한 옛 건축물은 열주와 아치로 서로 통일미를 준다. 한곳에 모여 있어 관광하기 편하다.

잔디밭 뒤로 성문과 성곽이 남아 있어 미라콜리 광장 전체 분위기가 예스럽다. 성문을 나서니 선물가게가 파장이다. 손자는 작은 피사의 사탑 모형을 골라 든다. 그러고는 오랜만에 넓은 잔디밭을 보더니 신이 나서 뛰어다니며 두 팔을 벌리고 한쪽 다리로 균형을 잡고 서서 기운 탑을 흉내 낸다. 자연을 즐기고 보는 것의 느낌을 행동으로 표현한다.

성지 아시시

피렌체에서 2시간 30분간 달려 아시시 역에 도착했다. 작고 조용한 역 구내 가게 주인에게 10유로에 짐을 맡겼다. 신의 뜻에 따라 사랑을 실천한 성 프란체스코와 성녀 클라라가 태어나고 잠든 고장으로 가톨릭교의 성지다. 성으로 둘러싸인 수바시오 언덕의 중세 마을과 올리브와 포도나무 밭이 펼쳐진 들판 풍경은 이탈리아에서 아름답기로 소문난 곳이다.

역을 나서서 단체 순례객과 수녀님들을 따라 걸으니 산타 마리아 델리 안젤리 성당의 넓은 광장이 나온다. 성당 주위 3~4층 높이의 주택과 깨끗한 거리, 교통량이 많지 않은 한적한 도시에 비해 성당이 웅장하다. 성당 안에 들어서니 미사가 막 시작되어 많은 순례객들이 바닥에까지 앉아 있다. 나도 그 틈에 끼어 앉았다.

대성당 안에는 작은 성당이 또 있다. 벽화로 꾸며진 옛것 그대로인 트란지토 예배당은 프란체스코 생전의 성당으로 프란체스코는 이곳에서 운명했다. 대성당을 둘러보니 곳곳에 성 프란체스코의 흔적이 보인다. 여윈 모습의 프란체스코 조각상이 들고 있는 바구니는 비둘기의 보금자리다. 700년 동안 대를 이어 살고 있는 비둘기 한 쌍은 프란체스코 조각상 곁을 떠나지 않는다. 비둘기를 찾아보았으나 쉽게 찾을 수 없다. 어디에 숨었을까? 성인의 청동 조각상이 있는 정원은 가시가 없는 장미꽃으로 유명하다. 프란체스코가 욕망을 이겨내려 장미 덩굴 속에 뛰어 들자 그 후 가시 없는 장미가 자랐다고 한다. 이 두 가지를 아시시의 기적이라 한다.

성당 앞에서 버스를 타고 디탈리아 광장에 내렸다. 성문을 지나 언덕길을 올랐다. 날씨가 무척 덥고 햇볕은 따갑다. 언덕의 비탈을 이용한 2층 구조의 성 프란체스코 성당은 프란체스코가 세상을 떠난 2년 후 성인 반열에 오른 유해를 모시기 위해 지었다. 외부 장식 없이 단아하다. 위층에는 프란체스코 생애를 사실적으로 표현한 프레스코화 28장이 있다. '작은 새들에게 설교하는 성 프란체스코' 그림은 그의 행적을 단적으로 보여준다. 길을 가는 도중 새들에게 설교를 하자 새들이 모여들어 날갯짓을 한다. 중세의 벽화와 스테인드글라스로 꾸며진 지하에는 성자의 유해가 있다. 그가 입었던 수도복과 유품도 전시되어 있다. 경건함이 우러나는 성당에는 묵상하는 순례자가 많다.

성 프란체스코는 아시시 지방의 부유한 상인의 아들로 태어났다. 그리스도의 말씀을 듣고 사치와 방탕을 청산하고 나환자를 돌보며 고행과 수도사의 삶을 살았다. 그리고 자신을 따르는 사람들을 모아 신앙 공동체 프란체스코 수도회를 만들어 '위로받기보다 먼저 위로를 베풀고, 이해받기보다 먼저 이해하며, 사랑받기보다 먼저 사랑하게 해주소서' 하는 기도 내용을 몸소 실천했다.

성 프란체스코 거리에는 레스토랑과 카페, 아기자기한 기념품가게와 작은 호텔이 있다. 수도복을 입은 신부님과 수녀님들이 종종 지나다니며 성지임을 말해준다. 마을 중심 코무네 광장의 분수가 시원스럽다. 기원전 1세기에 세워진 신전 구조물은 근처 미술관에 보관되어 있고, 1200년

_ 성 프란체스코 성당.
_ 성 프란체스코 성당 입구에서 바라본 시내.

대에 지은 시민의 탑과 카피타노 델 포폴로 궁전이 광장을 꾸민다. 프리오리 궁전 건물은 지금의 시청사로, 그 가까이 경찰서가 있어 작은 마을의 행정기관이 모여 있다. 미술관 뒤쪽 언덕에는 주택들이 자리 잡고 있으며 신교회는 프란체스코가 그의 부모와 살던 집이다.

분수 아랫길에 산타 키아라 성당이 있다. 성 프란체스코 성당과 닮은 듯한 작은 교회는 클라라의 생애를 묘사한 프레스코화로 꾸며지고 성녀 클라라의 유해가 안치되어 있다. 성당에는 그녀가 입었던 옷과 머리카락, 기도하며 사용했던 십자가 등 유품을 전시했다. 클라라의 이탈리아식 이름이 키아라다. 클라라는 아시시 귀족의 딸로 16세 때 성 프란체스코를 만나 그를 숭배하며 그의 삶을 본받아 수도생활로 생을 마쳤다. 멀지 않은 거리에 성자와 성녀가 잠들어 있다. 한생은 짧지만 그분들이 실천한 사랑은 영원히 살아 있다. 성지는 유한한 육신과 불멸의 영혼을 깊이 묵상하게 만든다. 산타 키아라 성당 앞에서 내려다보니 오렌지색 지붕의 시가지와 움브리아 평원이 한눈에 들어온다. 가슴이 확 트이고 상쾌하다. 마을 뒷산 정상에는 로카 마조레 요새가 우뚝하고 깃발이 펄럭인다.

중세 마을의 골목길을 걷고 싶어 계단을 오르니 시간이 멈춘 듯하다. 맑은 햇살이 비치는 조용한 마을 안에서 오랜 세월 동안 그 자리를 지킨 산 루피노 대성당 역시 조용하고 엄숙하다. 한 남자가 한낮의 열기를 식히려 호스로 골목에 물을 뿌린다. 산 위의 로카 마조레 요새에 오르는 길을 물었더니, 하던 일을 멈추고 따라와 방향을 일러주고 돌아간다. 기차역으로 가는 버스가 1시간에 1대꼴로 다닌다. 버스를 놓칠까봐 뒤돌아섰다.

버스 정류장에서 기다리던 손자는 지쳐 잠이 들었다. 맑은 햇살 탓인지 유독 더운 날씨에 바람 한 점 없다. 나뭇잎도 움직이지 않고, 언덕 길 도로에 통행하는 차도 사람도 없다. 아시시 언덕에 고요함이 감도니 더욱더 성지답다. 나는 곧바른 계단 길로 내려오며 마을을 구경하고 싶지만 마르세유에서 가족과 헤어진 경험이 있어 참아야 했다.

기차역에 도착하니 로마행 기차가 막 떠났다. 1시간 정도 기다리는 동안 젖은 빨래를 역사 뒤쪽에 널고 간단히 저녁을 먹었다. 여행 안내서마다 로마에서는 '도둑 조심'이라 한다. 늦은 밤이라 정신을 바짝 차리고 로마 테르미니 역에 내렸다. 33일간의 유레일패스를 알뜰히 사용하고 끝났다.

로마

5일간의 로마 일정이 바쁘다. 가이드 없는 배낭여행은 사전 조사를 한 만큼 보인다. '세계사, 로마 신화, 성경을 공부한 다음 유럽 여행을 해야지!' 벼르기만 했지 여의치 않았다. 이번 여행은 딸과 함께하니 믿는 데가 있어 사전 조사도 소홀하다. 로마는 그리스 문명을 바탕으로 발달했다. 특히 르네상스의 미술과 건축, 유럽 문화의 뿌리인 성경과 로마 제국의 고대 역사를 알고 보아야 재미있는데 나는 기본 지식이 턱없이 부족하다. 새벽에 일어나 대략을 읽어보았다.

로마 제국은 기원전 8세기경 도시국가로 세워졌다. 1세기경 유럽의 최대 제국이 되었고, 395년에는 동·서 로마 제국으로 분리되었다. 476년 게르만에 의해 서로마는 멸망하고, 베네치아와 피렌체 등 도시국가로 나뉘어 상업과 산업을 발달시켜 르네상스를 싹틔웠다. 1870년 비토리오 에마누엘레 2세가 이탈리아를 통일했고, 1922년 무솔리니의 독재 정권이 들어섰다. 제2차 세계대전 시 독일, 일본과 동맹국으로 전쟁에 패하고 1948년 공화국으로 탄생되었다. 그 때문에 로마는 3000년 역사 속을 넘나들며 과거와 현재를 구경하는 곳이다.

짧은 일정으로 효과적인 관광을 하기 위해 몇 구역으로 나누었다. 그리고 가능한 한 걸어서 찾아다닐 계획을 세웠다.

스페인 광장 주위의 도심

스페인 광장은 17세기에 스페인 대사관이 있던 곳이라 붙여진 이름으로 만남의 장소다. 광장 중앙의 난파선 분수가 수리 중이라 그물로 덮여 있다. 많은 사람들이 광장 계단에서 저마다 휴식을 취하고 있다. 그 모습이 프랑스의 몽마르트르 언덕을 연상케 한다. 우리도 그들 틈에 앉았다. 장미꽃 한 송이를 든 젊은이가 연인을 기다린다. 무릎을 꿇고 사랑을 고백하는 모습을 기대했으나 연인이 나타나지 않는다. 언덕 위를 올려다보니 삼위일체 성당과 성모 마리아 기념 원기둥이 광장의 중심을 잡는다. 지난날 괴테, 안데르센, 바이런 등 예술가들이 로마를 찾으며 스페인 광장 주변에 머물렀다고 한다. 영화 '로마의 휴일' 덕분에 식지 않는 유명세를 지닌 광장이다.

우리는 포폴로 광장을 향하여 걸었다. 멋쟁이들이 지나다니는 중심거리를 걷는 자체가 관광이다. 넓고 둥근 포폴로 광장에 도착하니 높이 36미터의 오벨리스크가 우뚝 서 있다. 그 아래 네 마리의 대리석 사자상이 시원한 물줄기를 내뿜는다. 손자는 사자 등에 올라타고 논다. 지난날 죄수를 벽에 부딪쳐 죽게 한 공개 처형 장소였던 광장이다. 공중에 떠서 눈

_ 스페인 광장. 광장 위쪽에 있는 트리니타 데이 몬티 성당에서 내려다보았다.
_ 포폴로 광장. 넓고 둥근 광장에 높이 36미터의 오벨리스크가 우뚝 서 있다.

을 껌벅거리고 인형처럼 꾸며 미동도 않는 퍼포먼스가 관광객의 눈길을 끈다. 포폴로 문은 옛날 로마의 북쪽 출입구이고, 광장 남쪽의 쌍둥이 성당 사이로 3개의 거리가 곧게 뻗어 있다.

_ 포폴로 광장의 쌍둥이 성당, 산타 마리아 데이 미라콜리와 산타 마리아 인 몬테산토.

한낮의 더위라 핀초 언덕에 올라 나무 그늘에 자리를 깔았다. 준비한 점심을 먹으며 로마 시내를 내려다보았다. 굽이쳐 흐르는 테베레 강 건너 바티칸의 성 베드로(산 피에트로) 대성당의 돔이 보인다. 좋은 전망대다. '여기가 로마다!' 얼마나 많은 것을 보고 감탄하게 될지 설렌다. 다시 광장으로 내려와 쌍둥이 교회 사이 코르소 거리를 걸었다. 5층 건물이 줄지어 선 넓은 도로에는 갖가지 상점의 쇼윈도가 화려하고, 바둑판처럼 블록이 나뉜 골목마다 카페와 레스토랑이다. 콘도티 거리와 만나는 지점에 서니 스페인 광장이 보인다. 콘도티 거리는 로마 최대의 번화가로 유명 브랜드가 모여 있다. 보석상 문 앞에서 정장으로 산뜻하게 차려입은 경비원이 손님을 맞이한다. 최상의 서비스를 받는 고객은 어떤 사람일까?

로마에서 가장 인기 있는 트레비 분수를 찾았다. 우리 집에서 가까운 잠실 롯데 백화점 지하 광장에 트레비 분수를 모방한 작은 분수가 있다.

여행을 떠나기 전에 딸은 손자에게 "로마에 가면 이것보다 더 큰 것을 보자!"라고 일러주었다. 손자가 직접 보는 감동을 어떻게 표현할지 매우 궁금했다. 아뿔싸! 트레비 분수는 수리 중이다. 철망으로 막아 물이 없다. 분수 연못 위로 가교를 만들어 관광객들이 줄지어 지나가며 분수 조각들을 가까이에서 볼 수 있게 해놓았다. 손자는 철망 다리를 놀이 삼아 지나갈 뿐 시원한 물줄기가 없으니 분수로 보지 않는다.

트레비 분수는 30년 공사 끝에 완성한 바로크 양식의 걸작이다. 분수가 만들어지기 전에 작은 샘이 있던 자리다. 분수의 물은 기원전 19년에 축조된 수로를 통해 흐르며 스페인 광장의 바르카차 분수의 물과 같은 통로라니 놀랍다. 신화의 이야기를 다양한 동작과 역동적인 자세로 나타낸 분수 조각의 크기는 과연 트레비 분수라는 생각이 들게 한다. 물까지 흘러내렸더라면 손자가 크게 감동했을 것이다.

트레비 분수 근처 언덕에 자리한 퀴리날레 궁전을 찾았다. 교황의 별장이었으나 현재는 대통령 관저다. 궁전 앞 광장에는 오벨리스크와 그리스 신화에 나오는 쌍둥이 조각상이 있다. 아침부터 걸었으니 지칠 법도 한데 손자는 뒷짐을 지고 언덕길을 오른다. 어린것이 제법 의젓하다.

판테온으로 향하는 길에 콜론나 광장이 나온다. 광장 중앙에 아우렐리우스 황제의 승리를 기념하여 세운 높이 42미터의 원주가 우뚝하다. 전쟁 장면을 부조로 새긴 원주 꼭대기에는 바울의 동상이 서 있다. 걷다보니 로마 거리 전체가 고대 로마 유물 전시장이다.

판테온은 도심 한가운데 거의 완벽한 형태로 있다. 판테온(Pantheon)은 그리스어로 '모든 신들에게 바치는 신전'이란 뜻으로, 기원전 27년 신들에게 제사를 지내기 위해 지었다. 코린트식 아름드리 기둥 16개가 늘어선 주랑이 무게를 잡는다. 더위에 지친 관광객들이 앉아 쉬고 있다. 나는 주랑의 돌바닥에 앉아 위를 쳐다보았다. 높은 천장과 큰 돌기둥이 인간의 나약함을 내려다보는 것 같다. 기원전의 건축 기술로 지어졌다니 놀랍고 신기하다. 인간이 추구하는 미(美)는 시대를 초월한 아름다움이다. 미켈란젤로가 '천사의 설계'라 극찬했다고 하니 더더욱 좋게 보인다.

청동문으로 들어서니 서늘한 기운이 감돈다. 우주를 상징하는 둥근 돔 가운데의 지름 9미터 구멍은 태양을 의미한다. 그 구멍에서 들어온 빛이 실내를 밝힌다. 건물 내부에는 기둥이 없다. 무거운 중앙 돔을 지탱하는 두터운 벽면에 7개의 석상이 있다. 비토리오 에마누엘레 2세와 움베르토 1세의 묘를 비롯해 라파엘로의 유해가 성모 마리아 조각 아래 안치되어 있다. 작은 제단 앞에서는 미사가 진행되고 있다.

구경을 마치고 나오니 주랑 옆 돌무더기 위에서 꼬마들이 막대를 들고 칼싸움 놀이를 한다. 지켜보던 손자가 놓칠 리 없다. 주위를 두리번거리더니 아이들과 합세한다. 몇 천 년 세월을 머금은 돌 위에서 뛰어노는 아이들의 모습을 지켜보고 있는데 호루라기 소리가 난다. 그럼 그렇지! 귀중한 문화재인데.

판테온에서 몇 블록 지나니 나보나 광장이 나온다. 남북으로 길게 뻗은 타원형 광장이다. 고대 로마 시대에 전차 경기가 벌어졌음직하다. 광장에는 3개의 분수가 시원스레 물줄기를 뿜고 있다. 바다의 신 넵투누스가 바다뱀을 꽉 잡고 있는 넵투누스(넵튠) 분수, 17미터 높이의 오벨리스크 하단에 4대륙(유럽의 다뉴브 강, 아시아의 갠지스 강, 아프리카의 나일 강, 남아메리카의 라플라타 강)을 상징하는 4개의 신의 석상을 조각해놓은 피우미 분수, 광장 남쪽 끝의 모로 분수는 용과 돌고래를 형상화

_ 나보나 광장의 분수.

했다. 노천카페와 노점상, 거리 공연, 초상화를 그리는 화가 등이 있는 광장에서 다양한 퍼포먼스가 펼쳐진다. 2개의 종탑을 지닌 성 아그네스인 아고네 성당도 있다. 13세의 아그네스는 기독교를 포기하고 이교도와 결혼하라는 명을 거절한 죄로 알몸으로 내던져졌는데, 갑자기 머리카락이 길어져 알몸을 가리는 기적이 일어났다고 한다. 사람들은 그 자리에 기념 성당을 세우고 종탑 아래 가슴에 손을 얹은 아그네스의 작은 동상을 세웠다.

여행을 시작한 지 한 달이 넘어가니 손자는 어떻게 여행을 해야 하는지, 또 힘들어도 참고 걸어야 한다는 것을 아는 듯하다. 뒤에서 바라보니 손자의 발걸음이 무겁다. "꼬마 대장 나가신다 길을 비켜라!" 리듬을 넣어 노래를 불렀다. 손자는 보란 듯이 팔을 흔들며 씩씩하게 걷는다. 격려가 힘을 준다.

포폴로 문에서 일직선으로 로마의 주요 거리와 연결되는 베네치아 광장에 도착했다. 가까이 포로 로마노 유적군과 비토리오 에마누엘레 2세 기념관, 성스러운 언덕 캄피돌리오 광장, 퀴리날레 궁전이 있다. 로마의 심장부다. 이탈리아의 국경일(6월 2일) 의식을 이곳에서 치른다. 광장 모퉁이에는 황제 기념 원주가 있다. 나선형 부조에는 전투 장면이 조각되어 있고 그 위에 베드로의 청동상이 서 있다. 원래는 트라야누스 황제의 청동상이었지만 교황청이 있는 로마임을 감안해 베드로의 청동상으로 교체되었다. 콜론나 광장에 있는 아우렐리우스의 전승 기념탑 원주에 바울 조각상이 선 것도 같은 맥락이다.

광장 건너편 비토리오 에마누엘레 2세 기념관의 흰 대리석 건물이 석양을 받아 빛난다. 이탈리아 왕국을 통일한 그의 업적을 기리기 위해 1991년에 완공한 현대적 건물로 산뜻하다. 황제의 기마상이 건물 앞에 우뚝하고, 지붕 양 끝의 청동 기마상이 기념관 전체를 힘차 보이게 한다. 모두가 대칭이다. 건물이 안정감 있고 멋있게 보인다.

캄포 데 피오리 광장의 재래시장에서 큼직한 수박 한 통을 샀다. 오후의 피로감을 씻을 수 있을 것 같아 무겁지만 사서 들었다. 우리는 기념관 뒤 언덕에 자리를 잡고 고대 로마 유적군을 바라보며 수박을 먹었다. 전망 좋고 한적하다. 가지고 다니는 케이크용 칼을 아주 요긴하게 사용했다. 수박이 달고 시원해 갈증과 피로가 싹 가셨다. 무겁게 들고 온 보람이 있다. 해질 녘 잠깐의 휴식을 겸한 수박 맛은 한 줄기 단비 같다. 한자리에서 수박 한 통을 다 먹어야 하니 서로 양보하며 눈치를 살피지 않아 이 또한 마음이 편하다. 포만감으로 생기를 찾는 가족들을 보는 것 자체

_ 포리 임페리알리 거리의 고대 로마 유적.

가 나에게는 즐거움이고 행복이다.

발걸음도 씩씩하게 포리 임페리알리 거리를 걸으며 넓은 도로 양편에 펼쳐진 고대 로마 유적을 보았다. 곳곳에 앉아서 전망하는 장소가 마련되어 있다. 나는 옛것을 보는 흥분과 수박으로 생기를 찾아 소풍 나온 학생처럼 이곳저곳으로 옮겨 다니며 유적을 보았다. 둥근 돌기둥, 주춧돌 무더기, 무너져 내린 성벽, 공회장, 주택단지…. 딸이 안내판을 보고 3층으로 된 반원형 벽돌 건물이 바로 시장 건물이라고 설명한다. 유적군 아래로 내려가 걷고 싶어 서성이니 "엄마, 내일 들어가서 볼 거예요" 한다. '내일이 있구나!' 도로 정면에 원형 경기장(콜로세움)이 보인다. 책과 영상으로 눈에 익은 원형 경기장이 저만치 있다. 내일 다시 와 보기로 하고 콜로세움 옆 첼리오 언덕의 주택지역을 걸어 숙소로 돌아왔다.

하루 동안 로마 도심을 360도 돌았다. 그 안에서 지그재그로 왔다 갔다 유적을 찾아다녔다. 많은 유적과 건축물, 거리의 상점 등을 구경하며 걸으니 로마의 과거와 현재 두 얼굴을 만난다. '로마에서는 도둑 조심!'이라지만 거리마다 제복을 입은 경찰관이 순회하며 우리를 안심시킨다. 아침부터 걸어서 로마 시내를 구경했다. 도시 윤곽이 파악된다.

테르미니 역 근처

500인 광장은 테르미니 역 앞의 넓은 공간이다. 시원한 분수와 교황 요한 바오로 2세의 동상이 있다. 에티오피아와의 전쟁에서 전사한 500명의 병사를 추모하기 위해 만든 광장으로 현재는 버스 터미널로 사용한다. 공항행 버스도 이곳 근처에서 출발했다.

산타마리아 델리 안젤리 에 데이 마르티리 교회는 대욕장 건설 시 희생된 기독교인을 위해 세웠다. 미켈란젤로가 욕장 일부를 개조하여 만들었다. 다른 성당과 입구가 다르다. 출입문 조각이 인상적이다. 한 사람의 몸으로 십자를 새기고 크기가 다른 얼굴과 다양한 몸짓의 부조상을 문에 붙였다. 욕장 벽면이 그대로 드러난 외부와 달리 안으로 들어가니 아름답다. 코린트식의 붉은 원주가 쭉쭉 뻗어 있고 창에서 들어오는 햇빛이 성당 분위기를 은은하게 만든다. 원래는 대욕장의 냉탕 자리였다. 손자는 촛불을 밝히고 제단 앞에 꿇어앉아 두 손을 모아 기도한다. 무엇을 빌었을까?

로마 4대 성당 중 하나인 산타 마리아 마조레 성당은 성모 마리아에게 바친 교회다. 정면 광장 돌기둥 위의 아기 예수를 안고 있는 성모상이 광장을 내려다본다. 교황의 꿈에 성모 마리아가 나타나 눈이 내린 곳에 성당을 지으라고 했다. 정말 8월 5일 한여름에 눈이 펑펑 내리는 기적이 일어났고 눈이 내린 곳에 세워진 성당이다. 조각상으로 꾸며진 성당의 외관은 웅장하고 아름답다. 일직선으로 선 36개의 기둥과 황금색 천장, 바닥의 무늬가 조화를 이룬다. 주제단을 비롯하여 예배당 천장의 그림과 벽화, 조각 등 어디를 둘러봐도 감탄스럽다. 이 건축물의 기둥들은 포로로마노 신전에서 가져왔다.

골목길 계단을 올라 산 피에트로 인 빈콜리 성당을 찾았다. 중앙제단 아래 유리 상자에 베드로를 묶었던 쇠사슬이 보관되어 있다. 성경의 사실을 눈으로 보았다. 미켈란젤로가 만든 모세상을 보던 손자가 무섭다고 한다. 뿔이 난 머리에 긴 수염, 두 눈을 부릅뜨고 응시하는 게 무섭긴 하다. 십계명을 받고 산에서 내려온 모세가 황금 황소상을 숭배하는 군중을 본 순간의 분노와 실망, 고통을 표현했다. 조각상 옆 작은 상자에 동전을 넣으면 불이 켜져 조각상을 밝힌다. 관광객들이 연이어 들어와 동전을 넣는 바람에 우리는 덩달아 잘 보았다. 작은 성당이지만 천장화와 벽화가 아름답고 조용한 분위기라 마음이 경건해진다.

하루에 많게는 10킬로미터 이상을 걸은 듯한데 어린 손자는 우리보다 씩씩하다. 유모차를 타기도 하고 낮잠도 한 차례 잔다. 벅찬 하루의 일정을 잘 따른다. 기특하고 고마워 자연스럽게 하는 칭찬이 큰 힘이 되어 피곤해도 참고 짜증도 자제하는 것 같다. 손자는 나름대로 최선을 다한다. 손자 때문에 힘든 것도 있지만 얻고 배우는 것이 더 많다.

콜로세움 근처

고대 로마의 중심지 포로 로마노를 찾았다. 캄피돌리오 언덕과 팔라티노 언덕 사이 저지대에 자리 잡은 곳이다. 줄지은 관광객을 따라 들어가니 매월 첫 일요일은 무료입장이다. 예상하지 않은 일이라 기분이 좋다.

날씨가 무척 덥다. 그늘이 없는 곳이다. 돌로 된 유적이라 한층 더 덥게 느껴진다. 포로 로마노는 고대 로마 사람들이 살던 곳으로 공동생활에 필요한 정치, 경제, 종교의 중심지다. 옛사람들이 물건을 사고팔며 신전에서 기도하고 같이 모여 회의를 했다고 생각하니 돌 하나 예사로이 보이지 않는다. 돌기둥, 열주로 된 건축물과 조각, 허물어진 돌 그루터기, 복원된 유적이 있는가 하면 형체를 알아볼 수 없이 주춧돌만 남은 것도 있다.

가장 눈에 띄는 것은 개선문과 신전, 원로원이다. 입구의 티투스 황제 개선문은 가장 오래된 것으로 현재의 모습은 복원된 것이다. 예루살렘 전투 장면과 쌍두마차를 타고 개선하는 티투스 황제의 모습을 부조로 나타낸 조각의 섬세함에 놀랐다.

포로 로마노에서 가장 오래된(기원전 497년) 사투르누스(농업의 신) 신전에는 8개의 높은 원주가 쭉쭉 뻗어 있다. 농업이 국가의 힘이라 생각하고 이 신전을 가장 중요시하며 당시 국가의 보물을 보관했다. 캄피돌리오 언덕과 포로 로마노를 구분하는 장소에 있다.

포로 로마노 중앙의 높은 단 위에 불의 여신 베스타를 모신 신전이 있다. 귀족 가문의 소녀를 선발하여 불을 지키게 했다. 30년간 순결을 지키며 신성한 업무를 끝내야 자유의 몸이 되었다. 불을 꺼지게 하면 죽음을

_ 포로 로마노. 안내 책자를 보며 허물어진 건축물과 돌 더미, 신전의 기둥에 의미를 두고 보았다.

당했다. 신전 뒤에 처녀 제관이 머물렀던 집의 유적도 남아 있다.

황제가 죽은 황후를 위해 만든 파우스티나 신전은 열주와 조각으로 꾸며져 그 아름다움과 크기를 가늠할 수 있다. 황제 자신도 사후에 이곳에 묻혔다. 인도 타지마할의 원조 격이다.

고대 로마 공화정 시대 최고의 정치기관인 원로원은 집정관을 선출했다. 원형이 거의 복원된 붉은 벽돌의 원로원은 현대식 건물 같다. 이 원로원에서 카이사르가 아들처럼 아끼던 브루투스에게 암살당하면서 "브루투스, 너마저"라는 말을 남겼다. 예나 지금이나 권력 다툼은 여전하다.

카이사르 사후 그의 친구 안토니우스가 "친구여, 로마여, 시민이여!"라는 연설을 한 연단이 있다. 토가를 입은 로마 군중들의 웅성거리는 모습이 그려졌다. 카이사르가 화장된 곳에 세워진 카이사르 신전, 로마의 시조 로물루스의 무덤이라 하여 신성시하는 검은 대리석 판, 베드로를 묶었던 쇠사슬이 발견된 로마 제국의 지하 감옥 마메르티노도 보았다.

한낮 더위에 지친 관광객들이 작은 나무 그늘에 모여든다. 수도 시설이 군데군데 있어 다행이다. 우리는 수돗물이 콸콸 나오는 담벼락 그늘을 찾아 빵으로 점심을 먹으며 잠시 쉬었다. 내리쬐는 햇볕이 따가웠지만 내 발로 고대 로마의 길을 걸어보았다. 한 바퀴를 돌았다. 어린 손자가 지쳐 보이면 "나가서 아이스크림 사 먹자!" 하며 달랬다.

포로 로마노 남쪽 팔라티노 언덕으로 갔다. 로마의 7개 언덕 중에 가장 역사가 오래된 건국신화의 무대다. 언덕의 전망대에 서니 로마 시내가 내려다보인다. 언덕 주위에 고대 로마 유적들이 모여 있다. 이곳에서 로마 시내가 뻗어나갔음이 보인다. 우리가 걸어 다녔던 길과 찾았던 유적들이 어디쯤인지 가늠이 된다.

언덕 위에는 옛날 황제와 귀족의 주거지였던 궁전과 호화로운 저택의 유적이 많다. 아우구스투스 황제의 아내가 살던 궁전 '리비아의 집'은 흰 대리석 건축물에 벽화가 남아 있다. 여러 채의 별궁과 저택에는 넓은 정원이 딸려 있다. 2층으로 된 집의 계단을 오르내리며 선명한 벽화를 보았다. 주택의 규모와 화려함이 상상된다. 언덕 아래에 대전차 경기장이 있다. 영화 '벤허'에서 전차를 몰던 경기장인가? 포로 로마노는 지대가 낮아 홍수로 침수가 되기도 하지만 팔라티노 언덕은 확 트여 내 눈에도 명당이다.

고대 로마 귀족들이 마차를 타고 구경을 다녔음직한 언덕길을 내려왔다. 콘스탄티누스 황제의 개선문이 나오고 그 바로 앞에 콜로세움이 버티고 있다. 개선문은 보존 상태가 완벽한 3개의 아치다. 벽면에는 대제의 업적과 전쟁 장면을 부조로 새겼다. 파리의 개선문은 이 문을 모방한 것이라고 한다.

원형 경기장은 웅장하고 멋있다. 베스파시아누스 황제가 네로의 궁전 터에 짓기 시작하여 그의 아들 티투스 황제가 8년 만에 완성했다. 타원형 4층 높이에 5만 명을 수용하는 규모다. 80개의 출구를 이용하여 단 10분 만에 모두 제자리에 앉을 수 있다. 많은 군중이 일사불란하게 움직일 수 있다는 것을 한 층씩 올라 걸어보니 알겠다. 층마다 건축양식이 다르고 신분에 따라 관람석도 다르다. 1층은 황제와 원로원의 자리다.

맨 아래층에서 지하 통로를 가까이에서 보았다. 검투사와 맹수들이 목숨을 걸고 싸우러 나갈 차례를 기다리는 곳이라 생각하니 씁쓸하다. 통로 위에 나무판을 깔고 그 위에 모래를 덮어 경기장으로 사용하고, 햇볕이 강하거나 비가 오면 경기장에 천막을 치기도 하며, 경기장에 물을 채워 모의 해전을 즐기기도 했다. 이렇게 멋진 건축물이 화재와 지진으로 파괴되고 성당과 저택의 건축자재로도 이용되어 허물어졌다니 안타깝다. 내가 상상했던 그 이상이라 놀라운 것이 한두 가지가 아니다. 고대 로마 사람들의 토목 기술에 놀라고 크기의 웅대함과 균형 잡힌 아름다움에 감탄한다. 어떤 연모와 과학적 기술로 얼마나 많은 사람들의 노력에 의해 만들어졌을까를 생각하니, 이것을 만든 옛사람들의 손길이 느껴지고 열광하는 관중들의 함성이 들리는 듯하다.

로마에서 가장 신성한 캄피돌리오 언덕에 자리한 캄피돌리오 광장으로 갔다. 주피터 신전을 비롯한 여러 신전이 있던 곳으로 개선 행렬의 종착지였다. 신성 로마 제국 카를 5세의 로마 입성을 기념하기 위해 미켈란젤로가 설계하여 만들었다.

_ 콜로세움. 일정한 부분이 무너져 더욱 고고학적 가치를 지닌 듯 보인다.
_ 콜로세움 내부.

_ 코르도나타. 캄피돌리오 광장으로 올라가는 계단 길이다.

미켈란젤로가 폭을 같게 보이도록 만든 계단 길 코르도나타를 오르니 광장 입구 양쪽에 조각상이 우뚝하고, 정면에는 현재 로마 시장의 집무실인 세나토리오 궁전이 있다. 광장 중심에는 아우렐리우스 황제의 가마상이 있고, 이를 중심으로 2개의 미술관이 마주 보고 서 있다. 궁전 오른쪽으로 돌면 포로 로마노가 내려다보인다. 왼쪽에는 늑대의 젖을 빨고 있는 로물루스와 레무스의 작은 동상이 있다. 신화의 주인공이다. 젖을 먹고 있는 작은 조각상에 정이 간다. 광장 바닥은 마치 한 송이 꽃이 핀 것 같은 무늬로 꾸며졌다.

캄피돌리오 언덕을 내려와 가까이 있는 '진실의 입'으로 유명한 산타마리아 인 코스메딘 교회를 찾았다. 그러나 문이 닫혀 철망 사이로 보았다. '진실의 입'은 강의 신 홀르비오의 얼굴을 새긴 지름 1.5미터의 대리석

판이다. 입을 벌린 모습이 왠지 슬퍼 보인다. 거짓말을 한 사람은 대리석 판의 입에 손을 넣으면 잘린다는 전설과 영화 '로마의 휴일'로 유명해졌다. 나와 손자도 '진실의 입'에 손을 넣어보았으면…. 아쉽다. 붉은 벽돌 7층 종탑을 올려다보니 단아하다.

부지런히 걸어 많은 것을 보았다. 로마에 와서 보니 왜 "로마! 로마!" 하는지 그 말뜻을 알겠다. 좀 더 일찍 로마를 구경했더라면 신화와 성경에 관심을 갖고 공부를 했을 것이다. 또한 예술과 문화에 비중을 둔 삶이 되지 않았을까. 배낭을 메고 23년간 '오지를 찾아서'를 외치며 유럽 여행은 끝에 할 것이라고 한 내 배짱이 조금은 가소롭다. 사정이 허락된다면 로마를 다시 찾고 싶다. 그때는 감동적인 것을 보고도 떨림이 없을까봐 그게 걱정이다.

로마의 숙소

로마에서는 5일간 한곳에 머물기로 하고 살루스티오 광장 근처의 숙소를 서울에서 예약했다. 테르미니 역에서 걸어서 20분 거리라 이동도 편하다. 일반 호텔과 아파트먼트 민박 두 가지 형태를 운영한다. 우리가 예약한 민박의 수도가 고장이라며 호텔 방을 준다. 식구를 감안하여 2개짜리 넓은 방에 아침 식사까지 제공했다. 예상치 못한 행운이다. 첫날은 시설 좋은 호텔에서 푹 쉬었다. 하루가 지나니 편하지만 한국 양념으로 만든 우리 음식이 그립다. 씩씩하게 여행을 잘하는 힘은 내 손으로 만든 우리 음식 덕분이다. 점심과 저녁을 어디에서 무얼 먹을까 신경 쓰는 것이 음식을 만드는 수고 못지않다. 예약한 민박으로 바꿔달라고 했다.

와! 고급 아파트다. 내부는 천장이 높고 장식이 화려하다. 호텔 방보다 월등히 좋다. 부엌이 딸린 거실이 넓고 욕조도 2개다. 싱크대와 식탁도 크고 우아하다. 식기와 부엌기구도 예쁘고 세련되어 지금껏 다녀본 숙소 중 최고다. 우리가 예약한 방보다 더 비싸고 좋은 방을 주었다고 한다. 세계적인 관광지 로마에서 큰 행운이다. 손자도 이 방 저 방 다니며 넓은 침대 위에서 뒹군다. 나는 대형 마트에서 갖가지 식료품을 가득 사서 냉장고에 넣어두고 먹고 싶은 것을 요리했다. 부엌기구가 좋으니 일하기도 편하고 능률이 올라 시간도 단축된다. 이 좋은 숙소를 제대로 이용할 시간이 적은 게 애석하다. 아침 일찍 나가 저녁 늦게 돌아온다. 남부 구경을 한 날은 새벽 2시가 넘어서 돌아왔다. 로마 하면 좋은 숙소가 떠오를 것 같다.

바티칸

바티칸은 세계에서 가장 작은 도시국가다. 교황이 통치하며 관청과 도서관, 은행, 박물관 등이 있고, 자체적으로 운영하는 방송국도 있어 전 세계로 소식을 전한다. 이탈리아와의 국경을 표시한 선이 도로 위에 그려져 있다. 독일이 로마를 침공했을 때 스위스 용병이 끝까지 로마를 지켜 바티칸의 경비는 스위스 병정이 맡았다. 이들의 제복은 미켈란젤로가 디자인한 것으로 노란색과 파란색 줄무늬가 있다. 현재 스위스 병정은 상징적 의미로 소수가 있고 이탈리아 경찰이 곳곳의 치안을 담당한다.

메트로 A선을 타고 치프로 역에 내려 걸었다. 박물관 입장 줄이 300미터가 넘는다. 유모차는 별도 입장이 가능한지 안내원에게 물었다. "예스!” 손자 덕에 기다리지 않고 들어갔다. 박물관 안으로 들어가니 오디오 가이드를 빌리는 줄 또한 길다.

바티칸 박물관은 역대 교황의 거주지다. 16세기 교황 율리우스 2세는 세계적인 박물관을 계획하고 많은 예술가들을 불러 모았다. 유명한 미켈란젤로와 라파엘로도 참여하여 박물관 정문 위에 두 사람의 조각상이 세워졌다. 박물관에는 고대부터 현대에 이르는 그림과 조각, 유물이 소장되어 있다. 나는 꼭 보아야 할 작품을 우선적으로 찾고 싶은데 사람에 떠밀려 쉽지 않다. 영국의 대영 박물관과 프랑스의 루브르 박물관보다 더 붐빈다.

라파엘로 방은 사람들로 만원이다. 교황이 된 율리우스 2세는 전임자가 사용한 공간을 새롭게 단장하는 작업을 25세의 라파엘로에게 맡겼다. 라파엘로는 그의 제자와 함께 4개의 방을 꾸몄다. 방마다 큰 그림이 벽면을 빈틈없이 채웠다.

서명의 방 ‘아테네 학당’ 대형 그림은 마치 그리스 건축물을 옮겨놓은 듯하다. 철인 소크라테스는 사람들 틈에 끼어 있고, 플라톤과 그의 제자 아리스토텔레스는 나란히 중앙에서 이야기를 나눈다. 막 토론을 끝내고 나오는 모습이다. 디오게네스가 대리석 계단에서 편한 자세로 책을 읽고 있고, 라파엘로 자신은 구석진 곳에 그려 넣었다. 54명의 인물 특징이 살아 있는 그림은 자유스러우면서도 꽉 찬 느낌이다.

‘악법도 법이다’라며 감옥에서 불의를 감수하고 죽음으로써 제자들에게 ‘정의’를 가르친 소크라테스를 왜 작게 사람들 뒤에 그렸을까? ‘너 자신을 알아라’는 말로 스스로 깨달아 진리에 도달하게 하는 소크라테스의 교육방법을 그림 속에서 보는 듯하다. 그의 사상과 업적은 오직 제자 플라톤의 기록에 의해 전해진다. 예수님 또한 '이웃을 네 몸같이 사랑하여라'는 간단명료한 말로 큰 울림을 준다. 이 가르침은 제자들의 복음서로 전해져 세상을 밝힌다.

라파엘로는 성직자는 소크라테스와 예수님처럼 가르침을 펼쳐야 마땅하다는 뜻으로 그리지 않았을까? 교황이 거처하는 방에 딱 어울리는 그림 같다. 이 생각 저 생각 하며 보고 또 보았다. 나도 그림 속의 한 사람이 되고 싶다.

라파엘로의 방을 차례로 거쳐 시스티나 성당으로 갔다. 추기경들이 모여 새로운 교황을 선출하는 성당이다. 성당에는 발 디딜 틈이 없다. 경찰관이 호루라기를 불며 질서를 잡는다. 사람들은 저마다 목을 빼고 서서히 움직이는 흐름에 따른다. 나는 천장과 벽면을 가득 메운 그림에 놀라고, 사람들의 복잡함에 정신을 차릴 수가 없다. 흐름을 따라 지나칠 수는 더더욱 없다. 제자리에 서서 보려니 사람들과 부딪치고 고개를 젖혀 올려다보려니 목이 아프다. 잠시 층계 모서리에 앉았더니 아니나 다를까 경찰이 호루라기를 불며 일어서라 한다. 손자가 소리를 지를까봐 조마조마하다. 남편과 딸은 손자를 번갈아 안고 그림을 본다. 그 와중에 딸은 무거운 손자를 안고 한 팔로 그림을 가리키며 "나쁜 짓을 한 사람은…" 하며 손자에게 속삭인다. 자식 욕심이 대단하다. 손자는 엄마가 가리키는 것을 바라보고 이리저리 두리번거린다. 많은 사람들 속에 선 경찰을 보더니 뭔가 감지한 듯 어린 손자도 조용히 엄마 말을 듣는다.

나는 시간에 구애받지 않고 오디오 가이드 설명을 들으며 자세히 보겠다고 남편에게 말했다. 그리고 천장에 그려진 '천지창조'를 몇 번이나 다시 보았다. 율리우스 2세의 명을 받은 미켈란젤로는 세 가지 조건을 제시했다. 대금은 미리 지불하고, 소재에 제한을 두지 않을 것이며, 그림에 간섭하지 않겠다는 약속을 받았다. 그리고 7명의 동료와 4년 만에 완성했다. 구약성경을 9가지 주제로 나누어 '빛과 어둠의 구분', '해와 달의 창조', '바다와 육지의 분리', '아담의 창조', '이브의 창조', '원죄를 짓고 에덴동산에서 쫓겨남', '노아의 제사', '노아의 대홍수', '술 취한 노아'를 나타냈다. 직사각형 그림틀에 한 주제씩 그렸지만 전체적으로 연결된 하나의 그림처럼 보인다. 중간 부분 손가락 끝이 맞닿을 듯이 그려진 '아담의 창조'는 흔히 보던 그림이다. 천장화를 둘러싼 주위에는 그리스도의 선조와 다윗 왕조의 인물 그리고 예언자를 그려 천장 전체를 꽉 메웠다. 미켈란젤로는 성경의 내용을 알기 쉽도록 표현했다. 마치 전공 분야에 노하우를 지닌 사람의 설명을 쉽고 재미있게 듣는 기분이다. 놀라운 것은 천장에 매달려 거꾸로 쳐다보고 그린 그림의 균형과 섬세함이다. 한 장씩 세워서 그린 그림을 그대로 천장에 붙여놓은 듯하다.

나는 그림을 보면서 미켈란젤로의 집념을 생각했다. 그는 천재의 특성을 모두 지닌 사람이다. 열정과 몰입, 독특함과 창의성, 거기에 더하여 자신감과 외골수의 성향까지. 황제의 영묘로 지은 산 피에트로 인 빈콜리 성당의 모세상에 얽힌 일화, 대욕장 일부를 개조하여 산타마리아 델리 안젤리 에 데이 마르티리 교회를 만든 진취적인 생각과 초현대적 감각, 캄피돌리오 광장 계단의 과학성까지 그는 자신의 재능을 유감없이 작품에 쏟았다.

프레스코화를 전혀 그려보지 않은 조각가 미켈란젤로를 교황에게 추천한 라이벌 브라만테는 미켈란젤로의 실패를 예상했다. 그러나 미켈란젤로는 세상을 놀라게 하는 그림으로 보란 듯이 그려냈다. 대단한 집념이다. 그뿐만 아니라 그림이 완성되기 전까지 볼 수 없다는 약속을 깬 교황과 다투었다. 화가 난 교황이 지팡이로 치자, 이에 격분한 미켈란젤로는 그대로 화필을 놓고 고향 피렌체로 돌아갔다. 결국 교황이 금화를 주며 사과하고 그를 다시 불러 완성한 그림이 '천지창조'다. 두둑한 배짱에 이재도 밝다. 천장화로 부와 명예를 얻은 미켈란젤로는 목 디스크과 시력 저하로 고생을 했다. 이런 미켈란젤로는 20여 년 후 교황 클레멘트 7세의 부름을 받고 그의 나이 60에 '최후의 심판'을 그렸다.

'최후의 심판' 그림 중앙의 예수님은 아폴로의 얼굴에 육체가 건장한 미남이다. 중요한 부분만 살짝 가렸다. 예수님 옆 마리아도 벗은 듯 걸친 다소곳한 여인이다. 예수님 둘레에는 순교한 성인과 교황을 그렸다. 열쇠를 바치는 베드로 등 390명 이상의 인물을 나체로 그려 종교재판에 회부될 위기에 놓이기도 한 그림이다. 예수님의 치켜든 손은 회오리바람을 일으키고, 요르단 강을 건너 언덕에 도착한 사람은 천상의 세계로 부활하여 오른다. 배를 타려 서로 뒤엉킨 사람들은 어두운 지옥행이다. 제목을 생각하며 보고 또 보니 천상과 지옥이 보인다. 종말에 벌어질 최후의 심판 모습이 아닌, 내 인생 마지막 날 하느님 앞에서 벌어지는 광경이다.

예수님 아래 순교한 바르톨로메오가 자기 살가죽을 손에 쥐고 있다. 살가죽의 얼굴은 미켈란젤로의 자화상이라 한다. 성경 내용을 훤히 꿰뚫고 그림을 그린 미켈란젤로다. 하느님의 가르침을 따르지 못하는 자신의 나약함을 표현한 듯하다. 천재도 이럴진대 아둔한 나는 거론할 필요도 없다. 하지만 나는 믿는다. 예수님은 사랑이시다. 내 잘못을 단칼에 내치지 않고 나를 이끌어주신다는 것을. 하늘을 나타내는 푸른색이 나더러 회개하고 악업을 쌓지 말라 한다. 요르단 강을 건너는 배에 타려면 오늘 하루를 제대로 살라고 경고한다. '이 그림을 보고 있는 순간을 주심에 감사합니다.' 기도가 절로 나왔다. 미켈란젤로는 '천지창조'와 '최후의 심판' 두 그림을 한 세트로 성경 말씀을 전한다.

나는 가장자리에 마련된 의자에 앉아 그림을 보고 또 보았다. 영국에서 시작하여 많은 박물관과 미술관을 관람했지만 허둥대는 바람에 제대로 본 것이 없다. 하나라도 제대로 느껴보자고 작정을 했다. 오디오 설명을 반복해서 듣고 보았다. 그리고 화가의 수고를 생각하고 그의 손길과 숨결을 느껴보려 했다. 딸이 내 옆에 와서 앉는다. 남편이 예배당 밖 회랑에서 손자를 안고 재우고 있다고 한다. 딸도 말없이 그림을 본다. 1시간이 지나도 지루하지 않다.

우리는 회랑의 전시물을 보고 아래층 조각상도 보았다. 뮤즈 여신의 전시실에는 음악과 시, 예술을 관장하는 그리스의 아홉 여신상이 있다. 대리석의 매끄러운 곡선은 최상의 인체 비율이 주는 아름다움 그 자체다. 이집트 람세스상과 스핑크스를 비롯하여 그리스 문자가 쓰인 판, 소크라테스와 플라톤의 석상도 보았다. 동물들의 석상은 신화의 이야기를 담고 있다. 오디오 가이드를 손자에게 씌워주며 들어보라 했다. 뭔가 들리는지 손자는 조각을 자세히 본다.

라오콘 주위에 사람들이 모여 있다. 신에게 벌을 받은 트로이의 사제 라오콘이 두 마리 뱀에게 죽임을 당하는 표정과 모습이 사실적이다. 두 아들과 라오콘을 휘감은 뱀 모두 한 덩어리 조각상으로 아름답고 역동적이다. 볼 것이 너무 많다. 다른 곳에서 만날 수 없는 '천지창조'와 '최후의 심판'을 마음껏 본 것으로 만족하고 피냐 정원에 나와 간식을 먹으며 잠시 쉬었다. 정원에는 4미터 높이의 솔방울과 공작새 두 마리의 조각상이 있다. 가이드가 이끄는 단체 관광 팀이 광장에 세워진 '천지창조' 그림 앞에서 설명을 듣는다. 미리 알고 보면 시간도 단축되고 효과적일 텐데 나는 놓쳤다. 하지만 선입견 없이 보이는 대로 느끼는 것도 좋은 방법이라 생각한다.

산 피에트로 대성당을 찾았다. 그리스도교를 공인한 콘스탄티누스 1세가 베드로의 무덤 위에 세운 교회다. 64년 네로 황제에 의해 베드로가 십자가에 거꾸로 매달려 순교한 장소다. 성 베드로 대성당이라고도 하며 처음에는 작은 교회였다. 1506년 교황 율리오 2세가 새로운 교회를 짓기로 하고 콜로세움과 판테온의 건축자재를 빼내어 120년 동안의 공사를 거쳐 완성했다.

피렌체 대성당을 설계한 브라만테의 주도로 짓기 시작하여 미켈란젤로와 라파엘로에게 넘겨지고 많은 예술가들이 참여했다. 돔 아래의 중앙제단은 베르니니의 작품으로 4개의 나선형 청동 기둥이 받치는 천개(天蓋, 발다키노)가 있다. 이처럼 당대의 유명한 예술가들에 의해 만들어진 성당 안은 500여 개의 기둥과 400개의 조각상, 1000개가 넘는 모자이크 그림이 천장과 벽면을 장식한다. 빈틈없이 꾸며진 성당의 화려함에 감탄하고 거대하고 장엄한 분위기에 경건해진다. 중앙제대는 교황만이 사용하고 그 제대 아래에 베드로 묘소가 있다. 제단 옆 베드로 동상의 발은 그것을 문지르면 행운이 온다는 속설을 믿는 많은 사람의 손길에 닳아서 윤이 난다. 산 피에트로 대성당은 성지 순례의 중요한 장소다. 관광객들이 붐비지만 저마다 묵상하고 구경하며 감탄한다. 소란함이 없으니 어린 손자도 사뿐사뿐 걷고 두 손을 모아 기도한다.

성당 입구 가까이 미켈란젤로의 조각 '피에타'가 있다. 십자가에서 내

_ 산 피에트로 대성당. 6만 명을 수용하는 세계 최대의 성당이다.
_ 산 피에트로 대성당의 베드로 동상.

려진 예수를 안고 있는 성모 마리아의 표정은 고통을 이겨내는 듯 담담하다. 머리에 쓴 수건과 옷은 촉감이 느껴질 듯 가볍다. 성모 마리아의 얼굴을 예수보다 젊게 조각한 것은 성녀를 아름답게 묘사하기 위함이다. 성당 안 모든 것이 보물이다. 신을 향하는 마음으로 이룩한 걸작이 바로 산 피에트로 대성당이라 생각했다.

그리던 것을 직접 대하면 나는 흥분한다. 산 피에트로 대성당과 광장은 TV 화면과 사진으로 많이 보아왔다. 내가 그곳에 서 있다는 사실에 가슴이 떨린다. 광장을 대각선으로 걸으면서 그 넓이를 가늠하고 대성당을 중심으로 펼쳐진 양쪽 회랑과 그 위에 세워진 많은 성인의 석상을 바라보았다. 어느 지점에서 바라보니 높이 25미터의 오벨리스크가 대성당을 이등분하고 중앙 돔의 십자가와 일직선으로 합쳐진다. 넓은 광장 안에 있는 모든 것이 대칭적이다. 성당 앞에 세워진 베드로 동상과 바오로 동상 또한 예외가 아니다. 최고는 쉽게 얻어지는 것이 아님을 산 피에트로 대성당이 말해준다.

광장 입구에서 콘칠리아치오네 거리를 걸어 산탄젤로 성으로 갔다. 원통형 모양의 성채는 지금은 박물관으로 사용한다. 이곳과 바티칸 궁전 사이에 비밀 통로가 있어 유사시 교황의 피신처이기도 하다. 성채 가까이 카스텔로 강변도로를 따라 걸으며 테베레 강 건너 로마 시내를 바라보았다. 로마는 전체가 하나의 박물관이다.

로마 남부 나폴리, 폼페이, 소렌토

새벽 6시 26분 기차를 타고 나폴리 중앙역에 8시 30분에 도착했다. 폼페이나 소렌토로 가려면 나폴리에서 사철로 갈아타야 한다. 먼저 나폴리부터 구경하기로 하고 고고학 박물관을 찾았다. 세계 3대 미항 중 하나라는 나폴리는 맑은 하늘에 올리브와 무화과나무가 싱그러운 깨끗한 휴양도시일 거라 생각했다. 그런데 복잡한 대도시 모습이다. 이탈리아 남부에서 가장 큰 도시라서인지 우리나라 부산의 복잡함을 떠올리게 한다.

나폴리 국립 고고학 박물관에는 고대 로마의 조각과 폼페이에서 발굴된 유물이 많다. 기원전 333년 이수스 전투를 묘사한 모자이크화 '알렉산더 대왕과 다리우스의 싸움'과 '파르네세의 황소'는 유럽 여행에서 보아온 작품들과 다르다. 지하 1층 홀 중앙에 높이 3미터의 '파르네세의 헤라클레스' 조각상이 우뚝 서 있다. 팔뚝의 핏줄까지 선명하다. 비너스상을 비롯하여 대리석으로 아름다운 인체를 유감없이 표현한 작품들이 있다. '비밀의 방'에는 에로틱한 벽화와 성애에 관한 유물이 있다. 짐승과의 교합 등 적나라하게 표현한 성애의 장면을 보며 인간의 욕망과 예술의 경지와의 관계를 생각해보았다. 폼페이에서 발굴된 많은 유물은 폼페이 현지에서는 볼 수 없는 것이므로 잘 보아야 한다고 딸이 일러준다. 크고 작은 모자이크화와 당시의 생활 모습을 그려볼 수 있는 유물을 보았다.

우리는 박물관을 급히 둘러보고 구시가지인 스파카 나폴리 지역을 통과했다. 좁은 골목의 허름한 주택 2층 창가에는 빨래가 주렁주렁 널렸다. 다른 구도시와 달리 아늑함보다는 조금은 지저분하고 복잡하다. 서민들의 동네 분위기다. 우리나라 산동네의 좁은 골목을 연상시킨다.

정류장에서 산타루치아 항구로 가는 버스를 기다렸다. 나폴리 도심의 매연과 복잡함은 서울과 같다. 버스 번호를 찾느라 두리번거리는데 호주머니에 웬 손이 들어온다. 뿌리치고 뒤돌아보니 잘생긴 청년이 멋쩍은 표정으로 길을 건너 달아난다. 로마 거리에서도 당하지 않은 소매치기를 당할 뻔했다. 버스에 오르니 좌석이 없다. 비좁은 자리에 손자를 세우고 신경을 쓰다가 보니, 수상한 사람 몇이 우리 가족 주위에 모여 서로 눈짓을 보낸다. 영락없는 소매치기 일당이다. 내가 몸을 사리고 유심히 살피니 눈치를 채고 옆에 선 일본 관광객에게 바짝 다가선다. 소매치기를 당할까봐 신경을 쓰느라 차장 밖의 나폴리 구경을 놓쳤다.

나폴리는 아름다운 곳으로 알았는데, 아니다. 도시 풍경과 소매치기로 실망이 크다. 플레비시토 광장 주변 정류장에서 내렸다. 근처의 레알레 왕궁과 나폴레옹 점령 당시 집무실로 사용한 누오보 성의 외관을 보았다. 플레비시토 광장에서 조금 걸으니 산타루치아 항구의 쪽빛 지중해가 펼쳐진다. 하얀 요트가 정박되어 있고 요새 같은 카스텔 델로보 성이 있다. 카스텔 델로보는 '달걀 성'이라는 뜻으로 성을 지을 때 달걀을 묻어 이 달걀이 깨어지면 나라가 위태롭다는 주문을 걸었다는 전설에서 유래한다. 이곳에서 음악회가 열리기도 한다는데 우리는 산타루치아 항구를 바라보는 것으로 만족했다. 나폴리는 폼페이, 소렌토와 연이어진 반원 모양의 해안선이다. 이러한 지형과 지중해가 만나 펼쳐진 풍광은 산타루치아 항구를 미항이라 부를 만하다. 이것으로 나는 세계 3대 미항이라 소문난 곳은 다 둘러본 셈이다. 오페라 하우스가 멋진 호주 시드니, 목걸이 모양의 브라질 리우데자네이루 해변을 걸어보았으니 또 하나의 바람을 이루었다.

나폴리 중앙역 지하 1층에서 폼페이행 가리발디 사철을 탔다. 사철은 통로가 좁고 의자는 딱딱하다. 에어컨이 없어 유리창을 열어놓고 달린다. 지중해를 언덕 아래 두고 산비탈에 자리한 도시를 지난다. 해안선 풍경이 아름답다. 작은 역마다 정차하는 기차라 주변 주택과 상점을 구경하는 재미도 있다. 멀리 베수비오 산이 보인다. 폼페이 역은 아주 작고 아담하다. 뙤약볕이 내리쬐며 더위가 기승을 부린다. 우리는 나무 그늘에 자리를 잡고 일단 준비해온 점심부터 먹었다.

79년 8월 24일 베수비오 화산의 폭발로 삽시간에 폼페이의 도시 전체가 화산재로 덮였다. 3미터 정도의 화산재에 묻힌 도시는 18세기부터 발굴이 시작되어 지금도 계속되고 있다. 발굴된 유적은 시장, 상점과 호화주택, 일반인 거주지역, 목욕탕, 윤락가, 원형 경기장, 대극장, 공공건물 등으로 그 당시 생활상을 보여준다. 2000년 전의 고대 유적지다. 화산이 터진 날이 8월 4일이니 같은 계절에 방문한 셈이다. 입구에서 받은 한국어로 된 안내 책자를 보며 유적의 위치를 찾았다.

폼페이 유적군은 역과 인접했다. 마리나 문으로 들어서니 아본단차 대로가 곧게 뻗어 있다. 돌을 깐 중심도로의 폭이 넓고 차도와 보행자 도로가 구분되어 있다. 입구에서 가장 가까운 포로(공회당)는 폼페이의 중심 광장으로, 마차가 들어오지 못하도록 큼직한 돌을 막아 보행자 전용 도로임을 알린다. 광장을 중심으로 아폴로 신전과 주피터 신전, 공회당과 공공건물이 둘러섰다. 아폴로 신전 앞에는 활을 쏘는 아폴로의 청동상이 있고, 주피터 신전은 2층 원기둥이 남아 있다. 시장과 법원 등 옛 도시 주요 기관이 한곳에 모여 있다. 이곳 가까이 아치형 칼리굴라 황제의 개선문도 보인다.

중심도로를 따라 걸어가니 스타비아나 거리와 만나는 교차로가 나온다. 사방으로 시원스럽게 뚫린 돌길과 골목이 연결되어 안내지도를 보고

_ 폼페이 유적군.

여러 유적지를 찾기가 쉽다. 큰길 옆에는 빵집과 세탁소, 대장간 등 사람들이 많이 이용하는 상업지역도 있다. 커다란 맷돌이 4개나 있는 빵 공장의 규모는 놀랍다.

'베티의 집'은 호화 저택으로 에로틱한 프레스코화의 벽화가 많다. 번식의 신이 자신의 남근과 화폐가 든 자루를 양팔 저울에 올려놓고 들고 서 있는 그림은 쳐다보기 민망하다. 예쁜 여인과 동식물 벽화가 선명하다. 안뜰과 방, 거실 등 당시의 풍족한 생활을 그려볼 수 있다.

매춘하는 집 루파나르는 2층으로 입구에 번식의 신 프리아포스가 자신의 남근을 양손으로 쥐고 있는 그림이 있다. 10개의 방마다 돌침대가 있고 벽에는 성애의 장면이 그려져 있다. 당시 황제가 매춘에 세금을 부과했다고 한다.

상류층의 호화 저택 '파우노의 집'은 폼페이에서 가장 규모가 크고 세련된 집이다. 벽화 '알렉산더 대왕과 다리우스의 전투'와 안마당의 '춤추는 파우노' 작은 청동상이 있다. 이 두 작품은 나폴리 고고학 박물관에서 진품을 보았다. 하지만 폼페이 저택에서 다시 보는 복제품이 진품보다 더 생생하다. 제자리에서 보는 맛이다.

폼페이 유적지 안에는 욕장이 여러 곳 있다. 스타비아 목욕장은 가장 크고 오래된 욕장으로 복원 상태도 좋다. 사우나, 목욕탕, 체육 시설이 함께 갖춰졌다. 신전 가까이의 포로 욕장은 오늘날의 대중목욕탕이다. 탈의실이 넓고 각종 편의시설을 갖추었다. 냉탕과 온탕, 증기 시설 등 그 옛날 목욕 문화가 오늘 날 못지않다. 오후 날씨가 너무 더워 이곳에 들어오니 시원해서 나가기가 싫다. 목욕하고 쉬고 싶다.

'비극 시인의 집' 현관 바닥에 사슬에 묶인 개 모자이크가 있다. 금방이라도 멍멍 짖으며 뛰어나와 물 것처럼 생동감이 넘친다. '개조심'이란 경고문도 있다. 모자이크 타일의 색과 날카로운 이를 드러낸 표현이 재미있다.

대극장은 5000명을 수용할 수 있는 넓이로 완전히 복원되었다. 나는 극장 바닥에 내려가서 거닐고 손자는 무대 앞에서 그림자놀이로 다양한 포즈를 취한다.

한순간에 일어난 재앙이라 미처 피하지 못한 채 서로 부둥켜안거나 엎드린 자세로 화산재에 묻혀 화석처럼 굳어진 사람을 보니 끔찍한 그날의 상황이 그려진다. 오전에 나폴리 고고학 박물관에서 폼페이 유적과 모자이크를 먼저 보길 정말 잘했다.

어린것이 고대 유적에 흥미를 느낄 리가 없다. 돌길과 유적군에서 내뿜는 열기는 대단하다. 가만히 있어도 땀이 줄줄 흐른다. 그늘도 없다. 울퉁불퉁 돌길이라 우리도 걷기 힘들다. 손자를 유모차에 태우지도 못하고 안고 다닐 수도 없다. 손자가 덥다고 칭얼거릴까봐 미리 선수를 쳤다. 손을 잡고 징검다리를 건너듯 놀이를 하고, 카메라를 쥐어주고 우리 셋을 찍어달라고 주문도 했다. 제법 초점을 맞추어 움직이지 않고 찍는다. 이날 이후 손자는 사진사가 되어 포즈 잡는 우리를 찍었다. 때로는 나보다 잘 찍은 작품이 나온다. 안내 지도를 주고 "어디로 갈까?" 물으면 제법 들여다보는 척하고는 우리더러 따라오라며 앞서 걷는다. 도로 군데군데 수도 시설이 있다. 수도를 틀어놓고 잠시 물놀이를 하며 옷에 물을 흠뻑 적셔도 금방 마른다. 어떤 관광객은 아예 머리를 수도꼭지에 대고 감는다. 이런 상황에 보채지 않고 따라다니는 손자가 대견하다.

한낮 더위 속에 열심히 둘러보며 폼페이 구경을 아주 잘했다는 기분을 안고 소렌토로 향했다. 폼페이에서 30분간 사철로 달렸다. 소렌토 역을 나서니 같은 태양인데 폼페이 유적지의 뙤약볕과 달리 상큼하다. 소렌토는 나폴리 만을 바라보는 화산 절벽 위에 있어 해안의 파노라마 전경을 즐길 수 있다.

우리는 도로변 마트에서 아이스크림과 시원한 음료수를 사 들고 타소 광장을 찾았다. 야자수 잎이 일렁이고 상쾌한 바닷바람이 불어왔다. 광장 주위에 작은 성당과 카페가 있고, 중앙에 소렌토 출신의 시인 타소의 동상이 서 있다. '돌아오라 소렌토로' 노래가 바이올린 연주로 광장에 울려 퍼진다. 시원한 나무 그늘에서 들으니 꿈만 같다. 녹기 전에 아이스크림을 먹었다. 음료수와 빵도 꿀맛이다. 피로가 싹 가신다. 남편은 눈물이 난다고 한다. 중·고등학생 시절 즐겨 부르던 노래를 본고장에 들으며 느끼는 감동이다.

손자도 생기를 되찾았다. 가방을 정리하고 넓지 않은 공원을 한 바퀴 둘러보니 숲 속에서 결혼식 피로연을 막 끝낸 악사들이 짐을 챙긴다. 좋은 구경을 놓쳤다. 공원의 스피커에서 계속 흘러나오는 노래인 줄 알았는데 직접 연주하는 것이었다. 운 좋게 마침 그때 잘 들었다. 연주 장면을 놓친 게 아쉬워 서성이며 신랑 신부에게 축하한다고 했더니 내 손을 잡고 악수를 한다.

절벽 아래를 내려다본 손자가 "와!" 하며 감탄한다. 지중해의 푸른 바다와 밝은 햇살 속에 해변은 형형색색의 파라솔과 일광욕을 즐기는 사람들로 북적인다. 방파제를 쌓듯이 인공적으로 만든 해수욕장이다. 바닷물 위에 둥둥 떠 있거나 튜브 위에 누워서 일광욕을 즐기는 사람이 있는가 하면, 밑이 훤히 보이는 맑고 투명한 바다에서 수영하는 사람도 있다. 손

_ 빌라 코뮤날레에서 내려다본 소렌토의 해변.

자는 환호성을 지르며 빨리 내려가자고 한다. 그러나 돌아갈 시간이 정해져 있어 손자의 청을 들어줄 수가 없다.

여기서 하루 숙박을 할걸. 언제 다시 오지…. 손자와 함께 소렌토 해변에서 수영을 하고 세계에서 가장 아름다운 아슬아슬 절벽 도로를 걸어 보고 싶다. 저 멀리 베수비오 화산과 돌출되어 나온 바위 언덕과 해안선, 코발트빛 바다에 떠 있는 섬 등 훗날 소렌토를 그릴 때 떠올릴 수 있는 풍경을 가슴에 담았다.

스페인

바르셀로나

로마에서 오전 9시 50분 비행기를 타고 2시간 후 바르셀로나 프라트 국제공항 2터미널에 내렸다. 공항열차를 타고 시내 산츠 역에 내려 예약된 숙소를 찾아 걸었다. 길가에서 과일이 풍성한 가게를 만났다. 천도복숭아, 자두, 토마토, 수박 등 과일 값이 너무 싸다. 무거울 정도로 샀다.

숙소는 일반 아파트의 민박이다. 한 채에 방이 여러 개다. 방마다 관광객이 들었다. 20대의 젊은 부부, 50줄의 부모가 장성한 아들딸을 데리고 여행하는 가족, 젊은 청년과 어머니 단둘의 여행객, 그리고 우리다. 꼬마는 손자뿐이다. 여러 사람들이 같이 쓰는 공간이라 뛰거나 떠들지 말라고 주위를 주어도 신경이 쓰인다. 눈치를 챈 손자가 내 앞에서 발뒤꿈치를 들고 사뿐사뿐 걷는다. 상황을 판단하고 주의하는 모습이 귀엽다.

로마에서 강행군했으니 한 템포 쉬기로 했다. 과일을 배불리 먹고 낮잠을 잤다. 오랜만의 달콤한 휴식이다. 저녁나절 동네 산책을 나서니 7층 높이의 아파트 단지 사이로 넓은 잔디밭과 가로수가 시원하게 쭉 뻗어 있다. 도심 외곽의 조용한 주택단지라 운동하는 사람들이 줄을 잇는다. 로마와 달리 사람 냄새가 나고 편안하다. 크고 작은 식료품가게가 많고 싱싱한 과일과 채소가 가게마다 가득하다. 며칠간 의식주가 편할 것 같아 마음이 넉넉해지고 푸근하다. 쌀과 고기, 야채를 사서 돌아왔다.

바르셀로나는 카탈루냐 지방의 주도로 수도 마드리드에 못지않은 경제와 문화의 중심지이며 관광지다. 중세의 흔적이 남은 구시가지와 바둑판처럼 도로가 뚫린 신시가지로 나뉘고 가우디의 작품을 만날 수 있다. 황영조 선수가 메인스타디움을 향해 달린 몬주익 언덕이 있고, 지중해를 따라 펼쳐지는 자연환경이 아름다운 곳이다.

자연인 가우디

구엘 공원

가우디가 반평생 열정을 바쳐 건축하다가 미완성으로 남긴 사그라다 파밀리아 성당을 찾았다. 바르셀로나의 대표 건축물로 지금도 건축 중이라 장비와 크레인이 보인다. 성당 주위에는 관광객들이 장사진을 쳤다. 옥수수 모양의 탑이 우뚝하고 그 끝의 예쁜 조각은 장난감 같다. 입구는 악어가 입을 벌린 것처럼 보이고 벽면 곳곳에 조각상이 많다. 기존의 성당 건축물과 달리 놀이동산을 찾은 듯하다. 손자도 쳐다보고 "와!" 감탄한다.

_ 사그라다 파밀리아 성당. 도로 건너편에서 바라보니 밀가루 반죽이 흘러내리는 것 같기도 하다.

사진과 TV 영상으로 본 것과 비교할 수 없는 감동이다. 가우디란 사람은? 호기심이 발동한다. 딸이 입장표를 사러 간 사이 성당 외관만 보고 나는 흥분에 쌓였다. 예약을 하지 않은 관계로 오후 4시에 입장이 가능하단다. 우리는 구엘 공원을 먼저 보기로 하고 전철을 탔다.

구엘 공원 입구 사무실과 경비실은 모자이크로 꾸민 일명 '과자의 집'으로 요술 나라 같다. 중앙계단 입구의 도롱뇽과 뿔이 달린 뱀 조각 분수는 색상이 아름답고 형체가 재미있다. 계단을 오르니 도리스식 기둥이 천장을 받치는 홀이 있다. 그 위가 바로 중앙광장으로 세상에서 가장 긴 벤치가 물결 모양으로 가장자리에 길게 놓여 있다. 빗물이 자연스럽게 흘러내리게 설계된 의자는 실용과 미를 동시에 지녔다. 가까이에서 살펴보면 깨진 유리 조각과 형형색색의 크고 작은 타일 조각을 불규칙적으로 부쳤다. 그런데 떨어져 바라보면 재료의 질감과 색의 조화가 아름답다. 치밀한 계획하에 꼼꼼한 손길로 만든 것이다. 공원 안에는 기존의 생각으로 만들어진 것이 없다. 생각의 틀을 깨고 뛰어넘었다. 입이 다물어지지 않는다.

보행자 통로는 공원을 조성하다 나온 크고 작은 돌을 이용해 꾸몄다. 모나고 둥글고 길쭉한 돌덩이는 고급 재료로 적재적소에 이용되어 작품으로 변신했다. 큰 돌과 작은 돌멩이가 서로 어울리니 동질감의 아름다움이다. 발에 채는 하찮은 돌이 아주 귀하게 대접받고 생긴 그대로 충분히 멋지고 아름답다는 걸 보여준다. 산속 숲길에서 예쁜 풀꽃을 만났을 때의 잔잔한 감동이다. 모든 사물은 존재 가치를 지녔다.

다양한 크기의 돌이 모여 야자수 숲 터널을 만들어 그늘 아래 쉴 공간을 마련했다. 테라스를 떠받치는 기둥, 앉을 수 있는 의자, 선인장을 심은 화분, 모두 그곳에서 나온 돌이 그 자리의 조형물이 되었다. 푸른 나뭇잎과 꽃이 어울린 가우디의 작품은 멋있고 자연 친화적이다. 주위에 있는 흔한 자료가 실용성과 미적인 요소를 동시에 지닌 작품이 되었기에 더더욱 큰 감동을 준다.

공원에는 즐길 것이 많다. 지중해를 바라보며 걷는 산책로도 있고 거리 공연으로 흥겨움이 가득한 광장도 나온다. 우리는 공원을 한 바퀴를 둘러본 후 그늘에 자리를 잡고 점심을 먹었다. 지중해의 푸른 바다가 내려다보이는 구엘 공원에서 먹는 도시락 밥맛이 꿀맛이다. 갖가지 과일로 후식까지 완벽하다.

공원 안에 가우디가 살았던 조그만 집을 가우디 박물관으로 꾸며놓았다. 사진 자료가 전시되어 있고 가우디가 사용하던 가구도 있다. 집 구조가 단순하고 실내장식도 간단하다. 2층에 오르니 확 트인 지중해다. 창가에 앉으면 저절로 생각이 열리고 영감이 떠오를 것 같다.

루소는 자연으로 돌아가라고 외쳤다. 산과 들의 자연현상이 아닌 인간의 본성이나 능력을 의미한다. 채송화 씨앗을 심으면 채송화 꽃이 피고 호박씨는 넝쿨손을 내며 그 속성대로 자란다. 사람도 사회적 관습과 제도, 기존 질서에 얽매이거나 강압과 지시에 순응하다보면 개인이 지닌 본성, 즉 자연성이 훼손되어 태어나면서 지닌 무한의 능력을 제대로 발휘할 수 없다고 했다.

구엘 공원이 루소의 말을 증명한다. 가우디는 기존의 건축양식을 깨고 그만이 지닌 생각과 재능으로 새로운 것을 만들었다. 자연 속에는 직선이 없다는 그의 건축관은 곡선에 초점을 두고 사물을 바라보았다. 가우디의 눈과 생각은 그가 지닌 능력을 유감없이 발휘케 했다. 살아생전 그의 작품은 대중의 인정을 받지 못했지만 세월이 흐른 오늘날에는 수많은 사람들이 몰려와 감탄한다.

사그라다 파밀리아 성당

아침에 길 건너에서 성당 외관을 바라보며 감탄했는데 입장하여 파사드 앞에서 올려다보니 그 웅장함과 아름다움에 또 한 번 놀란다. 성당은 3개의 파사드(출입구가 있는 정면부)로 이루어졌다. 그리스도의 탄생, 수난, 영광을 표현한다. 각각의 파사드마다 4개의 옥수수 모양의 첨탑이 세워졌다. 이는 12사도를 상징한다. 여기에 4대 복음서를 의미하는 4개의 탑과 예수와 성모에게 바치는 중앙 탑을 세우면 모두 18개의 첨탑을 가진 웅장한 대성당으로 완성될 것이다. 가우디는 탄생의 파사드와 지하 성당을 지었다. 수비락스가 뒤를 이어 수난의 파사드를 완성했다. 남은 영광의 파사드는 가우디 사후 100주년이 되는 2026년 완성을 목표로 하고 있다.

탄생의 파사드만으로도 충분히 크고 아름다운 대성당이다. 파사드 위 중앙에 마리아와 요셉, 아기 예수의 성가족을 위시하여 예수 탄생에 관한 성경 이야기의 조각들이 알맞은 위치에 세워져 있다. 조각 주위의 꾸밈은 나뭇잎과 꽃 모양으로 전체를 부드럽게 한다. 모두 곡선이다.

성당 안으로 들어서니 놀라움에 선뜻 발걸음이 떨어지지 않는다. 빛의 향연이다. 녹색의 숲과 푸른 하늘 그리고 붉은 태양을 느끼게 한다. 선으로 나타낼 수 있는 모든 형체와 표현할 수 있는 색을 총동원한 스테인드글라스가 햇빛을 받아 아름다움을 넘어 환상적이다. 야자수 같기도 하고 싱싱한 샐러리를 세운 것 같기도 한 기둥이 쭉쭉 뻗어 그 가지가 천장을

_ 수난의 파사드. 사그라다 파밀리아 성당의 3개의 파사드 중 서쪽 파사드로 1990년 수비락스가 완성했다.

떠받친다. 자세히 살펴보니 여러 종류의 동식물을 형상화했다. 꽃과 나무, 해와 달, 소라와 조개, 달팽이 등 없는 게 없다. 그뿐만이 아니다. 현대적이고 기하학적인 도안도 있다. 그곳에 햇볕이 쏟아지니 숲속처럼 상쾌하고 편안하다.

작은 십자가가 앙증맞게 벽에 붙어 있을 뿐 성화와 성인상은 없다. 돔으로 들어온 빛이 제단을 비춘다. 그리스도상은 벽면이 아닌 제단 위에 왕관처럼 빛에 싸여 있다. 성당 같지 않으면서도 경건해지고 조용히 앉아 묵상하게 만든다.

1883년부터 짓기 시작하였으니 131년 전의 설계에 따라 지은 성당이다. 기존의 성당에서 볼 수 없는 초현대적인 설계다. 많은 꾸밈에 비해 복잡하거나 산만하지 않고 깔끔하다. 그러면서 동화적 요소로 재미도 있다. 볼수록 경이롭고 감탄스럽다. 정신이 멍해진다. '나의 스승은 자연이다'라고 한 가우디의 마음을 짚어보았다. 숲 속 같은 편안함으로 또 어린이같이 깨끗한 마음으로 하느님과 만나는 성당을 만들고 싶어 하지 않았을까. 많은 신자들이 성당을 메우는 미사 시간이면 자연과 하나가 된 편안한 마음으로 하느님의 말씀에 귀를 기울일 것 같다.

나는 성당을 몇 바퀴 돌며 주기도문이 쓰인 판을 보았다. 우리글로 '오늘 우리에게 필요한 양식을 주옵소서'라고 씌었다. 제단 옆 벽면에는 가우디의 사인이 새겨져 있다. '주님, 저를 도구로 써주십시오' 하는 가우디의 기도가 들리는 듯하다. 자신의 재능은 오롯이 하느님으로부터 온 것임을 믿고 하느님께 의지하여 혼신을 다한 가우디라 생각된다. 지하 성당에서 미사가 진행된다. 제단 좌우에 가우디와 수비락스가 잠든 묘지가 있다. 하느님이 주신 재능을 유감없이 발휘하여 하느님 일을 하다 생을 마친 두 분은 천국에서 내가 놀라는 것을 내려다보고 계실 것이다.

1990년 수비락스가 완성한 서쪽 수난의 파사드는 탄생의 파사드와는 달리 직선의 날카로운 조각상이다. 수난과 고통, 죽음을 표현한 조각상이 파사드 위를 꾸민다. 공포와 두려움이다.

어느 하나 새롭지 않은 것이 없다. 성당을 쉽게 떠날 수가 없다. 탄생의 파사드로 들어가 수난의 파사드로 나왔다 다시 들어가기를 반복하며 성당 내부와 외관을 보고 또 보았다. 그리고 가슴에 담았다.

_ 사그라다 파밀리아 성당의 주제단.

탄생의 파사드 옆에 작은 전시실이 있다. 가우디의 유년 시절의 사진과 성장 환경을 보여주는 전시실이다. 그는 자연 속에서 자랐다. 달팽이 모양의 곡선과 담쟁이덩굴 등 시골집 근처에서 보고 경험한 것들이 건축물에 그대로 나타났다. 어릴 때 느끼고 감동 받는 기억들이 건축공학 이론과 접목되어 위대한 창작물로 표현되었음을 알 수 있다. 위대한 것도 그 시작은 사소한 것에서 시작됨을 보여준다. 어릴 때 환경과 경험의 중요성을 가우디의 작품이 대변한다. 지하에는 성당 건설에 관한 많은 자료가 있다. 가우디의 생전 활동 모습을 보았다.

가우디는 1852년 가난한 가정에서 태어나 어린 시절 류머티즘을 앓은 병약한 아이였다. 어머니를 일찍 여읜 탓에 친구와 잘 어울리지 못하고 자연 속에서 지내며 관찰력을 키웠다. 건축학을 전공한 후 부드럽고 섬세한 곡선을 표현하며 '건축의 시인'이란 별명을 얻었다. 31살에 사그라다 파밀리아 성당의 공사를 맡아 현장에서 숙식을 하며 작업에 몰두하다 1926년 교통사고로 생을 마쳤다. 그는 평생 독신이었다. 마지막 순간 초라한 복장 탓에 행려병자로 취급받기도 했다.

베로셀로나 시내에는 가우디가 지은 건축물이 여러 채 있다. 그중 가장 돋보이는 카사 밀라는 1984년 유네스코 세계문화유산으로 지정된 집이다. 한 층에 4가구가 사는 공동 주택으로 맨 꼭대기 층은 박물관이다. 1층의 상점을 통해 들어가니 엘리베이터가 운행된다. 실제 주거 환경이 그대로 개방된 집을 보았다. 거실과 부엌, 방, 화장실 등 집 안에 일직선이 없다. 실제 생활에는 불편함이 없을까? 기존 아파트 구조가 꽉 찬 내 머리로 받아들이기가 쉽지 않다. 옥상에 오르니 하늘 공원이다. 어린이 놀이터처럼 오르락내리락 계단 길이 있고, 타일로 만든 옥상 굴뚝은 투구를 쓴 기사의 얼굴 같다.

카사 밀라 근처에 바다를 주제로 한 카사 바트요 건물도 있다. 직물업자 바트요를 위해 지은 저택으로 색색의 유리 모자이크로 장식한 벽면이 신비감을 준다. 1층 기둥과 발코니는 해골 모양이다. 차들이 쌩쌩 달리는 그라시아 거리의 이색적인 건물을 보니 재미있는 그림책을 보는 기분이다.

구시가지 람블라스 거리 레이알 광장의 가로등은 가우디가 졸업 후 처음으로 만든 작품이다. 여러 송이 백합꽃이 한 가지에 달려 있는 것처럼

_ 카사 밀라(왼쪽). 기존의 사각형 아파트가 아닌 파도치는 물결 모양으로 일직선이 없다.
_ 구엘 저택의 창문 조각(오른쪽). 구엘 저택은 가우디의 초기 작품으로 자신의 후원자인 구엘 백작을 위해 지은 집이다.

부드럽고 예쁘다. 커다란 종려나무와 어울려 광장을 꾸민다.

광장에서 가까운 고딕 지구에 있는 구엘 저택은 가우디의 초기 작품으로 자신의 후원자인 구엘 백작을 위해 지은 집이다. 4층 건물로 중세의 작은 성처럼 보인다. 마구간과 서재, 침실 등 구엘의 재력을 엿볼 수 있고, 아치형 입구의 철재 꾸밈이 아름답다. 리본 모양이라 부드럽고, 구엘 가문의 문장인 철제 독수리 조각이 특이하다. 옥상 지붕에는 타일과 토기 조각으로 꾸민 독특한 형태의 굴뚝이 여러 개 있다. 이 저택은 유네스코 세계문화유산에 등재되었다.

바르셀로나 시내 구경

1992년 바르셀로나 올림픽 마지막 날 황영조 선수가 메인스타디움에 들어서는 순간 나는 TV 앞에서 숨을 죽였다. 그 몬주익 언덕을 걷고 싶어 일찍 나섰다. 가는 길에 카탈루냐의 천재 화가 미로의 미술관, 글자를 모르는 사람을 위해 성경을 그림으로 표현한 벽화를 소장한 카탈루냐 미술관이 있다. 올림픽 경기장과 황영조 선수가 달리는 모습을 조각한 기념물과 발 모형을 보았다. 42킬로미터를 달려온 마라토너가 목표 지점을 눈앞에 두고 있는 힘을 다해 마지막을 달릴 때 어떤 심정이었을까? 흔히들 인생을 마라톤에 비유한다. 나는 지금 어느 지점에서 어떤 자세로 인생이란 마라톤을 달리고 있는지 생각하게 된다.

언덕 위에 다다르니 육중한 성문이 나를 중세로 인도한다. 1640년 왕정에 맞선 반란군이 요새를 지어 한때는 감옥으로 사용되었다. 지금은 군사박물관이 되었다. ㅁ자형 건물의 여러 개 방 중 몇 개의 방만 개방되어 영상물을 상영하고 약간의 무기가 있을 뿐 특별한 볼거리는 없다. 계단을 올라 넓은 테라스에 서니 바르셀로나 시가지와 지중해가 펼쳐진다.

햇볕이 빛나는 청명한 날씨, 조용한 옛 성터, 멀리 바라보이는 항구와 지중해…. 아늑함을 즐기는 것도 배낭여행의 맛이다. 나무 밑에 자리를 깔고 길게 누었다. 시원한 바람이 불어 스르르 잠이 든다. 누우면 쪽잠으로 피로를 푼다. 준비한 점심과 과일을 먹으며 손자를 마음껏 뛰어놀라 했다. 탱크 위에 올라가 운전하는 병사처럼 흉내를 내고, 돌멩이를 주워 쌓기 놀이도 한다. 나무 막대를 찾아 병정놀이라 한다. 무슨 걱정이 있으랴. 세상에서 제일 좋아하는 엄마가 있고, 든든한 할아버지가 곁에 있다.

내게도 저런 순간이 있었다. 여행 도중 갖는 달콤한 휴식은 체력의 재충전인 동시에 자기를 통찰케 한다.

몬주익 성으로 오가는 편한 방법이 있다. 메트로 3호선 파랄렐 역에서 푸니쿨라를 타면 몬주익 공원에 내린다. 이곳에서 다시 곤돌라로 바꿔 타면 몬주익 성에 도착한다. 내려갈 때도 마찬가지다. 하지만 우리는 걸었다. 해안을 바라보고 내려오는 경치가 더없이 좋다. 멀리 콜럼버스 동상이 우뚝하고 유람선도 보인다. 해안선에 펼쳐진 항구와 푸른 바다가 어울린 풍경은 내 머리와 가슴에 깊이 각인되어 훗날 바르셀로나를 생각하며 떠오를 풍경이다.

람블라스 거리와 항구가 맞닿는 지점이 라파우 광장이다. 60미터 높이의 콜럼버스 기념탑이 그곳에 서 있다. 너무 높아 가까이에서는 동상의 형태를 알아볼 수 없다. 비디오카메라로 당겨서 보니 오른손으로 바다를 가리키고 왼손에는 지도를 들고 있다. 나는 탐험가의 동상 앞에 설 때마다 그들이 부럽다. 남미 아르헨티나 남단에서 남극을 바라보고 서 있는 마젤란 동상의 윤나는 구두를 어루만지며 나도 탐험가로 살아보았으면 했다. 콜럼버스는 '앞으로 나가자!' 외치는 것 같다. 잘 걸어 내려온 상으로 손자에게 아이스크림을 사주고 나는 두 발을 바닷물에 담그고 물장구를 친다. 내 발에 닿은 바닷물은 지중해와 대서양으로 퍼져나간다.

유럽에서 밤의 문화를 즐기기 좋은 곳으로 소문난 람블라스 거리를 걸었다. 꽃가게와 선물가게, 카페 등이 밀집되고 재미있는 퍼포먼스가 한곳에 모였다. 가만히 살펴보니 거리 공연도 하나의 경영이다. 재미있게 치장하고 미동도 없이 한곳을 응시하는 퍼포먼스보다는 다양한 포즈와 눈길로 유머러스하게 관광객에게 다가서는 게 관광객의 마음을 얻는다.

_ 바르셀로나 대성당. 대성당 정면은 밀라노의 두오모를 연상시킨다.

그래야 돈을 놓고 사진을 찍는다. 거리의 퍼포먼스도 가우디처럼 열린 생각과 기존의 틀에서 벗어나야 그날 수입이 많을 듯하다.

구경하며 걷다보니 보케리아 재래시장이 나온다. 맛있는 먹거리를 찾아 시장에 들어서니 예상과 다르다. 스탠드 식탁에서 젊은이들이 삼삼오오 맥주잔을 기울이며 즉석요리를 즐긴다. 우리가 찾는 메뉴는 많지 않다. 통닭과 과일, 빵을 사 들고 레이알 광장 가우디의 작품인 가로등 아래 자리를 잡았다. 광장에서는 집시들이 노래를 부르고 마술사가 요술을 부린다. 음식을 펼치니 까마귀 떼가 까옥거리며 몰려든다. 손자는 먹는 것보다 까마귀를 따라다니는 걸 더 재미있어한다. 이곳의 까마귀는 쫓아도 겁 없이 자꾸 뒤쪽에서 덤빈다. 대충 먹고 쓰레기통에 버리고 일어났다. 까마귀 떼에게 두 손 든 꼴이다.

고딕 지구에는 세계문화유산으로 등록된 구엘 저택과 왕의 광장, 대성당이 있다. 대성당 정면은 밀라노의 두오모를 연상시킨다. 섬세한 조각과 성당 안의 웅장함은 역사를 품고 있다. 콜럼버스가 신대륙에서 데리고 온 원주민의 세례식을 한 곳으로, 수도원 정원 연못에 바르셀로나의 수호 성자 에우랄리아를 기리며 키우는 흰 거위가 있다. 고딕 지구의 중심인 왕의 광장은 중세 건물로 둘러싸여 있다. 콜럼버스가 신대륙을 발견하고 이곳에서 이사벨 여왕을 알현했다.

바르셀로나 고딕 지구의 좁은 골목길을 구경하고 카탈루냐 광장에 도착했다. 바르셀로나 시내 중심에 위치한 광장 주변에는 백화점과 은행, 상점이 모여 있다. 백화점에 들러 구경을 하고 싶었지만 내 다리가 멈추라 한다. 대리석 바닥이 따뜻하다. 하루 종일 걸은 탓에 체면 불고하고 두 다리를 뻗고 누웠다. 등이 따뜻하다. 손자는 피곤한 기색을 보이지 않고 광장의 비둘기 떼를 쫓아다닌다. 기분이 좋아서 피곤을 느끼지 못하는 것 같다.

해질 녘 분수 쇼를 보기 위해 스페인 광장으로 갔다. 몬주익 언덕을 향해 일직선으로 뻗은 마리아 크리스티나 거리는 관광객들이 넘친다. 시간이 되자 미술관 앞 마히카 분수의 높은 물줄기가 치솟는다. 환호성이 터졌다. 환상적인 레이저 분수 쇼다. 곡의 흐름에 맞춰 색과 모양, 크기를 달리하는 분수 쇼는 바르셀로나의 한여름 밤의 축제다. 라스베이거스 음악 분수 쇼가 생각난다. 유명 호텔의 건물과 노래가 어울리는 분수 쇼는 장관이었다. 마치 신들린 지휘자의 움직임 같다고 생각한 적이 있다. 그때와 같은 떨림은 없다. 그동안 세상 구경을 많이 한 눈 때문인가. 아니면 나이가 내 가슴을 무디게 한 것인가. 늙음으로 가슴의 떨림이 사라질까 그게 나는 가장 두렵다.

숙소에 오니 부엌이 만원이다. 새로 들어온 일가족이 부엌에서 저녁 준비를 한다. 간단하면서도 맛있는 요리다. 내가 만드는 음식과 질이 다르다. 다진 쇠고기 완자와 감자, 계란과 맛살, 양파와 당근을 섞어 볶은 영양식이다. 식탁의 세팅도 멋있게 한다. 내가 요리 이름을 물었으나 말이 통하지 않아 미소로 눈길만 주고받았다.

그라나다

7시 25분발 그라나다행 비행기를 타기 위해 깜깜한 새벽에 숙소를 나섰다. 스페인 광장에 도착하니 저만치 공항버스가 출발하려 한다. 있는 힘을 다해 달려서 떠나려는 차를 잡았다. 그 버스를 놓치면 택시를 타야 할 상황이라 등골에 땀이 흐른다. 오전 8시 55분 그라나다에 도착했다. 예약된 숙소가 있는 누에바 광장으로 이동하는 버스에서 바라본 그라나다 신시가지는 깨끗하고 조용하다. 누에바 구시가지 광장에 내리니 놀랍다. 체코 산속의 중세도시 체스키크룸로프를 찾았을 때의 감동이 되살아난다. 고풍스러운 소도시는 조용한 관광지다.

그라나다는 스페인 남부 8개 도시를 아우르는 안달루시아 지역 중 하나의 고도이다. 이슬람 최후의 도시로 알람브라 궁전이 있고 무어인의 흔적이 가장 많이 남아 있다. 전형적인 스페인 냄새가 짙으며 집시의 춤 플라멩코로 유명하다. 누에바 광장 근처 민박형 숙소를 찾으니 주인은 친절한 일본 아주머니다. 3층 발코니에서 내려다본 언덕길 주위 옛 마을이 고풍스럽다. 짐을 풀고 아침 겸 점심을 먹고 홀가분하게 궁전 예약 시

_ 알람브라 궁전의 카를로스 5세 궁전.

간에 맞춰 천천히 언덕길을 올랐다.

'붉은 성'이란 뜻의 알람브라 궁전은 이슬람 건축의 정수다. 기독교 세력에 밀린 이슬람교도들이 그라나다에 터를 잡고 800년간 22명의 왕들에 의해 세워졌다. 1492년 가톨릭 부부왕인 페르디난드 왕과 이사벨라 여왕에게 정복당하기 전까지 이슬람 왕이 거처했다. 1800년대 중반 미국의 워싱턴 어빙이 쓴 '알람브라 전설'로 더욱 유명해졌다.

하루에 일정 인원만 입장이 가능하므로 서울에서 예약을 했다. 나스르 궁전은 입장 시간까지 지켜야 한다. 알람브라 궁전은 계곡을 사이에 두고 건너편 알바이신 지구와 마주하고 있다. 넓은 터에 나스르 궁전, 카를로스 5세 궁전, 성채 알카사바, 여름 별궁 헤네랄리페 정원이 서로 떨어져 있어 순서를 잡아 구경하는 것이 효과적이다.

가장 핵심인 나스르 궁전부터 찾았다. 나스르 궁전은 3개의 중정을 중심으로 짜여 있다. 메수아르 중정이 있는 왕의 집무실 공간은 천장과 벽면에 새겨진 아라베스크 문양과 석회 세공의 정교함에 놀랐다. 어디를 보아도 전체적인 아름다움에 제압당하는 기분이다. 왕의 기도실 창으로 보이는 알바이신 지역의 풍경도 한몫을 한다. 관람 순서를 따르니 아라야네스 중정이 나온다. 왕의 거주지 궁전에는 각국의 사절단을 알현한 대사의 방이 있다. 넓은 홀의 천장과 벽에 빈틈없이 새겨진 문양은 인간의 손으로 만들었다고 믿기지 않을 정도로 세밀하고 푸른색이 감돌아 신비스럽다. 왕의 위엄을 나타내기 위해 더욱더 화려하고 아름답게 꾸민 듯하다. 직사각형 거울 같은 수면의 연못에 붉고 반듯한 코마레스 탑과 대사의 방 입구 정면 7개 기둥 아치가 비쳐 고요함이 흐른다. 전형적인 아라비아풍 정원이다. 발걸음을 옮길수록 점점 더 감탄스럽다.

사자의 중정에 들어서니 대리석 마당이다. 가는 물줄기를 뿜는 12마리의 사자가 둥근 석판의 분수를 떠받친다. 왕 외에는 남자의 출입이 금지된 할렘으로, 뜰을 둘러싼 가느다란 대리석 기둥 회랑의 꾸밈이 놀라울 정도로 아름답다. 천장의 종유석 모양의 모카라베 장식과 다양한 무늬의 세밀한 조각이 예쁜 레이스를 늘어뜨린 듯하다. 질투심 많은 왕이 아벤세라헤스 가족 36명을 초청해 몰살한 방, 모양이 같은 대리석 두 장이 있어 붙여진 자매의 방, 연회장으로 사용한 왕의 방 등을 둘러보았다. 어느 한 곳 허술함 없이 꽉 찬 화려함과 아름다움은 그 어떤 감탄사로도 표현하기 어렵다. 인도와 터키 궁전에서 본 문양과 섬세함을 능가하는 이슬람 문화의 진수다. 아라베스크 문양을 원도 한도 없이 보았다. 아름다움을 표현하고자 하는 인간의 마음은 시대를 초월한다. 그 아름다움은 세월이 흘러도 변하지 않는다. 무어인들은 사라졌지만 그들이 남긴 예술과 문화는 영원함을 보았다. 차례로 구경을 마치고 나오니 다양한 꽃들로 꾸며진 파르탈 정원이다. 귀부인 탑이 작은 연못에 비친다. 맑은 햇살 아래 살랑이는 바람을 쐬며 잠시 나스르 궁전에서 받은 감동과 떨림으로 흥분한 내 가슴을 진정시켰다.

산 중턱 '천국의 정원'이라 불리는 여름 별장 헤네랄리페로 갔다. 각기 다른 이름을 지닌 아름다운 정원이 언덕에 펼쳐진다. 잘 손질된 사이프러스와 오렌지 나무, 좁고 긴 수로와 분수, 다양한 꽃들이 어우러진 꽃밭과 졸졸 흐르는 물소리로 꾸며진 정원은 낙원이다. 파티오 아세키아 정원에서는 양쪽 좁은 꽃길을 따라 일렬로 길게 선 분수의 물줄기가 포물선을 그리며 수로에 떨어진다. 물줄기가 아니라 알알이 떨어지는 수정이다. 물방울은 햇빛을 받아 영롱하다. 많은 분수에서 떨어지는 물소리 또한 청량하다. 하늘 높이 치솟는 물기둥이 아닌 다소곳한 분수들이 이렇게 아름다울 수가! 실연의 아픔을 안고 여행하던 스페인 기타리스트 타레가가 이 물방울 소리에 감동을 받아 즉석에서 '알람브라 궁전의 추억'을 작곡할 만하다.

나스르 궁전의 화려함을 본 다음이라 이곳 여름 별궁은 스쳐 지나가며 보았다. 너무 좋은 것을 보았기에 감동은 덜하지만 언덕에 자리한 곳의 전망을 넣으니 또 다른 아름다움이 보인다. 전망대에 오르니 알람브라 궁전의 전경과 계곡 건너 하얀 외벽에 빨간 지붕의 알바이신 지역이 한눈에 들어온다. 확 트인 전망대에서 바라보는 풍경은 정원 못지않은 볼거리다. '이곳에서 하룻밤을…' 불현듯 솟구치는 바람이다. 고요와 어둠, 바람에 나뭇잎이 일렁이는 소리와 흐르는 물소리를 들으며 옛 도시를 내려다보는 밤 풍경은 산속과 다르게 나를 들뜨게 만들 것이다. 산에서 흘러내리는 물길을 이용하여 정원의 분수를 만든 설계 또한 놀랍다. 계절이 여름이라 사방에 예쁜 꽃과 잘 손질된 사이프러스 나무가 가득한 정원이 싱그럽다.

우거진 숲이 잘 손질된 산책로를 걸었다. 카를로스 5세 궁전은 이슬람 궁전에서는 생뚱맞은 르네상스 건축물이다. 큼직한 돌로 만들어진 사각형 궁전 외곽과 달리 내부는 원형이다. 카를로스 5세가 신혼여행차 알람브라 궁전에 왔다가 세운 2층 구조의 궁전이다. 양식을 달리한 1, 2층의 원기둥이 광장을 빙 둘러싼 모습은 장대하고 아름답다. 위층에서 바라보는 광경과 광장 바닥 중앙에 서서 올려다보는 느낌이 다르다. 광장은 음향 효과가 뛰어나 음악제가 열리는 곳이며, 입구 박물관에는 알람브라 궁전에서 발견된 유물이 전시되어 있다. 많지 않은 자료 중 큼직한 알람브라 항아리가 인상 깊다.

알카사바 요새는 알람브라 궁전에서 가장 오래된 건축물이다. 견고한 성벽 사이를 걷고 계단을 오르내리니 중세 속으로 들어온 듯하다. 옛날 군사의 숙소와 창고, 목욕탕 등의 건물 기초를 보았다. 코끼리를 타고 오른 인도의 자이푸르 근교 바위 언덕에 자리한 암베르 성의 웅장함과 비길 만하다. 같은 붉은 고성인지라 지난 여행을 더듬게 한다. 벨라 탑에 오르니 그라나다 도시 전체가 보인다. 집시들이 동굴을 파서 생활하는 사크로몬테 언덕과 그라나다 대성당의 우뚝한 돔이 보인다. 유럽연합, 안달루시아 지방, 스페인, 그라나다 시를 각각 나타내는 4개의 깃발이 탑 꼭대기에서 펄럭이니 옛 성채와 아주 잘 어울린다.

우리를 앞서 성채의 계단을 오르내리며 씩씩하게 걷는 손자는 때때로 나에게 가르침도 준다. 손자는 여름 별궁 정원 분수의 물줄기를 손으로 움켜쥔다. 나는 물방울을 '보석 같다'고 느끼지만 손자는 보석 알 그 자체로 본다. 두 손으로 받더니 "없네?" 같은 행동을 반복하며 놀이로 연결한다. 편견 없이 사물을 대하면 더 넓고 깊게 감동하며 사고를 확장시킨다. 같은 사물이라도 대하는 태도에 따라 큰 차이가 있음을 손자는 나에게 알려준다.

누에바 광장에서 미니버스를 타고 알바이신 지구 산 니콜라스 광장으로 갔다. 버스는 좁고 꼬불꼬불한 산길을 돌아 올라간다. 전망대 역할을 하는 광장에서 바라보는 알람브라 궁전 전경이 일품이다. 2킬로미터 성벽의 고성이 언덕 위에 우뚝하다. 멀리 시에라네바다 산도 보인다. 야경이 더 멋있다니 상상이 된다. 광장에서는 기타 연주자와 가수가 팀을 이뤄 공연하고 노점상들은 수공예품 액세서리를 팔고 있다. 카페에서는 관광객들이 여유를 즐긴다. 광장 옆의 산 니콜라스 성당은 작고 소박하다.

우리는 꼬불꼬불 비탈 골목길을 걸어 내려오며 옛 모습을 그대로 지닌 무어인 전통 가옥을 보았다. 흰 외벽에 오렌지색 지붕으로 통일된 마을은 적의 침입을 막기 위해 골목을 미로같이 만들어 잃기 십상이다. 대문에 걸린 문패가 특이하다. 집 주소와 이름뿐 아니라 그림까지 그려 도자기로 구웠다. 자존심이 강하고 용감한 무어인들이 끝까지 저항한 역사적 의미를 지닌 곳이다. 맑은 햇살 아래 마을에 정적이 감돈다. 마지막 황제가 그라나다를 떠나며 언덕을 바라보고 눈물을 흘렸다는 전설을 간직한 곳이다.

언덕길을 내려와 대성당을 찾았다. 이슬람 사원 자리에 세워진 대성당은 외관의 단아함과 달리 내부는 황금 장식과 큼직한 기둥으로 화려하고 웅장하다. 신약성경을 주제로 한 스테인드글라스가 아름답다. 가톨릭 부부왕 페르디난드 왕과 이사벨라 여왕의 초상화도 있다. 그라나다에 묻히기를 원한 이사벨라 여왕을 위해 지었다는 왕실 예배당에는 여왕 부부가 잠들었다 이장되고, 딸과 사위의 묘만 남아 있다. 묘지의 조각이 섬세하고 아름답다. 성구 보관실 박물관에는 이사벨라 여왕의 소장품과 왕관, 페르디난드 왕의 칼과 유명 화가의 그림들이 전시되었다. 그라나다에는 이사벨라 여왕과 관련된 것들이 많다. 이곳을 정복하고 기독교를 퍼뜨린 여왕이라 광장과 거리에서 여왕의 동상을 자주 만난다.

체크아웃 시간에 구애받지 말라는 주인아주머니의 친절에 우리는 오전 구경을 마치고 숙소에서 편히 점심을 먹었다. 그리고 세비야행 버스 터미널로 이동했다.

세비야

그라나다에서 버스로 3시간을 달려 안달루시아 지방의 주도인 세비야에 도착했다. 과달키비르 강이 있어 대항해 시대에 신대륙과의 무역으로 번성했지만, 지금은 이슬람과 기독교 문화가 혼재된 스페인 남부의 관광지다. 오페라 '카르멘'과 '세비야의 이발사'의 무대이며 플라멩코와 투우의 본고장이다.

남부로 내려오니 햇볕이 더욱 따갑다. 거리의 가로수도 야자수와 오렌지 나무다. 돌이 깔린 골목길에서 무거운 가방을 끌기가 무척 힘들어 걷다가 버스를 탔다. 버스에 앉아 좁은 중세의 골목 풍경을 보았다. 호텔은 구시가지 골목 옛 건물로 주위에 볼거리가 모여 있어 편리하다.

세비야 대성당은 이슬람 사원이었던 것을 100년간 개조 공사를 거쳐 완성한 고딕 양식이다. 바티칸의 산 피에트로 대성당과 런던의 세인트 폴 대성당에 이어 유럽에서 세 번째로 큰 성당으로 콜럼버스 묘, 많은 그림과 보물, 아름다운 히랄다 첨탑이 있다.

성당 입구에는 첨탑의 여신상을 닮은 조각상이 풍향계를 쥐고 서 있어 첨탑 꼭대기의 동상이 어떻게 돌아가는지 알았다. 높은 천장과 큰 기둥의 넓은 성당은 스테인드글라스가 아름답고, 방마다 무리요의 '성모수태'를 비롯한 유명 화가의 그림이 벽면을 장식한다. 보물실에는 황금으로 된 수많은 성물이 있다. 그 섬세한 세공에 감탄이 절로 나온다. 제단의 장식이 온통 황금이다. 성당이 웅장하고 화려하다.

마침 한국 관광 팀을 만나 가이드의 설명을 들었다. 콜럼버스의 후원자였던 이사벨 여왕이 죽고 난 다음 그녀의 남편 페르난도 왕의 푸대접을 받던 콜럼버스는 죽어서도 스페인 땅에 묻히지 않겠다는 유언을 남겼다. 그의 유언에 따라 세비야 대성당으로 이장하면서 유해를 땅에 묻지 않고 스페인 옛 왕국 4명의 왕이 콜럼버스 관을 어깨에 메고 있다. 아버지 옆에 묻히기를 원한 콜럼버스 아들은 아버지의 관을 바라보며 묻혀 있다. 재미있는 것은 관을 멘 왕들의 모습이다. 앞의 두 왕은 적극적으로 콜럼버스를 후원한 덕에 당당하게 고개를 들고, 뒤의 두 왕은 콜럼버스를 후원하지 않아서 고개를 떨구고 있다. 그럴듯한 이야기를 듣고 자세히 살피니 왕들의 표정과 의상 등이 세밀하다. 콜럼버스 묘는 하나의 조각 작품이다. 네 번이나 신대륙을 탐험하며 스페인에 부를 안겨준 그의 업적을 상기시키는 묘이기도 하다.

빙글빙글 경사 길을 돌아 히랄다 탑에 올랐다. 원래 이슬람 모스크의 미나레트(첨탑)를 대성당으로 바꾸면서 헐지 않고 그대로 사용하다가,

_세비야 대성당의 전망대에서 내려다본 성당 광장과 도시 전경.

예배 시간을 알리는 종루를 설치하고 꼭대기에 청동 여신상을 세웠다. 높이 96미터의 히랄다 탑에는 두 문화가 어우러져 있다. 층수를 나타내는 34번이 전망대다. 이곳에서 바라보니 푸른 하늘 아래 세비야의 도시 전경이 펼쳐진다. 조용하고 아름다운 도시다.

성당 안뜰은 모스크였을 때 세족을 하던 장소로 지금은 나란히 심어진 오렌지 나무가 싱그럽다. 세비야 대성당은 전통과 변화를 동시에 품고 있다. 28개의 종루에서 종소리가 울려 퍼지고 신앙을 상징하는 여신상이 빙빙 도는 히랄다 탑을 우러러본다면 누구나 경건한 마음을 가질 것 같다. 나는 대성당의 크기를 가늠하고 싶어 외관을 한 바퀴 돌아 걸었다. 사람들도 많지 않았을 그 옛날에 이렇게 큰 성당을 짓다니 종교의 힘은 참 대단하다!

대성당 근처에 알카사르가 있다. 보통 언덕에 있는 성채와 달리 구시가지 평지에 자리한 성벽이라 조금 의아하다. 이슬람교도의 요새를 개축하여 궁전으로 사용했기에 그라나다의 알람브라 궁전과 비슷할 것이라 생각하고 외관만 구경하려 했다. 어디쯤 아라베스크 문양으로 꾸며진 대사의 방이 있지? 목을 빼고 안을 들여다보니 안내인이 손짓으로 들어오라 한다. 회랑만 보고 나오겠다고 양해를 구하고 급하게 이곳저곳을 둘러보았다. 아라베스크 문양과 색 타일의 조각 등 눈에 익은 꾸밈들이다. 정원 연못과 분수의 양식도 알람브라 궁전과 비슷하다. 단지 섬세함의 정도 차이가 있을 뿐이다. 그라나다의 알람브라 궁전을 먼저 본 다음이라 큰 감동은 없다. 마음을 받아준 안내인이 고마워 고개 숙여 인사했다.

멀지 않은 곳에 있는 스페인 광장을 찾았다. 양쪽 높은 탑은 히랄다 탑 윗부분을 닮았다. 200미터의 반원형 건물로 둘러싸인 광장의 중앙에서는 대형 분수가 시원스럽게 물줄기를 내뿜친다. 1928년 스페인 아메리카 박람회장으로 건축된 건물 벽면에는 스페인 58개 도시의 지도와 그곳의 역사적 사건을 채색 타일로 표현해놓았다. 앉아서 감상할 수 있는 의자도 있다. 지금은 정부 청사로 사용한다. 넓은 공간과 분수, 거대한 건물이 어울린 스페인 광장은 마리아 루이사 공원이 가까이 있어 휴식하기 좋은 곳인데, 우리는 느슨하게 즐길 시간이 없다.

번성했던 시절 무역선이 드나들던 과달키비르 강 변 풍경을 놓칠 수 없다. 콜럼버스의 탐험선이 오가고 많은 무역선이 드나들던 곳에 유람선이 정박해 있다. 나는 옛날 풍경을 상상하고 강 건너 신도시를 바라보며 강변을 걸었다. 강변 가까이 황금의 탑이 우뚝하다. 12각형 맨 윗부분이 황금색으로 빛나서 붙여진 이름으로 강을 통과하는 배를 검문하기 위해 세웠다. 현재는 해양 박물관으로 사용한다.

시청사가 있는 누에바 광장에는 페르디난드 3세의 기마상이 있고, 주변의 높지 않은 건물들은 제각기 다른 모양이다. 다양한 건물이 섞여 늘어선 거리에 관광객을 실은 마차가 지나다닌다. 광장의 분위기가 내 마음을 다독이며 여유를 갖고 즐기라 한다. 오래전 세비야의 봄 축제를 TV에서 본 적이 있다. 치맛단 주름이 풍성한 전통의상에 커다란 꽃을 머리에 꽂은 세비야 여자들이 꽃마차 뒤를 따르며 신나게 춤을 추는 행렬이었다. '저곳에 가보았으면…' 하고 생각했었다. 그 축제가 벌어진 장소에 지금 내가 서 있다고 생각하니 화면에서 본 기분이 되살아난다. 거리 풍경이 정답다.

우리는 음식점이 밀집된 거리를 찾았다. 레스토랑마다 관광객들로 붐빈다. 노천 테이블에 자리를 잡고 앉으니 집시 여인이 다가와 가냘프고 구성진 목소리로 노래를 부른다. 플라멩코의 본고장에서 집시의 노래를 들으며 먹는 풀코스 요리는 나에게 저녁 한 끼의 단순한 식사가 아니다. 내가 살아온 날들에 대한 보상이고 살아 있음에 대한 감사다. 마침 손자가 유모차에서 잠이 들었다. 우리는 맥주잔을 부딪치며 서로에게 고맙다고 했다. 부부와 부모 자식으로 맺어진 인연에 감사하고 무사히 여행을 잘하고 있음에 감사하는 인사다. 그라나다 소극장에서 춤과 노래가 어우러진 플라멩코 공연을 보았지만, 집시 여인이 바구니를 들고 테이블을 돌며 부르는 노래 또한 정열적인 안달루시아의 분위기를 맛보게 한다. 숙소로 돌아오는 밤거리의 불빛은 황홀하다. 아름다운 건축물마다 불빛을 쏘아 올려 조각의 꾸밈과 섬세함이 완연히 드러난다. 히랄다 탑도 낮과는 또 다른 아름다움을 보여준다.

산티아고의 짧은 순례길

새벽 잠결에 '여기는 산티아고다'라는 생각이 들자 벌떡 일어났다. 전날 세비야에서 1시간 30분 비행 후 산티아고 공항에 내리니 오후 10시 10분경이었다. 식구들이 깰까봐 살그머니 밖으로 나왔다. 성지의 새벽 기운을 마시고 싶어서다. 호텔을 나서니 이른 시간인데도 배낭을 멘 순례객들이 보인다.

오래전부터 산티아고 순례길을 걷고 싶었다. 프랑스 남부 국경 마을 생장피드포르에서 피레네 산맥을 넘어 약 800킬로미터를 걸어 산티아고 데 콤포스텔라까지 30일간 계획을 세웠으나 여의치 않았다. 이번 여행길에 이 계획을 남편과 둘이 실천하려고 여행 루트를 이리저리 짜보았지만 너무 벅찼다.

나에게 중요한 것은 손자와의 여행이다. 다음 기회로 남겨두고 우선 짧게 이틀간 걷기로 했다. 순례객들이 오가니 내 마음이 급해진다. 숙소로 돌아와 자는 남편과 딸을 깨웠다. 잠든 손자를 남편에게 맡기고 나는 딸과 마트를 찾아 빵과 음료수, 과일과 간식 등을 사고 관광 안내소에 들러 순례길 지도와 여러 가지 정보를 얻었다.

딸은 손자와 산티아고 시내 구경을 하고 남편과 나는 버스를 타고 40킬로미터 떨어진 아르수아로 이동했다. 조용하고 작은 도시다. 순례객을 위한 공동 숙소 알베르게를 찾았다. 새벽길을 걸어온 순례객들이 확인 도장을 받으려고 줄을 섰다. 2층으로 오르니 남녀 각방에 작은 침대가 나란하다. 공동 부엌에서 취사가 가능하고 샤워장과 세탁기도 있다. 유스호스텔 형식이다. 책을 읽으며 쉬기도 하고, 길 떠날 채비를 서두르

_ 아르수아의 순례객을 위한 공동 숙소 뒤뜰.

는 사람도 있다. 남편과 나는 식당에서 준비해온 빵과 과일로 이른 점심을 먹었다. 그리고 걷기 시작했다.

예수님 사후 12명의 제자는 복음을 전하러 각지로 흩어졌다. 야고보 성인은 스페인 지역의 전교를 맡았고 9세기경 그의 시신이 산티아고에서 발견되었다. 그 후 이곳은 예루살렘, 로마와 함께 3대 순례지가 되어 유럽 각지에서 다양한 경로로 수많은 순례객이 산티아고 데 콤포스텔라 대성당을 종착지로 걷는다. 여러 갈래의 순례길 중 가장 많이 알려진 루트의 마지막 이틀 일정 구간을 우리는 걸었다.

많은 순례객이 야고보 성인의 행적을 묵상하며 자신의 내면과 만나 치유하고 깨달음을 얻기 위해 걷는다. 저마다의 사연과 목적을 지니고 고행을 기꺼이 감수한다. 내가 이 길을 걷고 싶은 가장 큰 이유는 미지근

한 신앙심에서 벗어나고 싶어서다. 30년 이상 신자로 살면서 내 자신 나일론 신자라는 생각을 떨치지 못한다. 인간적 욕심을 채워달라며 '주님!' '성모님!' 간절히 부르며 간청한다. '하느님은 사랑이시다'라는 성경 구절을 굳게 믿고 떼를 쓰며 봐달라고 애원도 한다. 이런 자세가 크게 잘못된 것임을 안다. 이에서 벗어나고 싶은데 그게 안 된다.

이틀 동안 잠시나마 나의 신앙을 통찰하고 남편과 함께 살아온 세월을 더듬고 싶다. 조가비 표지판을 따라 걸으니 길을 놓칠 염려가 없다. 가끔 빠른 걸음으로 우리를 앞질러 가는 순례객도 있고 느린 순례객을 우리가 앞서 걸으며 서로 눈인사를 나누기도 한다. 숲길을 지나고 작은 언덕을 넘어 들길도 걸었다. 옹기종기 평화로운 마을을 지나며 작은 교회도 보고, 정원이 잘 다듬어진 큼직한 집도, 병아리 떼 종종거리는 농가도 보았다. 넓은 목장 푸른 언덕 위 빨간 지붕은 그림같이 예쁘다. 파노라마로 펼쳐지는 풍경을 보며 남편과 함께 걷는 길은 행복하고 재미있다.

해질 녘 푸른 언덕 경치에 취해 걷다보니 하루 계획한 20킬로미터를 넘었다. 가장 걷기 좋은 시간대라 어둠이 깔릴 때까지 걷자고 했다. 곳곳의 숙소를 지났다. 산티아고 공항 근처 철조망에 나뭇가지로 만든 십자가가 많이 걸려 있다. 30일 넘게 걸으며 느끼고 깨달은 생각과 기도문도 있다. 그중에 한글로 '머리로는 계산하고 영혼으로 갈망하지만 자신이 정말로 뭘 원하는지 아는 건 가슴뿐이다'라고 쓴 메모를 읽었다. 남편과 나도 길옆에서 나뭇가지를 주워 십자가를 만들어 걸고 기도문을 적어 붙였다. '자연과 하나 되어 예수님의 사랑을 묵상하며 이틀간 이 길을 열심히 걷는다.'

나는 30킬로미터 지점을 지나면서 욕심을 냈다. 체력과 정신력에 도전하고 자연을 보고 감동하는 내 마음을 점검하고 싶었다. 쉬지 않고 걷기로 했다. 젊음은 주어지고 늙음은 이루어진다고 한다. 잘 늙기 위해서는 세월에 섞을 마법이 필요하다고 영국 시인은 말했다. 순례길은 내 세월에 섞을 마법이다. 이틀간 걷기로 한 40킬로미터를 부지런히 걸었다. 맑던 하늘에 먹구름이 몰려오더니 가는 빗방울을 뿌리고 지나간다. 상쾌한 들판에 자리를 잡고 저녁을 먹었다. 그리고 어둠이 깔리는 길을 씩씩하게 걸었다. 밤늦은 시간엔 노란 화살표와 조가비 이정표가 잘 보이지 않는다. 조용한 마을에 사람의 통행이 없으니 물을 수도 없다. 숙소도 보이지 않는 곳에 산길이 나온다. '아차! 무모한 용기를 냈구나.' 오후부터 걸었으니 빨라도 자정이 되어야 대성당에 도착한다. 도중에 쉬었으니 계산이 나온다. 갈림길을 만나면 두 눈을 부릅뜨고 표지판을 살피며 길을 찾았다. 세상사 마음먹기 달렸다. 주님이 함께하는 순례길이 아닌가? 조용히 잠든 마을과 야트막한 숲도 지났다. 어둡고 조용한 시간 남편과 둘이 걸으며 많은 생각을 하게 된다.

산티아고 도시에 들어서니 도로변의 이정표와 바닥의 조가비 표시가 대성당 방향을 잡아준다. 성당 광장에 도착하니 하루가 바뀐 새벽이다. 남편과 나는 두 팔을 벌리고 웅장한 성당을 바라보며 광장에 벌렁 누웠다. 밤하늘의 별들이 총총하다. '감사합니다!' 주님께 향하는 기도가 절로 나온다. 40킬로미터를 걸어온 감동이 이럴진대 800킬로미터를 걸어 도착한 순례자의 감격이 어떠할지 짐작이 된다.

산티아고 데 콤포스텔라 대성당 근처 골목길 풍경은 대낮이다. 레스토랑과 카페마다 사람들이 가득하다. 순례객들과 여행객들이 만드는 밤 분위기는 낭만적이다. 맥주잔을 기울이는 노천카페에는 젊음의 열기가 충

_ 산티아고 순례길의 이정표.
_ 산티아고 데 콤포스텔라 대성당 부속 건물의 벽면에 있는 조각.

만하다. 고행길에서 저마다 얻은 것을 축하하는 파티다. 충분히 즐길 만하다 싶다. 밤에 걷지 않았더라면 결코 볼 수 없는 광경이다. 성지 순례 종착 지점의 밤 골목 풍경은 또 다른 산티아고다. 숙소에 도착하니 새벽 1시가 넘었다. 오후쯤 도착할 것이라 예상한 딸이 밤중에 들어서는 우리를 보고 놀란다. 뜨거운 탕 속에 몸을 담그고 걸었던 길을 다시 떠올려보았다. 40킬로미터를 12시간 동안 짧고 효과적으로 걸어 하루를 벌었다.

새벽녘에 누웠지만 잠은 깊이 잘 잤다. 하루를 번 시간을 손자와 함께 버스를 타고 산티아고에서 100킬로미터 떨어진 유럽 대륙의 서쪽 끝 피스테라를 찾기로 했다. 짐을 로비에 맡기고 터미널까지 걸으며 재래시장과 산티아고 도시를 구경했다. 손자는 엄마와 둘이 보낸 하루가 심심했던지 할아버지 손을 잡고 좋아서 깡충깡충 뛰며 앞장서서 걷는다. 우리나라 순례객들도 만났다. 중학생 딸과 어머니는 한 달간의 대장정을 마친 기념으로 딸에게 줄 선물을 사기 위해 할인 매장을 찾는다고 하고, 하루 일정의 순례길을 걸어보았다는 관광 팀도 만났다.

버스는 대서양에 접한 해안선을 굽이굽이 돌아 1시간 반 정도 달렸다. 배낭을 멘 순례객이 걷고 있다. 산티아고에 도착한 순례객 중 야고보의 서북쪽 마지막 선교 활동의 흔적을 찾아 피스테라까지 걷는 사람들이다. 우리는 저녁 비행기 시간에 맞춰 돌아갈 버스표부터 사고 대서양을 바라보는 레스토랑에 자리를 잡았다. 태양은 따갑고 바닷바람은 시원하다. 덤으로 얻은 하루인지라 여느 관광객처럼 해산물 요리를 먹으며 여유를 즐겼다.

피스테라 곶까지는 갈 수 없지만 검푸른 대서양에서 불어오는 바람을 맞으며 조가비 표지를 따라 해안선을 잠시 걸었다. 절벽에 부서지는 파도가 시원스럽다. 바닷가 언덕에 우뚝 선 성모상 돌기둥 아래 자리를 잡았다. 마리아와 아기 예수가 서로 등을 맞댄 상이다. 아기 예수를 안고 있는 상은 많이 보았지만 등을 대고 있는 모습은 처음이다. 유서 깊은 언덕임에 틀림없다.

우리는 대서양을 바라보고 누웠다. 따가운 햇살은 이불 삼고 시원한 바닷바람은 자장가다. 어제의 피로를 풀기에 안성맞춤이다. 딸은 손자를 데리고 작은 모래사장에서 수영도 하고 모래성을 쌓으며 즐거운 시간을 보낸다. 발가벗은 손자와 함께 물속에서 덤벙거리고 떠밀려온 파래를 걷어 올리기도 하며 재미있게 노는 딸의 모습에서 지난날 내 모습을 본다.

젊은 시절 시골에 살면서 올망졸망한 자식 셋을 데리고 아이들이 좋아하는 해수욕장을 찾고, 완행기차를 타고 도시 구경을 시켜주었다. "작은 여자가 아이도 많이 낳았네!" 좁은 좌석에 세 아이를 데리고 앉은 내 모습을 안쓰럽게 본 할머니가 걱정을 했다. 자고 나면 새 힘이 솟던 시절이었다. 그렇게 키운 딸이 스페인 해안에서 제 아들에게 베푼다. 이래서 세상은 굴러가는구나 싶다

순례를 마친 젊은이들도 신발을 벗어놓고 바닷가에서 어울려 노래를 부른다. 긴 순례길을 끝내고 돌아갈 버스를 기다리는 모양이다. 나도 한때 젊은 시절이 있었다. 그때는 젊음이 항상 내게 머물러 있을 줄 알았다. 어느새 그 젊음이 저만치 멀어지더니 이제 그 음영도 희미하다. 누구에게나 공평하게 주어지는 것이 가장 중요한 것임을 살아보고 알았다. 젊음이 얼마나 값진 것임을 흘려보낸 후에야 절감한다. 유럽 대륙 끝에서 대서양을 바라보며 나는 생각한다. 대서양 건너 신대륙이 있듯 내 젊음으로 얻은 것 또한 셀 수 없이 많다는 것을. 그리고 저녁놀의 아름다움

처럼 살아야 한다. 이 또한 순간임을 명심해야지.

세고비아, 아빌라, 살라망카

산티아고에서 마드리드행 비행기를 타니 1시간이 채 걸리지 않아 스페인의 수도 마드리드에 도착했다. 렌터카에 짐을 싣고 무거운 짐에서 해방되었다. 며칠간 차 트렁크가 옷장이고 식료품 창고다. 손자는 뒷좌석 베이비 시트에 앉지 않으려고 떼를 쓴다. 60일 가까이 걸어 다니며 여행을 즐긴 손자다. 자신이 부쩍 자랐다고 생각한다. 그런데 꼼짝 못하는 시트에 앉으라니 거부하는 게 당연하다. 나는 손자의 기분을 알 것 같다. 딸은 시트에 앉아야 하는 이유를 손자에게 설명하고 약속을 한다. 하루에 사탕 3개와 아이스크림 1개를 사주겠다고 한다. 손자도 조건을 내건다. 창문을 열고 바람을 쐴 수 있게 해달란다. 타협점을 찾으니 손자는 군말 없이 시트에 앉는다. 알아듣게 설명하고 의견을 존중하니 어려도 이야기가 통한다. 옆에서 지켜보니 손자를 어리다고 볼 수 없는 이유가 분명하다. 우리는 고속도로를 타고 마드리드를 스쳐 지나 세고비아로 향했다.

세고비아 도시에 진입하여 먼저 대형 마트를 찾았다. 과일 값이 싸서 음료수 대신 갖가지 과일을 푸짐하게 사고 작은 전기 곤로도 하나 샀다. 날씨가 더우니 음식을 만들어 가지고 다닐 수가 없다. 전기 콘센트는 어디나 있으니 입에 맞는 우리 음식을 간단히 먹으면서 다니기로 했다. 잘 먹어야 더위를 이길 체력을 유지한다.

세고비아는 마드리드에서 북서쪽으로 90킬로미터 떨어진 곳이다. 해

_ 로마 수도교. 잘 다듬어진 큼직한 돌을 접착제를 사용하지 않고 쌓아 올렸다.

발 1000미터에 세워진 성채도시로 기원전 1세기부터 로마의 지배를 받은 곳이다. 당시의 유적과 건축물이 많이 남아 있다. 가장 먼저 눈에 들어오는 것은 언덕 위 12개 뾰족탑의 알카사르다. 마치 동화 속 궁전 같다. 로마 시대 요새였던 곳에 세워진 성으로 오랫동안 왕의 거주지였으며 이사벨라 여왕의 즉위식을 한 곳이다. 계단을 올라 탑의 전망대에서 세고비아 시내를 내려다볼 수 있지만 우리는 성곽 도로를 한 바퀴 차로 달리며 성채를 여러 방향에서 바라보았다.

아소게호 광장에 들어서니 2층 높이를 달리한 아치형 기둥 로마 수도교가 떡 버티고 있다. 17킬로미터 떨어진 프리오 강의 물을 고지대인 세고비아의 주택지로 끌어오는 물길이다. 세고비아를 상징하는 이 수도교는 악마가 아니면 도저히 만들 수 없다는 찬사로 '악마의 수도교'라 불린다. 1~2층 사이에 성자를 안은 성모상이 있다. 수도교는 웅장하고 아름다우며 실용적이다. 나는 쌓아 올린 돌을 만져보았다. 잘 다듬어진 큼직한 돌은 접착제를 사용하지 않고 쌓아 올렸다니 놀랍다. 우리는 수도교 밑을 걸었다. 광장 계단을 올라 수도교 전체를 조망하니 일직선 돌기둥이 장관이다. 세찬 물길이 금방이라도 콸콸 흐를 것 같다. 한낮의 열기가 대단하다. 주차장을 쉽게 찾지 못해 언덕 위 마을 나무 그늘에 차를 세워두고 딸은 손자를 재웠다.

구시가지의 중심인 마요르 광장 주위는 선물가게와 카페, 레스토랑으로 이름난 관광지답다. 마침 낮잠을 자는 시에스타라 문을 닫은 상점이 많다. 노천카페는 한산하다. 대성당 카테드랄도 4시까지 문을 닫아 외관만 구경했다. 성당 중의 귀부인이라 불릴 만큼 외관이 섬세하고 우아한 성당이다. 중앙 돔과 사방을 꾸민 뾰족탑 위로 새들이 무리를 지어 난다. 그 순간의 모습이 장관이다. 깨끗하고 중세 분위기를 고스란히 간직한 도시 전체는 유네스코 세계문화유산으로 지정될 만하다 싶다.

로마 시대의 성벽이 보존된 아빌라는 1000미터가 넘는 언덕에 세워진 성채도시다. 서쪽으로 기운 해가 높이 12미터에 둘레 2400미터의 화강암 성벽에 비치니 더욱 육중하다. 튼튼한 기둥에 벽은 두텁다. 이슬람교와 기독교 사이의 300년 동안의 각축전을 치른 곳의 성채가 완벽하게 복원되었다. 성벽 위를 걸어볼 수 있는 구간이 있는데 시간이 늦어 출입을 통제한다. 성안 마을을 구경하고 성벽을 따라 걸으며 성 밖 풍경도 보았다. 언덕 아래 넓은 들판이 고즈넉하다.

아빌라는 성녀 테레사가 태어난 성지다. 생가 터에는 아담한 기념 성당이 있고, 성당 아래층은 박물관으로 꾸며졌다. 성당의 주제단 뒷면의 부조와 아름다운 스테인드글라스는 성녀의 성스러운 모습을 담고 있다. 지하 박물관에는 어릴 때 형제와 함께하는 동상이 작은 잔디밭에 세워져 있고 그녀의 저서와 읽은 책, 편지글 등을 전시한다. 성녀가 자라온 모습과 수녀 생활의 전반적 사진 자료를 보며 한평생 주님 뜻을 받들며 그 가르침을 따른 성녀의 삶을 그려보았다. '주님은 냄비 가운데도 현존해 계신다'는 말로 일상에서 예수님을 만나고자 한 성녀 테레사의 정신을 많은 자료가 말해준다.

_ 산타 테레사 수도원의 스테인드글라스.

유대계 귀족 집안에서 태어난 그녀는 18세에 가르멜 수도회에 들어갔다. 가르멜 수도회는 봉쇄 수도원으로 죽을 때까지 밖으로 나오지 않고 묵상과 노동, 기도로 생활을 한다. 당시 지참금에 하인까지 데리고 입회할 정도로 세속화된 수도원 개혁을 주장했다. 그녀는 몸소 절제와 규율을 엄격히 지키고 기도하며, 겨울에도 샌들만 신고 다니며 16개의 수도원을 세웠다. 1층 기념품 판매소에는 테레사 성녀의 손마디와 사용했던 묵주, 십자고상 등 검소하고 진실함이 묻어 있는 유품이 있다. 한국 순례객이 많이 다녀가는 코스라 한글로 된 안내문이 있다.

성녀의 유해는 아빌라에서 20분 거리의 작은 마을 알바 데 토르메스

_ 순교자 언덕에서 바라본 성곽도시 아빌라.
_ 아빌라 성벽 아래의 정원.

수도원에 안치되어 있고, 심장과 왼팔은 박물관에 보관되어 순례객의 마음을 모으게 한다.

성곽 반대편에는 로스 쿠아트로 프스테스가 있다. 높다란 십자가가 우뚝하다. 4세기경 기독교인을 처형한 순교 언덕이다. 이곳에서 아빌라 전경을 조망하기 좋다. 바라본 아빌라는 성벽으로 완전하게 둘러싸여 정적이 흐른다. 꼬마 관광열차가 한 무리의 관광객을 싣고 도착한다.

스페인 중부 내륙 지방의 들판은 황량한 기분을 느끼게 한다. 올리브나무가 군데군데 자라는 벌판은 저녁 햇살을 받아 붉은색을 띠고 있다. 건기라서인지 푸른 초원이 아닌 메마른 토양이다. 마을도 없다. 살라망카가 가까워지자 오아시스처럼 강이 흐르고 우거진 가로수가 나타난다. 도시의 건물과 넓은 도로에 차들이 바삐 움직인다. 우리는 대형 마트에서 고기와 김치 담글 재료를 샀다. 그리고 빈 박스를 얻어 자동차 트렁크의 짐을 정리했다. 예약된 숙소에 주차장이 없어 몇 바퀴를 돌아 겨우 길가 빈 공간에 주차했다. 밤에는 무료주차라 다행이다.

숙소에는 부모와 여행 중인 손자 또래 미카엘이 있다. 꼬마 둘은 금방 친해져 서로 간식을 나눠 먹으며 어울린다. 손자는 이성 친구라 더 좋아한다. 여러 가지 몸짓으로 미카엘의 관심을 끌려 한다. 언어도 필요 없다. 서로 좋아하는 표정으로 소통이 가능하고 놀잇감을 찾아 함께 즐긴다. 늦은 시간까지 놀려는 아이들을 겨우 떼어놓으니 헤어지면서 뽀뽀를 한다. 지금껏 보지 못한 손자의 진한 사교성에 놀랐다.

나날이 달라지는 손자의 행동이 놀랍다. 여행 막바지가 되니 아침에 숙소를 나서면 "빨리빨리!", 차에 오르면서 "출발이다!", 이동을 준비하면 "짐을 챙기자!", 마트에서 물건을 살 때는 "얼마인데?" 하며 우리가 사용하는 말을 그대로 배워 상황에 맞게 사용한다. 하루 일정을 눈치로 알아채고 나름대로 대처할 줄도 안다. 6월 19일 여행을 시작할 때는 아기였는데 이제는 제법 제 몫을 하는 여행의 일원이다. 손자는 다양한 경험을 통해 짧은 기간 동안 많이 성장하고 하고 있다. 이제 이성 친구와 스킨십도 한다. 여행은 마약과 같다. 손자는 분명 여행을 즐기는 청년으로 자라 훗날 배낭을 메고 세계 곳곳을 찾을 것이다. 미카엘과 애틋하게 노는 손자를 보니 '저렇게 자라서 어른이 되는구나!' 싶다.

부엌 시설이 좋고 차가 있으니 내일 하루 먹을 음식을 푸짐하게 준비하기로 했다. 김치를 담그고 고기를 양념에 재우고 밑반찬을 만드니 밤 12시가 넘었다.

살라망카는 토르메스 강 기슭에 자리한 대학도시다. 무어인의 침입으로 성 밖으로 쫓겨난 기독교인이 다시 성을 되찾아 1218년 살라망카 대학을 세웠다. 콜럼버스가 지리 위원들에게 심사를 받고, 나폴레옹 군과 치열한 전투를 벌인 역사를 지녔다. 성녀 테레사가 세운 카르멜리데 수녀원을 비롯해 여러 수도원도 있다. 바르셀로나에 가우디가 있어 유명한 성당을 남겼듯 이곳에는 추리게라 가문의 형제가 마요르 광장과 대성당 등 아름다운 건축물을 남겨 살라망카를 관광도시로 만들었다. 도시 전체가 유네스코 세계문화유산에 지정될 만큼 적갈색 사암의 옛 건축물이 즐비하다. 2000년 전 로마 시대에 건축한 다리와 곳곳에 수리 중이지만 발코니를 아름답게 꾸민 예쁜 주택들이 지난 시간을 머금고 있다. 그뿐만 아니라 깨끗하고 넓은 도로의 신시가지와 상점에는 관광객의 눈길을 끌 만한 물건들이 가득하다.

도시 중심에 자리 잡은 마요르 광장은 4층 높이의 건축물로 둘러싸여 있다. 1층의 아치형 회랑 기둥 위에 스페인의 역대 왕과 세르반테스를 비롯하여 콜럼버스 등 유명인의 얼굴을 새긴 원형 부조가 쭉 붙어 있다. 크다는 의미의 마요르 광장답게 웅장하다. 세고비아의 스페인 광장이 크고 아름다워 놀랐는데, 살라망카의 마요르 광장도 그에 못지않게 넓고 단순미와 통일된 아름다움을 지녔다. 시청 건물의 시계탑이 악센트를 준다. 광장 입구는 펠리페 5세와 추리게라의 동상이 지키고 있다.

살라망카 대성당은 로마네스크 양식의 구성당과 고딕 양식의 신성당이 등을 맞대고 있다. 외관 꾸밈이 다르다. 신대성당의 입구 조각은 성경을 그림으로 표현한 듯 상세하다. 예수 탄생과 수많은 성인을 조각한 것이 나뭇잎 조각으로 연결되어 부드럽고 아름답다. 추리게라 형제가 지은 성당은 청색 돔과 뾰족탑이 어울려 아기자기하다.

성당 안으로 들어서니 더욱 놀랍다. 옛 성당을 허물지 않고 220년간의 공사 끝에 완성한 신대성당은 높은 천장 장식과 성화, 예수와 마리아의 상 등 모든 것이 예술품이다. 성당의 벽면을 장식한 부조 또한 놀랍다. 진기한 보물과 묘비 등 볼거리가 많다. 오디오 가이드를 빌리려 했으나 한국어는 없다. 500년의 간격을 두고 세워진 신구 두 성당은 내부가 서로 연결되고 여러 양식이 혼합되어 지금껏 본 성당과 다른 느낌을 준다. 순례객 단체와 관광객은 오디오를 끼고 상세하게 보는데 나는 이리저리 다니며 수박 겉 핥기 식이다. 구성당의 제단 위 '최후의 심판' 그림은 선악이 분명하다. 쉽고 실감 나는 그림이라 훗날 나에게 내려질 심판을 잠시 생각게 한다. 베개가 3개인 대주교 영묘가 많다. 관을 장식한 조각이 볼만하다. 오랜 세월 많은 사람들의 손길로 이룩된 성당의 작품과 꾸밈에는 개인의 재능과 신을 향한 염원이 녹아 있다. 허둥대는 내 마음을 가라앉혀 기도하게 한다.

성당 근처 조개의 집은 400여 개 조개 무늬로 벽을 장식했다. 15세기에 세워진 기사의 집으로 순례객이 머물기도 했다. 지금은 도서관으로 활용한다. 2층 복도에서 정사각형 정원을 내려다보니 조가비를 매단 지팡이를 든 순례객들이 입구로 들어설 것만 같다. 조가비가 산티아고 순례길의 상징이 된 것은 순례객들이 그릇 대신 조개껍데기를 사용한 데서 유래한다. 대성당과 살라망카 대학 본관 건물, 아나야 궁전 등 중세 건물로 둘러싸인 아나야 광장에는 관광객을 실은 꼬마 열차가 출발한다. 마치 타임머신을 타고 옛날로 떠나는 것 같다. 우리는 나무 그늘에 자리를 잡고 준비해 온 점심을 먹었다. 그리고 포르투갈 파티마를 향해 달렸다.

포르투갈, 다시 스페인

파티마 성지

파티마 대성당 주차장에는 대형 관광버스가 줄지어 서 있고 근처 나무 밑은 천막촌이다. 순례객이 많이 찾고 머물며 기도하는 성지다. 우리는 세 명의 목동이 잠든 기념관부터 참배했다. 무덤 앞에 꽃다발이 놓여 있고 순례객이 줄을 잇는다.

1917년 5월 13일 세 명의 어린 목동(프란시스코, 자신타, 루시아)에게 성모님이 발현하여 매월 13일에 다섯 차례 찾겠다는 약속을 했다. 마지막 10월 13일 목동의 이야기를 듣고 모인 사람들은 소용돌이치는 강한 빛을 보았다. 그리고 세 명의 목동은 세 가지 예언을 들었다. 두 가지 예언은 목동의 죽음과 제1차 세계대전의 종전이다. 한 가지는 비밀을 지킬 것을 약속하며 일러주었다. 성모님의 예언대로 전쟁은 끝나고 두 목동은

1919년과 그 다음해에 차례로 죽었다. 한 가지 예언은 지금까지 비밀로 남았다. 루시아만이 수도원에서 신앙생활을 한 후 수녀가 되었다.

성당 광장은 아주 넓다. 마침 성모 발현지에 세운 예배당에서 미사가 진행된다. 우리는 미사에 참례했다. 주제단 뒤에 작은 성당이 있고 그 앞에 성모 마리아 상이 놓여 있다. 미사를 마친 순례객들이 무릎 보호대를 하고 촛불을 들고 예수님의 고행을 몸소 체험하며 100미터 정도의 거리를 무릎을 꿇은 자세로 이동한다. 손자가 가만히 살피더니 촛불을 들고 무릎 보호대를 해달라고 한다. 그리고 어른들과 같은 자세로 순례객의 뒤를 따른다. 어둠이 깔리고 어린것이 힘들 것 같아 그만하자고 하니 제법 엄숙한 표정으로 끝까지 하겠다고 한다. 기도가 무엇인지 알까?

여행을 시작하고부터 손자는 성당에 들어가면 두 손을 모아 기도를 한다. 가끔 무엇을 빌었냐고 물어도 시원하게 대답을 못한다. 그러면서도 꼭 돈을 달라 하고 촛불을 밝힌다. 목동이 잠든 기념관, 많은 순례객과 미사 광경, 성모님 발현 장소의 이글거리는 촛불, 대성당 앞 종탑과 우뚝한 예수상 등 넓은 광장의 분위기가 손자의 마음을 움직인 것 같다. 나는 손자 뒤를 따르며 성모님의 마지막 예언을 묵상해보았다. 내 마음에 비추어 '항상 깨어 있으라'는 성경 말씀이 떠오른다.

매년 5월과 10월 13일에는 특히 많은 순례객이 모인다. 저마다 목동에게 비밀로 하라는 그 예언을 묵상하기 위해 모여들지 않을까? 성모님은 분명 깊은 의도를 지니고 비밀을 발설하지 말라고 부탁했을 것이다. 성지는 많은 생각을 불러일으키는 곳이다. 늦은 시간 리스본으로 향해 달리다 시 외곽 호텔에 들어가니 방은 넓고 깨끗하다.

리스본 외곽

차가 있으니 리스본 근교부터 구경하고 시간이 되면 도심을 볼 계획을 세웠다. 특히 유라시아 대륙의 끝, 이베리아 반도의 끝자락 호카 곶에 중점을 두었다. 한참을 달려 전원 풍경이 아름다운 한적한 마을로 접어들었다. 언덕길에 차가 정체되어 가다 서다를 반복한다. 리스본 북서쪽 28킬로미터 지점에 있는 신트라다. 영국 시인 바이런이 에덴의 동산이라 할 만큼 숲이 울창한 아름다운 작은 도시다. 언덕 위 광장에는 원뿔형 굴뚝 2개가 솟은 하얀 왕궁이 있다. 14세기부터 1910년까지 왕실의 여름 별장이었던 왕궁은 무어인의 요새 위에 세워졌다. 관광객이 붐비는 좁은 곳이라 정차할 자리가 없다. 나는 급히 왕궁의 외관과 골목의 집들, 선물가게 등을 구경했다. 세계문화유산에 지정된 작은 마을은 아름답다. 차를 타고 굽은 산길을 오를수록 내려다보이는 마을 전경은 점점 더 아름답다. 페나 성과 무어인 성터를 보기 위해 어렵사리 주차 공간을 찾아 차를 세웠다.

산 정상에 페나 성이 우뚝하다. 독일 퓌센 성을 지은 루드비히 2세의 사촌 페르디난트 2세가 완성한 성으로 다양한 건축양식이 혼재되었다. 이슬람풍의 정원과 색 타일의 꾸밈은 인도의 어느 성채 같기도 하다. 아멜리아 여왕의 방, 터키인 살롱, 예배당 등의 가구와 장식이 아기자기하고 섬세하다. 방마다 조각과 그림, 벽면의 장식은 예술품이다. 전망 또한 일품이다. 울창한 숲과 그림 같은 마을, 멀리 대서양이 구름 한 점 없는 파란 하늘 아래 펼쳐져 있다.

산길을 내려와 마을을 지나며 길을 물어 호카 곶을 찾았다. 이베리아 반도의 가장 서쪽 끝 지점으로 '대륙의 코'라고도 한다. 절벽 위에 '여기에서 땅이 끝나고 바다가 시작된다'라는 포르투갈 시인 카몽이스의 시구절이 새겨진 돌탑이 서 있다. 꼭대기에 하얀 십자가가 우뚝하다.

절벽 아래 파도가 부서지고, 세찬 바람이 몰아친다. 망망대해를 바라보니 거친 바다를 향해하는 배 위에 선 듯하다. 나는 항상 대륙의 끝 지점에 서면 가슴이 떨린다. 더 이상 나아갈 수도 오를 수도 없는 땅을 밟고 있다는 사실만으로도 감동한다. 돌담을 넘었다. 거센 바람 때문에 돌담에 기대어 앉았다. '여기까지 왔구나!' 파도가 발아래 넘실거린다. 두 팔을 벌리고 숨을 깊이 들이마셨다. 내 모습이 좋아 보였던지 손자가 돌담을 넘겠다고 한다. 남편이 손자를 안고 담을 넘었다. 손자를 가운데 두고 우리는 손을 잡았다. 자연의 일부가 되어 마음이 편안하다. 거센 바람 속에 돌담을 넘은 것은 무모함도 들뜬 마음도 아니다. 좀 더 자연을 가까이 접하고 싶음이다. 외국 관광객 한둘도 담을 넘어 환호한다.

손자를 딸에게 넘겨주고 남편과 나는 나란히 앉아 말없이 하늘이 맞닿은 대서양을 바라보았다. 우리 부부가 한날한시에 이 세상을 떠날 수는 없다. 누가 남겨질까? 남편을 쳐다보니 세월이 머문 얼굴이다. 이기적인 생각으로 배려해주지 않아 섭섭하다 항의하고, 하나에 매달려 둘을 생각지 않아 답답하다 가슴 치며, 남의 말을 듣지 않는 외고집에 숨 막힌다 탓하며, 내 인생 힘들게 하는 장본인이라 대들었다. 아웅다웅 살아온 날들이 휙휙 지나간다. '내가 힘들 때 이 사람 역시…' 대서양 거센 바람이 내 정신을 깨운다. 미안하고 고마운 마음에 눈물이 흐른다. 내가 먼저 떠나면 이 사람 불쌍해서 어쩌지. 나 홀로 남으면 외롭고 슬퍼서 어찌 살지. 더 늦기 전에…. 절벽 아래 부서지는 파도가 일러준다.

_호카 곶. 이베리아 반도의 가장 서쪽 끝 지점으로 '대륙의 코'라고도 한다.

나는 절벽 따라 생긴 오솔길을 걸었다. 드넓게 펼쳐진 산등성의 푸른 초원과 하늘과 바다가 맞닿아 끝이 없는 수평선이 내 마음을 아늑하게 한다. 어느 사이 딸이 내 옆에 와서 말없이 걷는다. 제법 멀리까지 왔다. 외진 곳이라 두 팔을 벌리고 "이점우 여기 왔다 간다!" 바다를 향해 소리쳤다. 자연에 대한 예의이고 나에게 보내는 환호다.

반대쪽 등대 앞을 걸으며 밤의 풍경을 그려보았다. 깊은 산속의 한밤중과는 또 다른 감동으로 가슴 벅찰 것 같다. 내가 얼른 자리를 뜨지 못하고 서성이니 남편은 추위에 떠는 손자를 안고 차로 향한다. 대서양 절벽 위 호카 곶의 풍경을 가슴에 담고 돌아서 차에 올랐다.

해안을 따라 카스카이스로 향해 달렸다. 가는 길에 '지옥의 입' 관광지가 나온다. 오랜 세월 몰아치는 파도에 침식된 구멍이 마치 지옥으로 들어가는 문과 같다고 붙여진 이름이다. 거센 파도가 밀려오니 절벽과 바위 사이의 구멍으로 물보라가 치솟는다. 파도가 밀려오는 해변과 암초지대를 지나면서 이베리아 반도 서쪽 해안 풍경을 보았다.

작은 어촌 카스카이스는 19세기에 포르투갈 왕가의 피서지로 개발된 후 이름난 휴양지로 바뀌었다. 고급 주택과 리조트가 많다. 거리는 깨끗하고 가로수 야자나무 잎이 시원스럽다. 성벽과 고풍스러운 골목 주택, 물결 무늬의 바닥 등 이색적인 해안마을이다. 지난날 마카오에서 포르투갈 건축물과 물결 무늬 타일이 있는 세나도 광장 분위기를 신기하게 느낀 적이 있다. 남한 크기의 포르투갈이 먼 마카오를 식민지로 둔 해상국이었음을 감안하고 구경해야 하나? 그때 우리나라는? 마치 부잣집 담장을 넘겨다부는 기분이었다.

역에서 가까운 해수욕장은 일광욕을 즐기는 사람들로 만원이다. 깃발이 펄럭이는 야외무대에서는 악단이 신나게 연주를 하고, 해변에서는 모래 조각으로 백설 공주 성과 풍만한 여체를 표현하는 예술가의 손길이 바쁘다. 도로변에 접한 작은 해수욕장의 분위기는 흥겹다. 손자가 해수욕을 하겠다고 한다.

수영복에 어린이용 선글라스를 끼고 나선 손자의 폼이 해수욕장 분위기에 딱 어울린다. 대서양 휴양지에서 어린 시절 한때를 즐겼다는 증거를 남기려고 나는 열심히 사진을 찍어주었다. 고운 모래 해변에서 노는 손자의 모습은 내 마음을 뿌듯하게 한다. 돌을 갓 지나서부터 종일반 어린이집에 다니는 손자다. 엄마와 함께 신나서 어쩔 줄 몰라하는 손자의 흥을 돋우려 나는 옷을 입은 채 손자를 안고 물속으로 들어갔다. 출렁이는 대서양 파도에 몸을 맡기니 신나는 물놀이다. 손자 덕에 잠시나마 호사스러운 여유를 즐겼다.

리스본 도심

도심에서 6킬로미터 떨어진 테주 강 근처 울트라마르 공원 옆에 차를 세웠다. 광장을 바라보고 300미터 높이의 석회암 건축물인 제로니무스 수도원이 자리한다. 항해왕 엔히크와 바스쿠 다가마의 인도 항로 발견을 기념하는 건축물이다. 아치형 입구 조각이 섬세하고 아름답다. 수도원 안뜰은 정사각형 회랑으로 둘러싸여 있고, 회랑 기둥에 새겨진 정교한 조각이 돋보인다. 포르투갈의 전성기였던 1502년에 마누엘 1세가 세웠다. 수도원 남문 입구에는 엔히크 왕자의 동상이 있다. 입구 조각이 세밀하고 아름다운 성모 마리아 교회에는 바스쿠 다가마와 포르투갈 민족 시인 카몽이스의 석관을 안치했다.

지하도를 건너 테주 강 변으로 갔다. 큰 범선 모양인 '발견의 탑'이 우뚝하다. 배 앞머리의 엔히크 왕자, 그 뒤 항해에 공을 남긴 바스쿠 다가마를 비롯해 선원, 지리학자, 선교사 등 차례로 줄지어 선 조각상이 역동적이다. 금방이라도 대서양을 향해 범선이 출발할 것 같다. 이 탑은 포르투갈 대항해 시대의 선구자이며 대서양의 여러 섬을 발견한 엔히크 왕자의 탄생 500주년을 기념하여 1960년에 세웠다.

탑 아래 광장 바닥에는 붉은 대리석으로 된 대형 세계지도가 있다. 포르투갈이 언제 어느 곳을 탐험했는지 그 연도가 상세하게 표시되어 있다. 동쪽 한반도의 모습도 정확하다. 세계를 휘젓고 다닌 포르투갈의 지난날 영화를 보니 놀랍다. 우리나라와 가까운 일본까지 왔다. 전 세계를

_ 테주 강 변 광장 바닥에 있는 세계지도. 한반도의 모습이 정확하다.

주름잡던 시절의 역사다. 포르투갈의 어린이들이 이곳에 서면 긍지를 지닐 것 같아 부럽다.

넓은 강 위로 길이가 2278미터인 '4월 25일 다리'가 보인다. 아래는 기차가 다니는 2층 다리로 '살라자르 다리'라 부르다가, 1974년 4월 25일 무혈 혁명으로 독재자 살라자르를 내쫓고 신정부가 들어서면서 이름을 바꿨다. 유럽에서 가장 긴 다리다. 다리 건너 언덕에 두 팔을 벌린 28미터의 예수 조각상이 높은 기둥 위에 서 있다. 브라질 리우데자네이루의 코르코바도 언덕의 그리스도상을 본떠 그것보다 2미터 작게 만들었다. 2002년 브라질의 그리스도상 아래에서 느꼈던 감동을 떠올린다. 리우데자네이루라는 도시와 아름다운 해안선에 감탄했던 그날이 엊그제 같은데 벌써 15년이 흘렀다. 나는 소리 없이 흐르는 시간이 제일 겁난다.

해질 녘 햇살이 강변을 아름답게 꾸민다. 시민들이 한둘씩 모여 산책을 한다. 강바람이 시원하다. 우리는 강 하구의 벨렝 탑을 향해 강변을 산책하듯 걸었다. 벨렝 탑은 인도나 브라질로 떠나는 배가 통관 절차를 밟던 곳으로 물 위에 세워졌다. 작은 다리로 연결된 탑은 귀부인이 드레스 자락을 늘어뜨린 듯 아름답다고 해서 '테주 강의 귀부인'이라 부른다. 1층은 수중 감옥이고 2층은 대포실, 3층은 귀빈실로 이루어졌다. 강 위에 떠 있는 벨렝 탑이 지는 햇살을 받아 아름답다. 맑은 날 가장 좋은 시간대에 아름답기로 소문난 탑을 제대로 보았다.

하루 동안 많은 것을 보았다. 남편은 어둡기 전에 고속도로를 타야 한다고 하고 나는 차로 달리면서라도 리스본의 도심을 보고 가자고 했다. 먼저 테주 강에 접한 코메르시우 광장을 찾았다. 리스본에서 가장 큰 광장으로 중앙에는 조지 1세의 기마상이 서 있고 아치형 기둥 건축물이 늘어섰다. 광장 입구 개선문에서 로시우 광장까지의 보행자 전용 아우구스타 거리는 리스본 최대의 번화가로 화려한 상점이 모여 있다. 도로는 바둑판처럼 곧고 중심 상업 지역답게 깔끔한 5~6층 건물들이 줄지어 서 있다. 로시우 광장과 아우구스타 거리와 인접한 곳에 산타주스타 엘리바도르 타워가 있다. 넓지 않은 거리 중앙에 세워진 철재 건축물로 에펠의 제자가 만들었다. 윗부분은 전망대다. 파리 에펠 탑의 부드러운 곡선이 아닌 사각기둥이다. 주변 건물과 비교하니 독특하다.

로마 시대에 세워진 상 조르제 성은 리스본에서 가장 높은 언덕에 자리한다. 오래된 건축물답게 성벽이 높고 견고하다. 성채에 올라 시내를 조망하기 좋은데 우리는 깃발이 펄럭이는 성벽을 본 것으로 만족한다. 중앙 돔이 우뚝한 하얀 산타 엥그라시아 성당이 저녁 햇살에 화려하게 보인다. 알파마 지구의 좁은 거리에 전차와 자동차가 빽빽이 늘어섰다.

시가지 중심에 자리한 로시우 광장의 높은 기둥 위에 동 페드로 4세의 동상이 서 있다. 광장 바닥은 포르투갈에서 흔히 볼 수 있는 물결무늬 모자이크다. 옛날에 공식 행사와 종교재판이 벌이진 곳으로 국립 극장과 분수 2개가 있다.

리베르다데 거리에 있는 레스타우라도레스 광장은 스페인으로부터의 독립을 기념하여 만든 곳이다. 광장 중앙의 오벨리스크가 우뚝하다. 차로 좀 더 달리니 퐁발 후작 광장이 나온다. 광장을 중심으로 여러 갈래의 도로가 뚫려 있다. 영웅 대접을 받는 퐁발 후작은 정치가이며 포르투갈 산업을 발전시킨 사람이라 리스본 곳곳에서 그의 동상을 볼 수 있다. 퐁발 후작 광장 뒤쪽의 에두아르두 7세 공원은 잘 다듬어진 아름답고 넓은 공원이다. 영국 에드워드 7세의 리스본 방문을 기념하여 만든 공원으로 멀리 테주 강이 보인다. 리베르다데 거리는 포르투갈의 샹젤리제라 불리며 호텔과 극장 등 멋지고 큼직한 건물이 늘어서 있다. 넓고 산뜻한 도로가 시원스럽다.

딸은 지도를 보고 길을 찾고, 남편은 신경을 곤두세우고 운전을 한다. 나는 창밖으로 얼굴을 내밀고 하나라도 더 보려 애를 쓴다. 손자는 옆에서 덩달아 두리번거린다. 서울처럼 높은 빌딩은 없지만 깔끔한 건물과 도로, 크고 작은 광장에 세워진 역사 속 인물의 동상, 서민들의 허름한 주택들이 모인 동네 등 리스본 곳곳에 대항해 시대의 잘살았던 흔적이 남아 있다. 빨간 기와지붕에 흰 벽의 주택들이 자리한 언덕길에 차를 세우고 테주 강을 바라보았다. 리스본은 과거와 현대가 어우러진 매력적인 도시다.

우리는 정차가 가능한 곳에서는 잠시 차에서 내려 광장을 걸어보며 동상을 구경하고, 복잡한 곳은 "저기… 저기… 아!" 감탄하며 지났다. 작은 전차는 좁은 길에 자동차와 함께 달리며 언덕을 오르고 주요 관광지 앞을 지나다닌다. 일일 교통패스로 얼마든지 리스본 시내 구경을 알차게 할 수 있는데 아쉽다. 그래도 잠시나마 렌터카로 기동성 있게 움직여 리스본 구경을 잘했다. 복잡한 서울 거리를 달리던 남편인지라 어느 대도시에서도 운전 실력을 발휘한다. 고속도로에 진입하여 멀어져 가는 리스본을 돌아보니 가로등 불빛이 켜지기 시작한다.

톨레도

스페인 톨레도에 도착했다. 성벽으로 둘러싸인 비사그라 성문에는 두 마리 독수리 문장이 새겨져 고도의 분위기를 자아낸다. 성문을 통과하여 들어선 소코도베르 광장에서는 관광용 꼬마 열차가 출발하고, 카페와 기념품가게가 모여 있다.

톨레도는 로마 식민지, 이슬람 지배, 기독교 점령의 역사로 혼합된 문화를 지녔다. 도시 전체가 유네스코 세계문화유산에 지정된 곳으로 1561년 수도를 마드리드로 옮길 때까지 스페인의 중심지로 번창했다.

타호 강으로 둘러싸인 세르반테스 언덕 정상에 우뚝 선 알카사르 근처에 주차했다. 이슬람 요새였던 알카사르를 기독교인의 왕궁으로 사용하다가 지금은 군사 박물관으로 이용한다. 톨레도 어디서든 눈에 띄는 네모반듯한 큰 건물로 네 귀퉁이의 뾰족탑이 돋보인다. 수리 중이라 들어갈 수는 없다. 정문에 세워진 승리의 기념비 청동 여신상이 긴 총대를 받쳐 들고 있는 게 인상적이다.

좁은 골목길로 내려가니 넓지 않은 광장에 스페인 가톨릭의 총본산인 톨레도 대성당이 나온다. 이슬람 사원으로 건축을 시작하여 260년이 넘는 공사 기간을 거쳐 가톨릭 대성당으로 완성했다. 높이 솟은 고딕 첨탑과 돔 지붕 사이에 3개의 출입문이 있다. 대성당 정면의 조각은 섬세하고 아름답다. 옆문을 통해 성당에 들어서니 높은 천장을 떠받친 굵은 기둥과 제단 뒤 황금으로 장식된 벽면, 성가대석의 조각과 천장화, 저녁 햇살을 받은 스테인드글라스 등 화려하고 장엄함에 눈이 휘둥그레진다. 엘 그레코의 '옷이 벗겨지는 그리스도'를 비롯한 유명 화가의 그림들로 성당은 미술관을 방불케 한다. 대성당 전체가 보물로 어디를 보아도 감탄의 연속이다.

성당 밖 좁은 골목길의 건축물 또한 놀랍다. 이슬람 양식의 장식을 그대로 지닌 고풍스러운 톨레도 구시가지의 여기저기를 둘러보는 것 자체가 관광이다. 며칠간 스페인의 이름난 관광지와 유적을 찾아다니며 가는 곳마다 놀라움을 더한다.

콘테 광장 근처 작은 산토 토메 성당으로 갔다. 엘 그레코의 유명한 그림 '오르가스 백작의 매장'이 있다. 재산 전부를 성당에 기부한 오르가스 백작을 위해 그린 엘 그레코의 대표작이다. 두 성인이 내려와 백작의 시신을 매장하고 천사가 그의 영혼을 천상으로 올린다. 예수님과 성모님이 백작의 영혼을 인도하는 그림이다. 천상과 지상으로 나뉜 사실적인 그림이라 보고 있으면 장례식에서 벌어지는 많은 이야기가 들리는 것 같다. 이 그림의 유명세로 관광객이 붐빈다. 엘 그레코는 그리스 태생으로 톨레도에 정착하여 많은 작품을 남겼다. 종교화와 초상화의 대가로 인물을 길쭉하고 일그러지게 묘사했다.

마드리드 구경

새벽길을 달려 마드리드 아토차 역에 짐을 내렸다. 나는 손자를 데리고 짐을 지키고 남편과 딸은 10시까지 공항에 차를 돌려주려 서두니 손자가 엄마와 떨어지지 않으려 한다. 공항, 비행기, 짐 등 우리가 하는 이야기를 듣고 엄마가 멀리 떠난다고 생각하고 완강하다. 아이를 의식하지 않고 우리끼리 말한 것이 잘못이다. 손자는 잔뜩 긴장하고 들었다. 손자를 딸려 보내고 나는 박스째 내린 짐을 정리했다. 렌터카를 무사히 돌려주니 홀가분하다.

가방을 보관함에 넣어두고 마드리드 관광을 나섰다. 하루 동안 수도 마드리드를 제대로 구경하기는 어렵다. 차로 기동성 있게 관광지를 찾으면 편하다. 하지만 단편적인 여행으로 볼 때뿐 곧 잊어버리고 감동은 쉽게 사라진다. 걸어서 시내를 구경하며 12박 13일간의 스페인 여행을 정리하기로 했다. 먼저 지도를 보며 거리와 광장, 볼거리를 파악하니 마드리드 시내 걷기는 누워서 떡 먹기다. 역사적 유적과 현대의 발전된 모습을 지닌 마드리드에는 18세기에 건축한 왕궁과 세계적인 프라도 미술관이 있다. 해발 635미터 고원에 위치한 도시라 여름에는 덥고 건조하다.

우리는 먼저 아토차 역 근처의 부엔 레티로 공원에 갔다. 왕비의 별궁 정원으로 잔디밭과 우거진 숲, 인공 호수가 있는 넓은 공원은 시민의 휴식 장소다. 수도 시설이 군데군데 있어 우리가 잠시 쉬기에도 좋은 곳이다. 며칠간 자동차를 타고 다니다 넓은 공원을 만난 손자는 신이 나서 마음껏 뛰어논다. 나는 햇살을 받으며 잔디에 누웠다. 아늑하고 편안하다. 남은 음식을 풀어놓으니 멋진 피크닉이다. 아침 겸 점심을 먹고 가볍게 짐을 정리하고 걷기 시작했다.

레티로 공원에서 나와 관광의 출발점인 솔 광장으로 갔다. 솔(Sol)은 지금은 없어진 옛날 성문에 태양이 새겨졌다고 붙여진 이름이다. 솔 광장은 만남의 광장으로 관광객들이 북적인다. 지난날 시민들이 나폴레옹 군대에 맞서 저항한 역사적인 현장이기도 하다. 스페인 각지로 통하는 도로 9개의 기점 표시가 시계탑이 우뚝한 자치정부 청사 앞 보도 바닥에 새겨져 있다. 관광객들은 기념사진을 찍느라 차례를 기다린다. 마드리드를 상징하는 상록수 아르부투스 나무의 잎을 먹는 큼직한 곰 동상과 도시 발전에 공헌한 카를로스 3세의 기마상이 있다.

4~5층의 비슷한 건물들이 줄지어 선 거리를 구경하며 걷다보니 4층 건물로 둘러싸인 마요르 광장이다. 9개의 아치문이 있는 보행자 전용 광장이다. 언뜻 보면 살라망카 마요르 광장과 비슷하다. 광장 중앙에는 펠리페 3세의 기마상이 서 있고, 1층의 카페와 선물가게에는 관광객이 붐빈다. 옛날 투우 경기가 벌어지고 왕의 취임식과 각종 행사가 벌어진 장소이다. 지금은 거리의 화가들이 초상화를 그리고 다양한 퍼포먼스로 관광객의 관심을 끈다.

마요르 광장에서 알무데나 대성당을 향해 걸었다. 가는 길에 산 미구엘 시장 건물을 만났다. 도심 속 시장은 건물만큼이나 시장 안도 깔끔하다. 갖가지 식품과 과일 등 없는 것이 없다. 간이 바 형식의 가게 앞에서는 관광객들이 서서 간단한 술과 음료수를 마신다. 돼지고기를 숙성한 햄 종류의 하몽이 매달려 있다. 알무데나 대성당은 이슬람교도가 마드리

_ 마드리드 왕궁. 마드리드에서 가장 큰 건축물로 2500개가 넘는 방이 있다.

드를 침공했을 때 성벽에 숨겨둔 성모상을 370년이 지난 후 발견하고 그 장소에 지은 것이다. 단아한 외관에 비해 내부는 경건하고 아름답다.

성당 가까운 곳에 있는 마드리드 왕궁은 마드리드에서 가장 큰 건축물이다. 마드리드로 수도를 옮긴 펠리페 2세는 처음에 이슬람 요새에서 살았다. 화재로 요새가 소실되자 루이 14세의 손자인 펠리페 5세가 베르사유 궁전처럼 지으려고 했으나 여의치 않았다. 1700년대 중반에 완성된 현재의 왕궁은 2500개가 넘는 방 중 50여 개의 방이 일반에 개방되고 있다. 베르사유 궁전의 거울의 방을 모방한 왕관의 방, 유명한 화가의 그림, 금은 세공품 등 유럽 왕궁의 화려함을 다 갖춘 궁이다. 입장하려는 사람들이 티켓이 아닌 뭔가를 들고 있다. EU국가 관광객의 무료입장권이라고 한다. 왕궁 옆 오리엔테 광장에는 펠리페 4세의 기마상과 스페인

_ 세르반테스 사후 300주년 기념탑. 삐쩍 마른 돈키호테와 뚱뚱한 산초의 조각상은 정면보다 옆에서 보는 것이 더 재미있다.

역대 왕들의 조각상이 나란하다.

스페인 광장 쪽으로 방향을 잡아 걸었다. 궁전에 인접한 사바티니 정원은 갖가지 꽃으로 잘 손질되었다. 이런 공간이 있어 마드리드 시내가 한결 상큼하다. 스페인 광장 주변에는 23층의 에스파냐 빌딩과 35층의 마드리드 타워가 우뚝하다. 스페인 광장에는 다른 곳과 달리 정원처럼 작은 연못도 있다. 세르반테스 사후 300주년 기념탑 위에 5대륙을 상징하는 5명의 여신이 책을 읽고 있는 모습이 특이하다. 기념탑 중앙에 앉은 세르반테스는 말 탄 돈키호테와 산초를 내려다보고 있다. 손자는 동상이 마음에 드는지 말의 다리를 만져보고 조각상 위에 올라타려 한다.

마드리드 최대의 번화가인 그란 비아 거리를 걸어 내려오며 그리스 신전을 닮은 스페인 의회 건물도 보았다. 그란 비아 거리는 스페인 광장과 시벨레스 광장을 잇는 1.5킬로미터의 대로로 구시가지와 신시가지를 구분한다. 거리 양편에는 영화관, 쇼핑몰, 호텔, 레스토랑 등이 줄지어 있다. 그란 비아 거리와 알칼라 거리가 만나는 지점이 시벨레스 광장이다. 교통이 번잡하다. 광장 중앙에는 하늘과 땅의 여신 시벨레스가 탄 수레를 두 마리 사자가 끄는 조각상이 있다. 아름답고 역동적이다. 분수의 물줄기가 시원스럽다. 광장 주위의 중앙 우체국과 스페인 은행 건물은 마드리드 왕궁보다 외관이 아름답다. 그래서인지 관광 코스의 하나로 많은 관광객들이 사진촬영에 열심이다. 시벨레스 광장 가까이 독립 광장이 있다. 이곳의 알칼라 문 위에 앉아 있는 조각상이 앙증스럽다. 교통이 복잡한 로터리에 자리한 아름다운 문은 공항에서 달려와 만나는 마드리드 구시가지의 얼굴 같다.

마드리드는 무어인이 톨레도를 방어하기 위해 세운 성채를 바탕으로 발전했다. 그 때문에 톨레도나 세고비아와 같은 중세의 좁은 골목이 있는 작은 도시와 달리 넓게 뻗은 도로가 시원스럽다. 1560년 천도한 후의 발전한 면모를 보여준다. 광장을 중심으로 걸으니 마드리드의 도시 규모가 조금은 파악된다. 관광지마다 관광객이 붐빈다. 그들 속에 스페인 여행을 꿈꾸었던 내가 있었다.

미술관 구경 후 모스크바로

마드리드에는 티센보르네미서 미술관, 프라도 미술관, 레이나소피아 국립 미술관과 같은 유명한 미술관이 있다. 유명한 곳인 만큼 스쳐서라도 가라는 배려인 듯 무료입장 시간이 있다. 프라도 미술관은 오후 6시부터 8시까지, 레이나소피아 국립 미술관은 오후 7시부터 9시까지 무료다. 우리처럼 짧은 시간 마드리드를 구경하다보면 느슨하게 그림을 감상할 수 없다. 외관만 보고 아쉬운 마음으로 돌아서기 십상이다. 무료이기에 일단 들어가서 2시간 동안 관람할 계획을 세웠다.

우리는 시내 구경을 마친 다음 무료입장 시간에 맞춰 프라도 미술관을 찾았다. 벨라스케스의 좌상은 미술관 측면에서 보았고, 정문에 고야의 동상이 있다. 엘 그레코의 동상은 보이지 않는다. 스페인 3대 화가에 속하는 엘 그레코는 그리스 사람이기 때문인가? 아니면 내가 찾지 못한 것인가? 프라도 미술관은 파리의 루브르 박물관과 상트페테르부르크의 에르미타주 미술관과 함께 세계 3대 미술관의 하나다. 6000여 점의 예술품을 소장하며, 스페인 3대 화가의 그림, 르네상스 시대의 라파엘로와 보티첼리의 작품, 고대의 조각 등이 있다.

톨레도에서 본 몇 점의 그림을 떠올리며 엘 그레코의 '가슴에 손을 얹은 기사의 초상'을 보았다. 역시 길쭉한 얼굴 형체이다. '수태고지' 그림은 다른 성화와 달리 환상적인 색체와 형체다. 엘 그레코가 현대 화풍에 크게 영향을 미친 사람이라는 말뜻을 알려주는 그림이다. 기존의 틀을 조금 깨는 듯 보인다.

벨라스케스는 궁정 화가로 왕족의 초상화를 많이 그렸다. 공주의 치장을 돕는 시녀들의 역할 분담이 재미있게 화면을 메운다. '시녀' 그림 앞에 사람들이 모여 있다. 그의 작품이 50여 점 소장되어 있다며 딸은 나를 데리고 이리저리 급히 다닌다.

고야의 그림 '카를로스 4세의 가족'은 한 장의 가족사진이다. 옷의 질감이 느껴지고 무늬가 선명하다. 머리 손질 또한 너무 사실적인 표현이라 사람의 손으로 그렸다고 생각하기 어렵다. 궁정 화가로 부르봉 왕가의 건재함을 나타내고자 한 그의 의도를 생각하며 그림을 보았다. 사진은 평면적이고 딱딱한 반면 그림은 화면을 메우지만 여유와 따뜻함을 느끼게 한다. '자식을 잡아먹는 사투르누스'는 섬뜩하면서도 재미있다. 인간 내면을 들여다보는 것 같다.

스페인 3대 화가의 그림을 한곳에서 비교하며 보고 나니 작은 숙제를 마친 듯하다. 60일간 여러 미술관에서 본 그림이 눈에 익어 그림 보기가 한결 편하다. 서울에 돌아가면 손자와 인사동의 화랑이나 미술관을 구경해야겠다고 다짐했다. 문 닫을 시간이라 안내원이 출구 쪽을 가리킨다. 남편은 손자를 데리고 먼저 나가고 딸과 나는 마지막까지 이 방 저 방으로 옮겨 다니며 하나라도 더 보려 애를 썼다.

1시간 후에 문을 닫는 레이나소피아 국립 미술관의 피카소 그림을 놓칠 수 없다. 우리는 멀지 않은 미술관을 향해 뛰었다. 미술관 정면의 통유리 엘리베이터를 타고 피카소 그림이 있는 2층으로 갔다. 미술 교과서에서 본 피카소의 '게르니카' 진품 앞에 서니 감격스럽다. 피카소 그림 중 가장 알아보기 쉬운 그림이다. 나치의 폭격으로 쑥대밭이 된 게르니카의 현장을 목격하고 그 참혹상을 화폭에 담은 그림이다. 울부짖는 말, 죽은 자식을 안은 어머니, 부러진 칼, 잘린 팔 등 전쟁의 고통과 비참함을 흑백으로 나타냈다.

시간을 잘 활용하여 무료입장으로 유명한 그림을 몇 점이라도 보고 나니 마드리드 구경을 잘 마친 기분이다. 바로 옆 기차역에서 짐을 찾아 공항버스를 탔다. 13킬로미터 떨어진 공항까지 가는 동안 하루만 더 있었으면 하는 아쉬움이 든다. 언제나 여행지를 떠나면서 갖는 마음이다. 잠시 보고 떠나는 여행길이 이럴진대 긴 생의 마지막 날에는 어떨까? 정신이 번쩍 든다. 마드리드 여행을 마치며 후회를 되씹는 말을 가능한 한 하지 않기로 결심한다. 그래야 또 다른 세상으로 홀가분하게 여행을 떠날 테니까.

러시아

모스크바: 숙박

새벽 6시 15분에 모스크바 공항에 내렸다. 큰 가방 하나가 나오지 않는다. 공항 직원에게 알아본 결과 마드리드 공항에 가방이 그대로 있다고 한다. '여행 막바지에 웬일이람!' 취사도구와 양념이 들어 있는 가방이라 꼭 필요하다. 짐이 도착하는 대로 호텔로 가져다주겠다고 한다. 여행 후반 일정이 바뀔 수 있어 숙소를 예약하지 않은 상태다. 상트페테르부르크행 기차표 구입에 따라 일정이 달라지기 때문이다. 일단 레닌 역으로 이동했다. 영어가 잘되지 않는 매표원과 필담으로 상트페테르부르크 왕복 야간 기차표를 샀다. 기차표를 쥐고 7박 8일간의 러시아 여행 일정을 점검했다. 남은 건 숙소 찾기다.

남편과 손자를 역 대합실에 남겨두고 딸과 나섰다. 보통 기차역 주변에는 다양한 숙소가 있기 마련이다. 그런데 힐튼 호텔만 보일 뿐 사방을 둘러보아도 호텔 간판이 보이지 않는다. 뒷길로 접어들어 찾아보았으나 허탕이다. 딸이 스마트폰으로 검색해도 정보가 없다. 하는 수 없이 힐튼 호텔에 들어갔다. 하루 숙박료가 배낭여행 며칠간 경비와 맞먹는다. 호텔 안내 데스크에 사정을 말하고 민박이나 게스트하우스 위치를 물었다.

친절하게도 주변 지도 한 장을 꺼내 위치를 표시하며 길을 가르쳐준다. 딸과 나는 지도를 들고 찾았으나 간판이 보이지 않는다. 지나가는 사람에게 물었다. 어렵사리 찾으니 출입구에 게스트 하우스라는 작은 팻말이 고작이다. 숙박료는 예상보다 비싸고 시설은 별로다. 어린 손자가 있다니 단칼에 거절한다. 다른 곳 역시 사정은 비슷하다. 손자를 조심시키겠다고 사정하고 겨우 허락을 받았다. 숙소 구하기가 이렇게 어려워서야 …. 어깨에 힘이 빠진다. 관광객이 많지 않아 수요 공급 차원에서 저렴한 호텔이나 게스트하우스 같은 숙소가 부족한 듯하다.

남편과 손자를 데리러 역으로 가는 길에 젊은이 몇 명이 여행용 가방을 끌고 지나간다. 혹시? 호스텔 같은 숙소를 아는지 물어보았다. 한 젊은이가 나를 데리고 아파트 철문 앞에 서더니 위층을 가리키며 7이란 숫자를 써 보인다. 간판이 없는 일반 아파트다. 육중한 출입문을 열고 들어서니 허술하기 짝이 없다. 구소련의 생활수준을 알 만하다. 낡은 엘리베이터는 청소한 흔적을 찾기 어렵다. 딸은 간판도 없는 허름한 건물 안에 숙소가 있을 리 없다며 도로 나가자고 한다. 7층에 내리니 출입문에 호스텔이란 작은 글씨가 붙어 있다. 초인종을 누르니 뚱뚱한 러시아 중년 아주머니가 문을 열어준다. 밖과 달리 깨끗하게 정돈된 집 안 모습에 깜짝 놀랐다. 그런데 빈방이 없다고 한다. 여분의 침대라도 있는지 사정을 했다. 딱하게 여긴 아주머니가 주소를 적어주며 이웃 아파트를 가리킨다.

멀지 않은 곳이라 쉽게 찾았다. 그곳 역시 간판은 없다. 우리를 맞이한 아주머니는 침대 4개짜리 큰 방을 3인 요금으로 통째로 사용하라 한다. 역에서 가깝고 교통도 편리하며 숙박료도 절반 정도다. 모스크바 아파트는 겉보기와 달리 각 개인의 집은 깔끔하고 쓸모 있게 꾸며졌다. 추위 때문인지 육중한 출입문과 서구적인 건축양식으로 천장이 높다. 우리가 구한 집은 하숙집과 같은 형식이다. 외국인은 우리뿐이고 현지인들로 아침에 출근하고 저녁에 돌아오는 직장인인 듯하다. 꼬마가 있는 한 가족이 방 하나를 빌려 오래 체류한다.

최악의 조건에서 최상의 선택을 한 셈이다. 가방을 끌고 가는 모습을 보고 혹시 여행객이 아닐까 하는 순발력을 발휘한 덕분이다. 배낭여행 경험의 노하우이고 감각이다. 무엇보다 일반 동네라 그들의 일상을 엿볼 수 있어 좋았다. 손자는 동네 놀이터에서 꼬마들과 어울리는 체험활동도 했다. 주인아주머니는 영어가 서툴다. 체류하는 청년의 통역으로 공항에 주소를 알려주니 가방 걱정도 없다. 나는 부엌 취사도구를 살폈다. 주인아주머니는 눈치채고 양념을 꺼내놓는다. 그릇도 깔끔하고 충분하다. 우리는 먼저 마트에 가서 여러 가지 식료품을 샀다. 가격을 비교하니 생필품은 유럽 물가와 비슷하다. 오랜만에 고기를 볶고 야채무침으로 푸짐하게 저녁을 먹었다.

구하기 쉽지 않다는 2등석 야간 침대차 표를 구입하고, 우리에게 딱 맞는 숙소도 찾았다. 우리 입맛에 맞는 음식까지 만들 수 있게 되었으니, 모스크바 관광은 공짜나 다름없다. 시작이 반이니 모스크바 여행은 이미 성공적이다. 마음이 푸근하고 기분이 아주 좋다.

복잡해지기 전에 내가 먼저 부엌을 사용하려고 새벽에 일어났다. 조용히 아침을 먹고 점심 도시락을 준비했다. 저녁은 조금 늦게 돌아와 모두 식사가 끝난 다음 번잡함을 피했다. 빨래는 손으로 빨아 방 안에 널어 습도를 조절했다. 식료품을 사며 과일을 따로 담아 주인아주머니에게 건네고, 설거지를 하는 김에 싱크대에 쌓인 그릇을 깨끗이 정리했다. 숙박료가 싸고 친절을 베푸는 만큼 갚아야 마음이 편하다.

손자가 옆방 꼬마와 어울려 거실에서 놀다 큰 소리를 치면, 주인아주머니는 내가 미안해할까 봐 먼저 웃어주며 손자의 머리를 쓰다듬는다. 큰 키에 얼굴 윤곽이 뚜렷한 아주머니는 겉모습과 달리 정을 준다. 날마다 공항에 전화를 걸어 가방 찾기에 신경을 쓰고 통역을 통해 상황을 설명한다. 그 배려가 고마워 공항 면세점에서 사은품으로 받은 향수를 건네니 너무 좋아한다. 사람 사는 곳은 어디나 같다. 훗날 러시아를 생각하면 먼저 떠오를 얼굴이다.

붉은 광장

숙소가 도심에서 조금 벗어난 레닌그라드 역 근처다. 숙소에서 조금 떨어진 붉은 광장을 향해 걸었다. 넓은 도로에 규격화된 건물이 늘어서 있고 출근을 서두르는 사람들의 옷차림은 단정하다. 사람도 건축물도 크고 꾸밈이 없다. 유럽 대도시처럼 아름답다거나 화려하지 않다. 지하상가에 걸려 있는 옷과 잡화를 보았다. 우리나라 동대문 시장에서 보는 물건 정도다. 구소련에 대한 선입견 때문에 모스크바의 모든 것에 호기심을 갖는다. 그리고 예사로이 보이지 않는다.

시베리아 횡단 열차를 타고 러시아를 여행하려 조사를 한 적이 있다. 비자 받기도 까다롭고 비자 발급비도 다른 곳에 비해 월등히 비쌌다. 운좋게 2014년 1월부터 무비자가 되었다. 90일간 체류가 가능하고 입국 수속도 간편하니 여행하기 편하다.

러시아는 전 세계 육지의 1/6을 차지한다. 세계에서 가장 큰 나라로 국토 대부분이 한대·냉대 기후에 속한다. 너무 넓어 동서의 시차가 10시간이다. 블라디보스토크에서 모스크바까지의 거리가 9300킬로미터로, 특급 열차로 달려도 7일이 걸린다.

9세기 후반 키예프 공국으로 국가 형태를 이루었다. 많은 전쟁의 소용돌이를 거쳐 근대에 이르러 러시아 제국으로 발전했고, 1917년 10월 러시아 혁명으로 세계 최초의 공산주의 국가가 되었다. 1986년 고르바초프 대통령의 개혁 정책으로 공산 소련은 무너지고 15개 나라로 나뉘었다. 그중 세 나라는 독립해 나가고 12개 독립 연방국의 중심이 지금의 러시아다.

알고 보면 러시아가 우리나라보다 역사가 짧다. 그런데 내게는 러시아 제국, 미소 냉전이란 단어와 푸시킨과 톨스토이 같은 대문호의 이름 때문에 러시아가 아득한 나라처럼 느껴진다. 12세기까지 모스크바는 목조 가옥이 들어찬 보잘것없는 곳이었다. 14세기 후반의 부흥에 힘입어 이탈리아의 이름난 건축가들과 예술가들을 불러 목조를 석조로 바꾸어 지금의 성벽과 건축물을 짓기 시작했다. 당시 지도자 이반 3세는 비잔틴 제국 황제의 조카딸과 결혼하고 모스크바를 정교회의 중심지로 삼았다. 유럽 여러 나라에서 보면 신생국이나 다름없다.

가는 날이 장날이라고 광장에서 무슨 공사를 하는지 간이 벽을 세웠다. 건자재를 그물막으로 덮어 어수선하다. 가드레일을 설치한 좁은 통로를 관광객들이 서로 부딪치며 지나간다. 내가 생각했던 붉은 광장이 아니다. 그 대신 큼직한 스크린에서 행사 기록 영상물을 보여준다. 억울하다는 생각이 든다. 로마 트레비 분수도 수리 중이라 그물로 덮은 조각상을 보며 아쉬웠지만 그럴 수도 있다 생각했다. 그런데 모스크바 붉은 광장의 불편은 어디에 항의하고픈 심정이다. 구소련에 대한 잔영, 쉽게 올 수 없고 오랫동안 그려본 곳에 대한 실망이다. 그리고 TV로 보아온 붉은 광장을 내 발로 걸으며 느끼지 못하는 애석함이다.

많은 관광객들은 사진을 찍느라 바쁘고 남편과 딸도 구경하느라 두리번거린다. 나만 언짢은 기분으로 즐기지 못한다. '세상사 하나를 놓치면 얻는 것도 있겠지!' 가설물을 무시하고 광장을 한 바퀴 둘러보았다. 아침에 걸으면서 보았던 거리의 건물과 다른 아름다움과 웅장함 그리고 다양함을 지닌 붉은 광장이다.

정신을 차리니 눈에 들어온다. 일직선 붉은 성벽 위에 20개의 크고 작은 첨탑이 놓여 있다. 성벽 아래 레닌 묘 주위는 잘 다듬어진 전나무와 잔디가 붉은 성벽과 어울려 산뜻하다. 뾰족탑과 아기자기한 도안으로 꾸며진 국립 역사박물관은 붉은 성벽과 한 쌍을 이루고, 광장 출입구인 '부활의 문'도 모두 붉은색이다. 광장 근처에 있는 흰색과 파란색, 붉은색으로 된 작은 카잔 성당의 외관은 앙증스럽다. 광장에 접한 모스크바의 최고급 백화점인 굼 백화점의 백색 대리석 건축물은 유럽 궁전을 닮은 듯 아름답고 크다. 광장 남쪽에 자리 잡은 성 바실리 대성당은 요술 나라의 궁전 같다. 이 모든 것에 둘러싸인 광장은 그 옛날 상거래가 이루어지던 곳으로, 국가 기념행사 퍼레이드를 거행하는 모스크바의 상징인 동시에 심장이다. 광장은 길이 695미터, 폭 130미터의 직사각형이다.

붉은 광장을 빛나게 하는 것은 단연 성 바실리 대성당이다. 모스크바 대공국 황제로서 국가의 기반을 세운 군주 이반 4세(이반 뇌제)가 몽골 후예 타타르 족을 물리치고 성모 마리아에게 바친 성당이다. 1561년 6년간의 공사 끝에 완공했다. 47미터 높이의 팔각형 첨탑을 중심으로 양파 모양의 돔이 8개이고, 이 8개의 교회를 붙여 지은 하나의 성당이다. 돔의 색과 높이가 서로 달라 어느 방향에서 보아도 아름답고 화려하다. 대성당은 러시아를 대표하는 성당이다. 당시 황제는 이보다 더 아름다운 건축물을 짓지 못하도록 건축가의 눈알을 도려냈다는 후문이 있다. 수도사 바실리의 유해가 안치되어 붙여진 이름으로, 바실리 수도사는 모스크바 화재와 이반 대제의 앞날을 예언한 기적을 보여 민중의 추앙을 받은 인물이다. 성당 앞에는 폴란드군의 침공을 막아낸 두 영웅 미닌과 포자르스키의 청동상이 있다.

성당 안으로 들어가니 외관과 달리 작은 방으로 나뉘어 방마다 성상화로 장식되어 있다. 돔 아래 천장의 꾸밈이 각각 다르고 벽면은 모자이크와 무늬로 빈틈이 없다. 한 바퀴를 돌아 밖으로 나와 다시 성당 외관을 구경하는데 손자가 "아이스크림 성당이다!" 외친다. 보이는 대로 느끼고 느낀 것을 정확하게 표현한다. 손자의 말을 듣고 쳐다보니 정말 아이스크림을 연상케 한다. 나는 가우디 작품을 떠올렸는데…. 손자의 감상이 나보다 한 수 위다. 나는 알고 있는 지식으로 본다. 그리고 느낀다. 내 얕은 지식은 한계가 있다. 따라서 보고 느낌도 틀에 박힌 관념 수준이다. 그러나 손자는 깨끗한 백지 상태에서 가슴에 와 닿는 대로 느끼고 감상하고 말한다. 손자는 많은 것을 받아들일 여백을 지녔다. 그 여백은 순수

_ 성 바실리 대성당 앞 미닌과 포자르스키의 청동상.

함이고 무한의 가능성이다.

어린이는 태어날 때 무한의 가능성을 지닌 백지 상태다. 백지는 성장 환경에 따라 저마다 다르게 바뀌고, 인생 초기 경험이 그것을 좌우한다. 태어나 가장 먼저 만나는 부모는 교사이다. 가정은 학교다. 부모의 양육 방법과 가정 환경은 백지에 그려질 내용이다. 손자와 60일 넘게 여행을 하며 나는 때때로 깜짝깜짝 놀란다. 분명 어리고 귀엽다. 그 귀여운 행동 속에 한 그루 나무로 자랄 싹을 품었다. 이것은 무한한 능력을 가진 신의 속성이 아닐까 생각한다. 손자의 이번 여행 경험이 여백을 확장시키고 가능성의 문을 활짝 여는 힘을 키우길 나는 바란다. 내가 손자와 여행을 시작한 이유도 바로 여기에 있다.

과연 나는 손자를 위한 여행을 잘하고 있나? 성 바실리 대성당 앞에서 손자가 나에게 큰 깨우침을 주었다.

크렘린 궁전

크렘린 궁전 매표소를 향하다가 길게 늘어선 줄을 보았다. 물어보니 레닌의 묘로 들어가는 줄이라 한다. 출입구가 공사로 막혀 개관을 하지 않는 줄 알았다. 얼떨결에 줄 뒤에 섰더니 나까지 한 팀이 되었다. 일정 인원을 한 그룹씩 입장시켰다. 앞서 걸어간 남편과 딸을 큰 소리로 불러 손짓으로 갔다 온다 전했다.

입구에서 가방 검사를 철저히 한다. 레닌의 묘 뒤 크렘린 성벽 아래에는 공산당 서기장이었던 스탈린과 흐루쇼프 등의 흉상과 무덤이 있다. 10월 혁명 때 숨진 230구가 있는 공동묘지 격이다. 묘지 안은 어둡고 군인이 안내를 한다. 유리 벽 안에 잠든 듯 누워 있는 레닌의 얼굴을 보았다. 베트남 하노이에서 호찌민을, 중국 베이징에서 마오쩌둥의 시신을 보았을 때의 느낌이다. 공산 이론은 평등이고 무신론이다. 다 같이 무로 돌아가는 게 당연하다. 이들은 자신의 죽은 모습을 오래도록 남들에게 보이고 싶지 않았을 것이다. 그러나 죽은 자는 말이 없다.

마네쥐 광장 쪽 무명용사 기념비 옆에 두 명의 병사가 부동자세로 서 있다. 제2차 세계대전 시 독일 히틀러의 침공에 대항하여 싸우다 죽은 수천만 명 병사의 영혼을 달래는 꺼지지 않는 불이 타고 있다. 넓은 잔디밭과 세찬 물줄기를 뿜는 말 조각 분수로 꾸며진 광장은 유럽 여느 도시의 공원과 다름없다. 많은 사람들이 여유를 즐긴다. 알렉산드로프스키 정원은 예쁜 꽃밭으로 꾸며지고 벤치가 놓인 숲길도 있어 산책하기 좋다. 크렘린 궁전 주위는 볼거리가 많은 시민의 휴식처이다.

크렘린 궁전 입장권은 관람 종류에 따라 값이 다르다. 우리는 80미터 높이의 삼위일체 망루 출입문으로 들어갔다. 대통령 집무실이 있는 궁은 바리케이드를 치고 경비병이 지킨다. 광장 주변 사원부터 보았다. 가장 먼저 세워진 성모 승천 대성당 입구의 그림은 성모 마리아의 승천 장면을 표현했다. 금빛 돔이 웅장하다. 황제의 대관식과 주교 임명 등 중요한 행사를 치른 곳이다. 주교들이 "여기가 천국이다"라고 감탄한 아름다운 천장과 벽면의 성상화는 빛바랜 듯하나 장중하다. 대천사 성당은 두 번째로 지은 성당이다. 이반 1세를 비롯하여 황제 46명의 관을 안치했다. 5톤의 은과 300킬로그램의 금으로 만든 돔과 입구의 프레스코화가 유명하다. 성 수태고지 성당의 크고 작은 9개의 돔이 아름답다. 왕족의 결혼식과 장례식을 치른 황실 예배당으로 가장 화려하다. 종탑의 높이가 달

_ 이반 대제의 종루. 종탑의 높이가 달라 아름답게 보인다.

라 아름답게 보이는 이반 대제의 종루는 외적이 출현하면 21개의 종을 울려 알렸다. 가장 높은 81미터 종탑을 기준으로 이보다 더 높은 건축물을 모스크바에 짓지 못하게 했다. 종루의 전망대에 오르면 크렘린 궁전은 물론 모스크바 시가지가 한눈에 들어온다.

광장에 자리한 황제의 대포는 한 번도 발사한 적이 없다. 대포알 무게가 1톤이며 대포를 실은 수레는 아름다운 조각으로 꾸며졌다. 크렘린 수비의 상징적 의미를 담고 있는 듯하다. 또 세상에서 가장 큰 황제의 종은 높이가 6미터가 넘고 무게가 200톤이라 대형 조형물 같다. 완성되던 날 화재를 진압하는 도중 물을 끼얹자 균열이 생겨 깨어졌다. 이 또한 한 번도 울리지 않았다. 12사도 사원은 생활사 박물관으로 17세기 미술품과 가구 등을 전시한다. 크렘린 궁전 안에서는 생뚱맞게 보이는 직사각형의 대회 궁전은 공산당 전당대회를 열던 장소로, 지금은 국제 회의장과 연회장으로 사용하며 볼쇼이 제2극장으로 이용하기도 한다. 무기고는 옛날 마구 작업장과 외국에서 받은 선물 보관 창고였던 것을 박물관으로 이용하고 있다. 무기와 말 탄 기사상을 비롯하여 보석과 옷 등 다양한 전시물을 전시한다. 커다란 유리 상자 안에 진열된 보석의 화려함은 러시아 제국의 영화를 보여준다.

지난날 가끔 TV 화면에서 크렘린 궁전을 볼 때 붉은 성벽 안에 무엇이 있을까 아주 궁금했다. 그곳에 들어와 한 바퀴를 둘러보니 상상했던 것만큼 크지 않다. 넓지 않은 정원을 거닐며 성 밖의 모스크바 강과 시가지를 바라보았다. 시원한 강바람이 불어온다. 냉전 시대의 철통같은 공산주의가 무너지고 내가 이곳에 있다고 생각하니 세상에 영원한 것은 없음을 다시 깨닫게 된다.

모스크바 대학교

모스크바 대학교를 구경하고 모스크바 강의 강변을 걷고 싶어 지하철을 탔다. 어려운 러시아 발음으로 긴 이름을 가진 강 근처 역에 내렸다. 여러 가지 운동기구가 설치된 강변 산책로에는 롤러스케이트와 자전거가 신나게 달리고 있다. 강 건너에 우리나라 가수 싸이가 '강남 스타일' 노래를 공연한 올림픽 스키 경기장과 큼직한 건물들이 강변을 따라 늘어서 있다.

_ 레닌 언덕 아래의 조각. 1812년 러시아에서 나폴레옹 군대를 몰아낸 것을 기념하는 조각이다.

레닌 언덕으로 오르는 트램이 운행되지만 우리는 걸었다. 로렐라이 언덕 산길을 걸어본 손자는 보란 듯 앞장을 서서 잘 오른다. 언덕에 올라서니 모호바야 넓은 대로다. 높은 산이 없는 모스크바에서는 해발 220미터의 레닌 언덕이 가장 높은 전망대다. 멀리 크렘린 궁전 성당의 돔과 군데군데 황금빛 돔들이 뻔쩍인다. 저 어딘가에 문호 톨스토이가 살던 집과 도스토옙스키 박물관이 있을 것이라고 생각하며 모스크바 시내를 바라보았다.

레닌 언덕은 참새 언덕이라고도 부른다. 참새가 많이 서식한다고 해서 붙여진 이름이다. 금방이라도 참새 떼가 짹짹거리며 날아올 것 같은 풍경이다. 전망대 옆에 작고 예쁜 트로이카 러시아 정교회 성당이 있다. 양파 모양의 초록색 돔에 벽면은 온통 성화로 꾸몄다. 성화 속 예수와 마리아, 성인들의 옷이 고대 아테네 시민의 복장과 비슷하다. 명암이 없는 평면 그림은 기교 없이 담백하다.

정교회는 기독교의 정통성을 주장하며 갈라져 나온 지류다. 루터의 종교개혁으로 개신교가 탄생된 것과 같은 맥락이다. 정교회는 동로마 제국 콘스탄티노플(터키의 이스탄불) 주교 중심으로 세력을 확장한 동방교회다. 슬라브 족의 이동으로 러시아에 전파된 정교회는 국가의 정치 수단으로 국교가 되었다. 15세기에 동로마 제국이 무너지고 강력해진 러시아는 정교회의 세력을 떨쳤다. 당시 지어진 크고 작은 성당이 많이 남아 있다. 공산 시절 종교가 억압되어 힘을 잃었지만 여전히 러시아 사람들의 생활 깊숙이 자리 잡은 종교다. 조선 말기 고종 황제의 아관파천 후 러시아 정교회 선교사가 우리나라 여러 곳을 다니며 풍경과 사회상을 기록으로 남기기도 했다. 대략적인 흐름을 알고 보니 이콘으로 꾸며진 성당과 정성을 드려 기도하는 사람들이 따뜻하게 다가온다.

러시아 정교회는 그리스 문화를 흡수한 흔적이 이콘에 나타난다. 아라비아풍의 양파 모양 돔에 십자가상이 없다. 무반주로 성가를 부르기에 파이프 오르간이 없고, 서서 예배를 보기에 성당 안에 의자가 없다. 세계 어디에서나 미사 예절이 같은 로마 가톨릭교와 조금 다른 미사 예절이라 나는 멀찍이 서서 바라보며 친근함과 이질감을 동시에 느낀다.

모호바야 도로 건너에 모스크바 대학교 건물이 우뚝하다. 중앙건물 32층 꼭대기를 장식한 별의 무게가 무려 12톤이 된다니 놀랍다. 양쪽으로 닮은꼴 건물 2개가 나란히 붙은 본관은 웅장하다. 정문 입구는 광장처럼 넓고 정원은 숲 속 같다. 모든 것이 크고 넓다. 모스크바 대학교는 1755

년에 세워져 러시아 혁명 후 국립 대학이 되었다. 1948년 레닌 언덕으로 옮겨졌으니 250년의 역사를 지닌다. 대학원 중심의 10개 연구소와 20개 연구센터가 있다. 세계 최초로 우주선을 발사하고 우주 개발의 선두 국가가 된 이유를 알 만하다. 치열한 경쟁을 뚫고 입학하면 학비는 무료이고 정부에서 생활 보조금까지 준다니 놀랍다. 노벨 수상자를 11명 배출했고 고르바초프 전 대통령도 이 학교 출신이다.

내 배낭여행은 대학 캠퍼스를 관광 코스로 잡는다. 순수함과 젊음이 있어 잠시나마 일상에 찌든 나를 정화시킬 수 있기 때문이다. 도서관 열람실에 앉아 관광 안내 책을 읽고 일기장을 정리하며 학생이 된 기분에 젖기를 좋아하고, 캠퍼스 잔디밭에서 즐기는 학생들을 부러워한다. 몇 년 전 미국 동부의 아이비리그 대학을 순례한 적이 있다. 학교마다 지닌 오랜 역사와 특색 있는 건물, 면학의 분위기를 접한 추억이 있다. 또 도쿄 대학교 도서관에서 숨이 멎을 것 같았던 경험을 잊지 못한다.

모스크바 대학교의 넓은 교정에는 학생들이 보이지 않는다. 방학 기간이고 너무 넓어 꼭꼭 숨은 듯하다. 사과나무가 교목인지 교정의 가로수에 사과가 주렁주렁 열렸고 나무 밑에 낙과가 수북하다. 여러 개의 도서관과 박물관이 있을 텐데 묻고 찾을 수가 없다. 테니스장과 축구장에서 운동하는 젊은이들만 보인다. 어느 누구 한 사람 만날 수가 없다. 넓은 교정이라 출구가 어느 쪽인지 찾다가 동양계 여학생을 만났다. 민얼굴에 수수한 차림의 여학생은 유창한 영어로 친절하게 길을 가르쳐준다. 교정의 사과나무처럼 상큼하다.

대학 설립자 미하일 로모노소프의 기념탑 아래 꺼지지 않는 불이 타고 있다. 한 사람의 계몽사상으로 시작된 배움의 열기가 끊임없이 이어지길 바라는 불길이다. 사회의 변화와 발전은 배움으로 지탱된다. 나는 넓은 모스크바 대학교 교정을 걸으며 내 꿈을 이뤄보려 노력한 지난날을 더듬었다.

상트페테르부르크

상트페테르부르크는 운하가 많아 네덜란드 암스테르담을 연상시키고, 운하 옆 아름다운 옛 건축물은 이탈리아 베네치아를 닮았다. 상트페테르부르크는 18세기에 표트르 대제가 네바 강 하류 늪지대를 메워 만든 신도시로 유럽으로 나가는 관문이었다. 도시의 역사는 300년이 채 안 된다. 하지만 중세의 건축물과 여러 궁전이 있어 고도처럼 느껴진다. 제2차 세계대전 시 독일군의 공격으로 파괴되었으나 옛 모습 그대로 복원되어 볼거리가 많다.

우리는 먼저 그리보예도프 운하 옆 피의 성당을 찾았다. 일명 그리스도 부활 성당이다. 손자는 화려한 돔을 보더니 역시 아이스크림 성당이라 한다. 중앙의 큰 돔은 하느님을 상징하고 주위의 작은 돔은 제자나 추모 성인을 의미한다. 모스크바의 성 바실리 대성당처럼 외관이 화려하지 않지만 오밀조밀한 꾸밈이 푸른 하늘을 배경으로 아름답다. 성당 안은 하나의 넓은 원통 홀이다. 중앙 돔 천장의 양팔을 벌린 예수님의 모습에서 자애가 느껴진다. 얼굴 좌우와 위에 그리스 문자가 새겨져 있다. 이는 예수님을 통해 하느님을 볼 수 있다는 뜻이다. 목을 젖혀 쳐다보느라 그림 아래 관광객들이 북적인다. 대리석 바닥은 다양한 색의 기하학적 도형이고 벽면은 온통 성화로 꾸며졌다. 성당 전체가 훌륭한 미술품으

_ 피의 성당 주제단.

로 가득하다. 제단의 이콘과 화려한 꾸밈은 경건하고 아름답다. 제단 뒤쪽에 알렉산드르 2세가 잠들어 있다. 검은색 대리석 기둥으로 된 황제의 무덤은 개혁 정책에 반대한 자의 암살로 피를 흘린 장소다. 한국어 오디오 가이드를 빌려 성당 역사와 그림 내용을 들으며 몇 바퀴 다시 돌며 자세히 보려 애썼다.

넵스키 대로는 상트페테르부르크 최고의 번화가다. 스웨덴과의 전쟁에서 승리한 넵스키 공작의 이름을 땄다. 호텔, 레스토랑, 극장, 쇼핑센터가 모여 있는 문화와 상업의 중심지다. 도스토옙스키의 '죄와 벌'에 묘사된 거리다. 몇 개의 운하가 대로를 가로질러 흐르고 18세기에 지어진 건축물이 줄지어 서 있다. 차도에는 전차가 달리고 보도에서는 화려한 민속의상을 입은 남녀가 사진 모델을 자처한다. 비눗방울 묘기와 기타 연주 등으로 도로는 활기가 넘친다. 4.5킬로미터의 대로를 중심으로 볼거리가 모여 있다. 우리는 거리 분위기를 느낄 겸 레스토랑에서 창밖을 구경하며 점심을 먹었다.

넵스키 대로 변에 돔 끄니기 서점이 있다. 지구본 모양의 돔과 기둥 조각이 아름다운 건축물이다. 우리나라 교보문고 정도로 푸시킨과 같은 유명 인사가 즐겨 찾은 곳이며 넵스키 대로의 이정표 구실을 한다. 이 건물 맞은편에 카잔 대성당이 있다. 중앙 돔 양쪽의 코린트식 기둥이 부채꼴 모양으로 늘어서 있다. 바티칸의 성 베드로(산 피에트로) 대성당을 닮았다. 10년간의 공사 끝에 성당이 완성되자 나폴레옹 전쟁에서 승리를 거두었고, 이는 성모님의 돌보심이라 여겼다. 카잔의 성모상 앞에 사람들이 줄을 서서 기도한다. 저마다 염원을 비는 다소곳한 모습은 어디서나 같다. 성당 앞에는 러시아를 전투에서 지켜낸 쿠투조프 장군의 동상이 서 있고, 넓은 광장과 정원이 성당을 한층 돋보이게 한다.

폰탄카 운하 쪽으로 걸었다. 운하를 따라 저택과 궁전 건물이 늘어서 있고 유람선이 오간다. 운하에 놓인 아니치코프 다리의 네 귀퉁이에 청동 조각상이 있다. 말과 마부가 힘을 겨루는 역동적인 조각상이다. 말 꼬리의 뻗침과 뒷다리의 핏줄, 마부의 근육이 선명하다. 동행과 제압을 표현한 조각상은 인간관계의 역학을 나타낸 듯하다. 강자와 약자, 교사와 학생, 부모와 자식, 부부 관계의 힘의 논리를 대입해 보았다. 작가는 이상적인 인간관계를 말과 마부로 표현하지 않았을까? 조각상이 있어 다리가 더 멋지고 예스럽다. 갑자기 천둥 번개를 동반한 세찬 비바람이 몰아쳤다. 건물 처마 밑에서 비를 피했다. 한참 쏟아붓던 비가 개면서 푸른 하늘에 뭉게구름이 두둥실 떴다. 열대 지방의 스콜 같다. 잠깐 동안 벌어진 날씨 변화는 손자에게 좋은 구경거리다. 젖은 옷에 개의치 않고 철벅거리는 물놀이를 재미있어한다.

가까운 거리에 예카테리나 여제 기념 조각상이 있다. 남자 여럿이 여제의 동상을 떠받드는 형상이다. 러시아 제국에서 예카테리나 여제는 빼놓을 수 없다. 독일 공작의 딸로서 의지가 강하고 열정적인 성품을 지녔다. 그녀는 친위대의 도움으로 무능한 남편을 폐위시키고 왕위에 올라 제국의 황제로 역량을 발휘했다. 자유를 확대하는 정치로 유럽 문화를 받아들여 문학과 예술을 장려했다. 하지만 사치스럽고 호사스러운 생활을 즐겨 화려한 궁전을 많이 짓고 파티를 즐기며 미술품을 수집했다. 친위대 장교를 비롯해 애인이 21명에 이르렀다는 소문에 걸맞은 조각상이다.

성 이삭 대성당을 찾았다. 5세기경 순교한 성 이삭을 기념하여 40년간 걸려 완성한 러시아 정교회 성당이다. 순금 100킬로그램으로 꾸민 중앙 돔은 도시 어디서나 보일 만큼 웅장하다. 제2차 세계대전 때는 페인트를 칠해서 파괴를 막았다. 한꺼번에 1만 4000명을 수용할 수 있는 성당은 높은 천장과 벽면에 성서 내용과 성인을 묘사한 그림으로 빈틈이 없다. 한 바퀴 돌며 바라보는 그림은 크고 선명하여 성경책을 읽은 것 같다. 붉은 옷을 걸친 예수님의 대형 벽화가 성당 분위기를 제압한다. 장엄하면서도 화려한 성당이다. 탑 꼭대기 전망대에는 시간이 늦어 오르지 못했다. 밖에 나와 외관을 바라보니 지붕의 조각상과 육중한 청동 문의 조각이 섬세하고 아름답다. 안과 밖 모두 대단한 성당이다.

성 이삭 대성당에서 네바 강 쪽으로 내려가니 넓은 데카브리스트 광장이다. 대리석 바위 위에 표트르 대제의 기마상이 강을 향해 서 있다. 땅을 박차고 힘차게 달려가는 형상이다. 주변에 70미터의 금빛 첨탑이 우뚝한 옛 해군성 건물이 있고, 도로를 사이에 두고 겨울 궁전도 보인다. 네바 강 건너 바실리옙스키 섬의 로스트랄 등대와 자야치(토끼) 섬의 피터폴(페트로파블로프스크) 요새의 성벽과 첨탑도 보인다. 강폭이 넓어진 네바 강의 궁전 다리까지 한눈에 들어온다. 그뿐만 아니다. 네바 강에 영구 정박된 군함 오로라호도 있다. 1917년 10월 1일 겨울 궁전을 향해 혁명의 포성을 울린 배다. 역사적인 함대는 현재 박물관으로 이용된다.

걸어서 관광지를 찾으니 거리가 파악되고 도시 전경이 눈에 들어온다. 숙소로 가는 길에 모르코보 들판이라 불리는 넓은 공원을 가로질러 걸었다. 러시아의 승리를 기념하는 꺼지지 않는 불이 타오르고 있다. 여름 정원에는 쭉쭉 뻗은 산책로가 시원스럽다. 다양한 모양의 분수와 많은 조각상이 있고 연못으로 꾸며진 시민의 휴식처고 관광객의 쉼터다. 공원길을 걸으며 상트페테르부르크의 한여름과 또 다른 겨울 풍경을 그려보았다.

에르미타주 박물관

에르미타주 박물관은 파리의 루브르와 로마의 바티칸 박물관과 더불어 세계 3대 박물관의 하나다. 70일간 여행을 하는 동안 유명한 두 곳과 여러 나라 박물관을 관람했다. 여행 막바지의 에르미타주 박물관은 총복습이라 생각하고 하루 동안 열심히 보려고 아침 일찍 나섰다.

네바 강 변에 세워진 에르미타주 박물관은 엘리자베타 여왕이 짓기 시작하여 예카테리나 여제가 완성했다. 당시 유럽 왕족과 귀족 사이에서는

_ 에르미타주 박물관. 파리의 루브르와 로마의 바티칸 박물관과 더불어 세계 3대 박물관의 하나다.

개인 화랑을 갖고 미술품을 수집하는 것이 유행이었다. 예카테리나 여제는 이에 영향을 받아 유럽의 유명 미술품을 모아들였다. 그리고 개인 미술관을 만들었다. 그 별관이 에르미타주이다. 여제 이후의 왕들도 계속 미술품을 수집하며 별관을 증축하여 지금의 박물관이 되었다. 1852년 니콜라이 1세가 처음으로 대중에게 미술품을 공개하기 시작했다.

겨울 궁전과 4개의 별궁으로 된 박물관은 통로로 연결되어 실내에서는 구분이 되지 않는다. 지하에는 보석과 왕관을 보관하고, 1층과 2층에는 이집트, 그리스, 로마의 유물과 조각상, 르네상스 시대의 그림 등을 전시해놓았다. 3층에 전시된 것은 20세기 초기 작품들로 대영 박물관이나 루브르처럼 식민지에서 약탈한 것이 아니라 왕족과 귀족이 수집·소장한 작품을 모아놓았다.

이른 시간인데도 사람들로 북적인다. 고대 조각품은 언제 보아도 감탄스럽다. 매끄러운 대리석의 인체 곡선과 근육의 표현이 살아 있는 듯하다. 겨울 궁전 2층으로 오르는 계단 벽면의 황금빛 무늬와 천장화는 화려함의 극치이고, 방마다 고급 장식과 샹들리에가 아름답다. 붉은 벽과 기둥으로 무게를 잡은 옥좌의 방, 대형 벽화와 332명의 장군 초상화로 도배한 듯한 전쟁 갤러리, 특히 황금 공작 시계가 있는 방에 들어서니 입을 다물 수가 없다. 나뭇가지와 잎, 큼직한 공작새와 수탉의 조각은 온통 황금이다. 시계는 유리 상자 안에 보관되었다. 실물 옆의 스크린에서는 수탉이 시간을 알리며 울자 공작이 깃털을 활짝 펼치는 모습을 영상으로 보여준다. 조각의 섬세함은 황금 이상의 가치다. 모자이크 꾸밈의 바닥, 공작석으로 만든 대형 화병 등 예카테리나 여제의 사치스러운 생활을 보여준다.

표트르 홀에는 왕족의 옷들이 전시되어 있다. 하늘거리는 비단에 섬세한 자수와 보석으로 꾸몄다. 한 뜸 한 뜸 장인의 손길로 만들어진 왕비의 옷은 훌륭한 건축물이나 유명한 그림에 비길 만하다 싶다. 왕궁 후미진 곳에서 옷을 만드는 장인의 모습이 그려진다. 호화로운 드레스와 황제 예복, 공주의 인형까지 전시물은 단순한 옷이 아니라 러시아 제국의 권력과 영화를 보여준다. 나는 누구의 옷인지 설명서를 보고 화려한 궁전 행사장을 떠올리며 그림을 감상하듯 보았다. 미를 추구하는 인간의 마음은 본능이다. 재능을 지닌 자는 작품으로 아름다움을 창조하고, 왕족은 그것을 즐기고, 나는 감탄한다. "이렇게 보면 시간이 턱없이 부족해요" 딸이 관람 자세를 일깨운다. 나는 바티칸 시스티나 성당의 '최후의 심판' 그림 앞을 쉽게 떠나지 못했던 심정으로 드레스를 구경하며 '옷이 이처럼 아름다울 필요까지 있을까?' 생각했다.

그림이 전시된 방에 들어서니 예카테리나 여제가 그림을 모아들인 열성과 재력을 알 만하다. 이탈리아 피렌체의 우피치 미술관에서 보았던 이름난 화가들의 작품도 많다. 레오나르도 다빈치와 라파엘로 등 르네상스 시대의 작품들을 찾다보니 시간이 막 지나간다. 1020개가 넘는 방에 300만 점의 전시품을 소장한 박물관이다. 한 작품을 1분씩 보아도 5년 이상 걸리고, 관람 동선을 합치면 30킬로미터가 넘는다는 안내서를 읽었다. 딸이 시간을 일깨워줄 때 '하루를 투자했는데…' 여유를 부렸다. 우선순위를 잘못 세우고 시간 안배도 잘못했다. 대충 보고 지나가도 되는 옷에 시간을 허비하고, 정작 보고 싶은 그림을 스쳐 지나갔다. 알면서 번번이 놓치고 후회하는 나다. 가마병을 이끌고 세계를 정복한 칭기즈칸은 '후회는 동정의 열매'라 했다. 나는 후회는 생각의 오류라고 말하고 싶다. 사고의 변화가 나의 과제다.

딸이 유명 그림이 전시된 방으로 나를 이끈다. 레오나르도 다빈치의 '성모자' 앞에 많은 사람들이 모여 있다. 크지 않은 그림이다. 창 너머 먼 산과 흰 구름을 배경으로 성모 마리아가 미소를 머금고 아기 예수에게 젖을 물린 자애로운 모습이 아름답다. 아기 예수는 통통하고 어른스러운 표정이다. 어리면서도 영특해 보인다. 구세주 예수님은 세상의 이치를 아는 분! 그림은 그의 가르침을 따라야 한다고 일러주는 듯하다. 정감이 느껴져 오래도록 기억될 그림이다. 라파엘로 방에도 다빈치의 그림과 유사한 '성모자' 그림이 있다. 크기도 비슷하다. 어떤 차이가 있는지 두 그림을 비교하며 왔다 갔다 살폈다. 마음이 급하니 제대로 보이지 않는다. 둘 중 하나를 준다면 다빈치 것을 선택하고 싶다.

_ 광장에서 바라본 겨울 궁전. 바로크 양식의 웅장한 궁전 지붕에는 176개의 조각상이 있고 창문은 수도 없이 많다.

이리저리 찾아다니며 제정 러시아 시대에 왕궁에서 사용한 청동 그릇과 유물을 보다보니 폐관을 알린다. 대형 박물관을 하루에 보는 것은 무리다. 욕심을 빼고 몇 가지를 선별하여 차분히 보는 게 올바른 관람 태도임을 다시 자각한다.

밖으로 나오니 해가 중천에 있다. 아침에 서둘러 입장하느라 궁전 외관을 제대로 보지 못했다. 넓은 광장을 걸으며 궁전을 바라보았다. 바로크 양식의 웅장한 궁전 지붕에는 176개의 조각상이 있고 창문은 수도 없이 많다. 사회주의 혁명 당시 임시정부의 회의 장소로 사용되었고, 러시아 혁명은 이곳 광장에서 시작되었다. 광장의 중앙에는 알렉산드르 동상이 우뚝 서 있다. 박물관 앞에 여러 대의 탱크를 세워두었다. 군인이 손자를 탱크 위에 올려주며 사진을 찍으라 한다. 딸이 "전쟁 때 사용하는 큰 차야! 굉장히 크지? 어떻게 움직일까? 잘 봐!" 하며 손자에게 자상하게 설명한다. 어른들 위주의 박물관 구경으로 힘들었을 손자에게 그 보상이라도 하려는 듯하다. 손자는 난생처음 보는 탱크라 신기하게 여기며 자세히 살핀다. 그러고는 내려오지 않으려 한다.

하루 종일 사람들의 붐빔 속에서 손자는 나름대로 그림을 보고 느꼈으리라. 우리가 바삐 다니며 보려고 애쓰는 것도 손자에게 좋은 본보기가 된다. 딸은 손자를 데리고 다니느라 힘들었는지 몰라도 나는 손자를 의식하지 않을 정도로 어린것이 조용했다. 여행하는 동안 여러 박물관을 구경한 것이 학습으로 연결되었구나 싶다. 매 순간 성장하는 손자다. 때로는 힘든 경험도 필요하다. 이 또한 참고 극복하는 힘을 기른다. 손자의 박물관 관람은 값진 경험이 되어 무의식에 자리 잡는다고 나는 믿는다.

여름 궁전

여름 궁전은 상트페테르부르크에서 30킬로미터 떨어진 핀란드 만 해변가에 위치한다. 우리는 도심에서 미니버스를 타고 1시간 정도 달렸다. 표트르 대제가 베르사유 궁전보다 더 아름다운 정원을 계획하고 최고의 건축가를 동원하여 9년간 심혈을 기울였다. 하지만 실제로는 150년이 지난 후에야 지금의 여름 궁전으로 완공되었다.

여름 궁전은 위 정원과 아래 정원으로 나뉘어 7개 공원과 20개의 크고 작은 궁을 품고 있다. 중앙 연못과 숲길, 꽃밭으로 꾸며진 위 정원은 들어오는 광장 역할을 한다. 입장료도 무료다. 아래 정원과 대궁전은 각각

_ 여름 궁전 위 정원의 분수 조각.

별도 요금이다. 싸지 않은 입장료로 두 배라는 기분이 든다. 우리는 일단 아래 정원 티켓만 사서 들어갔다.

아래 정원의 분수 공원은 11시에 일제히 물을 뿜었다. 그 장관을 보기 위해 많은 사람들이 모여 있었다. 때맞춰 분수 앞 회랑에서 우렁찬 오케스트라 연주가 시작되었다. 연못 속의 중앙 분수 삼손이 사자의 입을 찢고 그 속에서 높이 20미터의 물기둥이 힘차게 치솟는다. 셀 수 없이 많은 분수들이 중앙 분수를 선두로 일제히 물을 뿜었다. 아름답고 싱그러운 정원의 많은 분수가 동시에 터지는 광경은 흥겨운 축제다. 형형색색의 옷을 입은 많은 관광객의 환호성까지 더하니 하늘 아래 이런 곳도 있나 싶다. 역동적인 조각상 삼손은 러시아를 형상화한 것이고 입이 찢긴 사자는 스웨덴을 상징한다. 표트르 대제의 염원이 담겼다.

언덕 중간에는 그리스 신화 속 영웅 조각상들이 있다. 모두 번쩍이는 황금색이다. 대궁전으로 오르는 계단 양쪽에서도 일직선 높이의 분수가 나란히 물을 뿜는다. 장관이다. 언덕 위에는 이 모든 것을 내려다보며 대궁전이 떡 버티고 있다. 베르사유 정원과는 또 다른 아름다움이다.

가까이 다가가 많은 황금색 조각상을 자세히 보았다. 소라고둥을 부는 트리톤, 메두사의 머리를 든 페르세우스, 술잔을 든 디오니소스와 제우스 등의 신들이다. 하나같이 예쁘고 늠름하고 역동적인 자세다. 그뿐만 아니다. 고기, 뱀, 나팔, 꽃, 조개, 항아리 등 세상의 모든 물체를 동원한 조각상에서 물줄기가 흘러나온다.

우리는 궁전 앞에 섰다. 곧게 뻗은 운하는 핀란드 만으로 흘러든다. 수로를 중심으로 모든 것이 대칭이다. 양쪽에 같은 꽃밭과 넓은 숲이 펼쳐지고 크고 작은 분수가 곳곳에 있다. 파란 하늘과 푸른 숲, 핀란드 만을 배경으로 치솟는 분수와 조각상으로 꾸민 정원 전체는 자연과 인간의 합작품이다. 입장료가 비싸다고 투덜대던 기분이 싹 날아간다. 운하를 따라 걸었다. 핀란드 만은 발틱 해와 이어진다. 바닷물이 찰랑이는 해변가에 자리를 펴고 점심을 먹으며 70일간 거쳐 온 나라를 떠올렸다.

한 달짜리 유레일패스를 효과적으로 사용하다보니 왔던 길을 되돌아가는 경우가 생겼다. 처음 여행을 계획할 때 스칸디나비아 3국은 다음으로 미루고 제외했다. 그 대신 프랑스 남부와 이탈리아 여러 곳을 알차게 여행하기로 계획을 세웠다. 그런데 유레일패스를 구입하고 숙소를 예약하는 과정에서 패스가 북유럽 3국에서 더 유용하게 사용됨을 알고 일정을 바꾸었다. 그 때문에 이탈리아와 스페인의 여행 일수가 줄었다. 그러다보니 소렌토에서 아쉽게 돌아서고 아를과 마르세유를 스쳐 지났다. 영국에서 시작해 곳곳을 들르며 거슬러 올라와 북유럽 3국을 여행했다. 그리고 다시 독일로 내려가며 시간을 허비했다. 초기 계획의 실수는 여행에 많은 영향을 미쳤다. 바다 건너에 핀란드가 있다고 생각하니 모스크바로 되돌아가지 않고 곧장 침엽수 울창한 북극 지방을 달려 다시 여행을 시작하고 싶어진다.

"엄마, 다음에는 러시아에서 여행을 시작하세요." "아니지! 블라디보스토크에서 시베리아 횡단 열차를 타고 바이칼 호를 봐야지." 남편과 둘이 배낭을 메고 북유럽에서 남으로 내려가는 유럽 여행을 다시 하기로 마음먹었다. 실수로 인해 더 큰 것을 얻은 기분이다.

우리는 숲 속 산책길을 걸었다. 다람쥐가 아름드리나무에서 조르르 내려와 잔디밭을 달린다. 관광객이 내민 도토리를 냉큼 채서 오물오물 씹는 모습을 본 손자는 자리를 뜨지 못한다. 나는 얼른 도토리를 주워 손자 손에 얹어주었다. "다람쥐야 이리 오너라." 손을 내밀고 쪼그리고 앉아 다람쥐를 부른다. 다람쥐가 도토리를 채 가는 손맛에 재미를 붙인 손자는 시간 가는 줄을 모른다.

숲 속 산책로가 서로 연결되었다. 오솔길도 나오고 곧고 넓은 가로수길도 나왔다. 해안을 바라보며 걷기도 했다. 곳곳의 넓은 정원은 예쁜 꽃과 각종 분수로 특색 있게 꾸며졌다. 이브와 아담 조각상이 마주 보는 분수, 체스 판을 흘러내리는 분수, 층층이 흘러내리는 부드러운 로마 분수 등이 140여 개의 분수와 250개가 넘는 조각상이라는 숫자를 실감케 한다. 많은 분수는 모터가 아닌 수압차를 이용한다니 예술과 과학 기술의 융합이다.

궁전 입장권을 다시 샀다. 입구에 준비된 덧신을 신었다. 1층은 대제의 응접실과 서재, 침실이고, 2층에는 가구와 도자기 등을 전시했다. 황금의 방은 이름 그대로 황금 무늬와 아름다운 천장화로 번쩍번쩍 빛난다. 벽면 전체를 인물화로 메운 초상화의 방, 벽지와 커텐, 고급스러운 가구로 꾸민 우아한 황제의 휴게실, 중국 비단 소파와 그릇, 산수화로 이국적인 분위기를 자아내는 방도 있다.

엄숙한 표정의 안내자가 방마다 지키며 조금만 머뭇거리거나 작은 소리를 내도 다가와 주위를 준다. 분위기를 감지한 손자가 나가자고 떼를 쓴다. 남편은 대충 보고 손자를 안고 먼저 나갔다. 딸과 나는 입장료가 아까워 좀 더 자세히 보려 했다. 왕비의 방 벽면에 웬 문이 있어 의아했는데 돌아서 반대쪽 왕자와 공주의 방을 보고 알았다. 어머니가 자식을 돌보는 구조다. 출구로 나오니 남편은 손자를 안아 재우고 있다. 왕궁을 구경하는 사이에 한 줄기 소나기가 내렸다가 활짝 개었다.

5월 중순이 넘어야 분수가 가동되고 9월 추위가 시작되면 멈춘다. 여름의 풍경과 다른 겨울을 상상했다. 눈꽃이 핀 정원의 설국 풍경은 또 얼마나 멋질까?

상트페테르부르크를 떠나며

발레 공연을 보려고 마린스키 극장을 찾았으나 시즌이 끝났다. 다른 곳을 찾아보다 바실리옙스키 섬으로 갔다. 네바 강 변에 이집트에서 가져온 스핑크스 한 쌍이 마주 앉아 있다. 먼 고향을 그리며 서로 위로하는 듯하다. 강 건너 성 이삭 대성당의 황금 돔과 겨울 궁전을 비롯하여 도시 전체를 조망할 수 있다. 해전 승리를 기념해 세운 쌍둥이 로스트랄 등대를 가까이에서 보았다. 포획한 배의 앞부분을 잘라 기둥을 장식하고, 포세이돈 조각상으로 기둥 아래를 받쳤다.

피터폴 요새를 구경하러 운하 건너 자야치 섬으로 갔다. 스웨덴의 침략을 막기 위해 표트르 대제가 세운 성채다. 6개의 망루가 높은 성벽 안에는 군사 시설과 베드로와 바울을 기념하는 대성당이 있다. 성당 안에는 표트르 대제와 역대 왕들의 묘가 있다. 122.5미터의 성당 첨탑은 도시 어디에서나 보인다. 네바 강 변에 우뚝 선 첨탑은 도시의 기상을 드높인다. 흐르는 강물을 내려다보며 궁전 다리를 걸어서 건넜다. 겨울 궁전을 지나 넵스키 거리로 나오니 상트페테르부르크를 한 바퀴 돈 기분이다.

상트페테르부르크에는 예상보다 볼거리가 많다. 역사적인 곳으로 관광객이 붐빈다. 우리나라 단체 관광객도 몇 팀 만났다. 기념품가게에서 풍요와 다산을 상징하는 마트료시카를 선물용으로 샀다. 작은 인형 5~6개가 차례로 나오는 마트료시카는 러시아의 민속공예품으로 일명 '알까기 인형'이라고도 한다.

여행이 끝난다. 숙소에서 짐을 찾아 밤 11시 55분 모스크바행 야간열차를 탔다. 인천공항을 떠날 때 아기였던 손자는 제법 어른스러운 표정으로 자기 여권과 비행기표를 챙긴다. 출국 수속을 마치고 출국장으로 이동하며 손자는 놀이방을 발견하고 달려간다. 여행을 시작하던 날 환승을 기다리며 놀던 놀이방이다. 손자는 자신감 있게 아이들과 놀이를 한다. 부쩍 자란 모습이다.

Epilogue

세상사 공짜는 없다!

조간신문을 읽던 남편이 "이것 좀 봐! 세계인이 찾고 싶어 하는 10곳의 여행지를 우리는 다 다녀왔어!"라며 흥분된 목소리로 말했다. 아침 식사를 준비하던 나는 "그게 누구 덕인데…" 순간 울컥함이 치밀어 남편 기분에 동조할 수가 없었다.

20여 년 전 남편은 극기 훈련과 같은 배낭여행에 시간을 낼 수 없다고 투덜대고, 어렵사리 떠난 여행지에서 서로의 의견 차이로 다투기 일쑤였다. 여행을 통해 나를 돌아보며 중년기의 아픔에서 헤어나려 어려운 상황에서 시작한 여행이었다.

자식들이 한창 공부하는 시기라 한 푼 두 푼 모아 경비를 마련하고, 교사였기에 방학 시작 전 일직과 업무 등을 미리 처리하고 연수 결재를 받아야 했다. '조금만 내 뜻을 이해하고 도와주었으면…' 하는 간절한 내 바람은 번번이 남편에게 통하지 않았다.

그렇게 시작한 여행이 어언 25년이란 세월이 흘렀다. 남들처럼 홀가분하게 떠나 여가를 즐긴 여행이 아니다. 우리나라의 오지와 국토를 순례하고 세계의 오지를 찾고 각 대륙의 유명한 산과 명승지, 도시를 찾다 보니 세계인이 원하는 곳을 두루 다니게 된 것이다. 남편의 흥분된 목소리는 지난날 가슴에 맺힌 간절한 내 바람을 떠오르게 했다. 이 기회에 그 감정을 풀어야겠다고 생각했는데 남편은 더 이상 말이 없다. 아둔한 내 한계만 내보인 것 같아 무안했다.

며칠 후 북한산에 올랐다. 정상에서 땀을 닦던 남편은 "고맙다는 말을 하려고 했는데 의외의 반응에 말문이 막혔다"며 조용히 그날 아침 일을 꺼낸다. 나 또한 꼭 한 번은 하고 싶은 말이었기에 쉽게 나왔다며 솔직히 사과했다. 서로가 무엇을 말하고자 하는지 짐작으로 안다. 되돌아보면 벽에 부딪친 답답함에도 굴하지 않고 계속 여행을 할 수 있었던 것은 남편의 동조와 협동이 있었기에 가능했다. 때로는 위기 상황을 모면하고 '우리는 환상의 여행 콤비'라 자찬하고, 숨은 비경을 찾아 감탄했으며, 예상하지 못한 곳에서 교민을 만나 그들의 굴곡진 인생살이 이야기를 함께 들으며 밤을 지새우기도 했다. 여행은 마약과 같아서 '또다시!' 용기와 도전으로 한 여행은 우리 부부의 삶에 큰 획을 그었다.

남편은 70일간 유럽 여행을 다녀온 후 유럽 문화 전반에 관심을 갖고 공부를 한다. 그리고 지난 여행을 정리하여 인터넷에 올려 다른 사람들에게 정보를 제공하는 데 재미를 붙인다. 소통의 장에 보람을 갖는 남편은 "벌써 많은 사람들이 읽었다"며 매일 신이 난다. 나 또한 TV 여행 프로그램에서 내가 다녀온 곳을 방영하면 그곳 바람과 햇살, 만났던 사람들을 떠올리고 그날의 감정을 되살려 그 시절에 젖어 살고 있다. 여행에서 보고 느끼며 알게 된 사실은 우리 부부의 삶에 활력을 준다. 세상사 공짜는 없다!

이 이치는 어린 손자에게도 적용됨을 본다. 손자의 관점에서 배려한다고 해도 70일간의 여행은 어린 손자 입장에서는 힘겨운 일이다. 나는 평소 생활하는 집에서 누릴 수 있는 편안함보다 새로운 것을 보고 즐기는 체험에 초점을 두는 여행을 한다. 신나는 거리 공연에 함께 춤도 추고, 걸으면서 그곳 자연을 접하고, 현지인의 삶 속에 들어가 그들과 정을 나눈다. 그 과정에서 자유와 여유를 맛보며 '돌아가 열심히 살아야지!' 힘을 얻는다. 손자와의 70일간 여행도 이런 패턴에서 크게 벗어나지 않았다. 결코 쉽지 않은 내 배낭여행을 손자는 거뜬히 했다. 힘들다 칭얼거리지 않고 신기하게도 하루가 다르게 여행 일정에 적응하며 나에게 힘을 주었다. 손자는 여행의 걸림돌이 아닌 뜻 맞는 여행파트너가 되었다. 여행을 다녀온 후 장난감 레고를 쌓아놓고 "이것은 에펠 탑이다" 하며 좋아하고 "나는 런던아이가 재미있었어!"라고 말한다. 또 나름대로 인상 깊었던 곳을 떠올려 즐거웠던 순간을 이야기한다. '어린것이 무엇을 알아서'가 아니다. 어리기에 첫 경험이 더 강하게 각인된다. 종종 사진과 비디오를 보여주며 여행지의 그날 일을 소재 삼아 손자와 이야기를 나눈다. 한창 언어가 발달하는 시기라 여행에서 겪었던 일들을 떠올려 생각하고 말하는 손자에게 여행은 아주 값진 경험이 되었다.

손자는 "또 여행을 가자!"고 한다. 친구들과 노는 유치원의 일상을 떠난 여행의 맛을 조금은 아는 듯하다. 훗날 성장한 손자가 배낭을 메고 훌쩍 떠난 여행지에서 자신의 내면을 만날 수 있기를 나는 기대한다. 32개월 된 손자와 함께한 여행의 가치는 우리 부부가 20년 넘게 다니며 구경한 세계 10대 비경에 비길 만하다.

나는 여행 일기를 바탕으로 손자에게 남겨줄 책을 만들기로 했다. 정리를 하다보니 70일간의 여행은 내 70평생을 돌아보게 한다. 내가 키운 딸이 엄마가 되어 여행지에서 제 자식을 돌보는 모습에서 나는 내 젊은 시절을 보았다. 보육시설이 전무하고 도와주는 이 없이 1970년대 교사로 자식 셋을 키운 어려움과 부모로서 놓친 회한을 담담하게 떠올릴 수 있었다. 손자의 재롱은 내 자식이 안겨준 희열의 순간을 되씹어 보게 했다. 그리고 청춘을 보낸 교단에서 겪은 시행착오와 즐겁고 보람된 일들을 음미하고, 남편과 아웅다웅 살아온 인생길을 더듬으며 오랫동안 해온 배낭여행의 장단점을 짚어 새로운 여행 계획을 세우게 한다.

더하여 작은 욕심이 생겼다. 나는 국민소득 100달러가 안 되던 어려운 시절에 자라서 2만 5000달러가 넘는 풍요로운 현재를 살고 있다. 내 삶을 들여다본다면 '저렇게 살지 말아야지!' 하며 지혜로운 삶이 어떤 것인지 역으로 알게 되지 않을까? 몰라서 놓치고 욕심으로 그르치며 자식을 어렵게 키운 나를 거울삼는다면 부모의 역할과 의무 그리고 책임이 무엇인지 깨닫게 될 것이다. 작은 야산도 숨차게 고개를 올라야 정상에 선다. 하물며 긴 인생길에 크고 작은 사연의 고비가 없겠는가. 이 또한 울고 웃으며 넘어야 하는 우리네 인생살이의 양념임을 말하고 싶다.

책 정리를 마치며, 어려서부터 직장일로 바쁜 나를 돕고 방학 때마다 여행을 떠날 수 있도록 집안일을 맡아 수고한 딸에게 고맙다는 말을 꼭 하고 싶다. 든든한 지원자로 이번 70일간의 유럽 여행 가이드까지 잘 해주어 우리 부부의 세계 일주라는 꿈을 이루게 해주었다. 그리고 언제나 걱정 말고 여행을 잘 다녀오라며 적극적으로 도와준 두 아들이다. 엄마인 내 욕심으로 아들은 지닌 재능을 제대로 발휘하지 못하고 힘들게 살면서도 원망하지 않아 미안하고 빚진 기분임을 밝히고 싶다.

끝으로 서투른 글을 책으로 만들어보자며 용기를 준 푸른길 출판사 사장님을 위시하여 수고하신 분들께 진심으로 감사를 드린다.

손자를 위해 떠난 70일간의 유럽 배낭여행

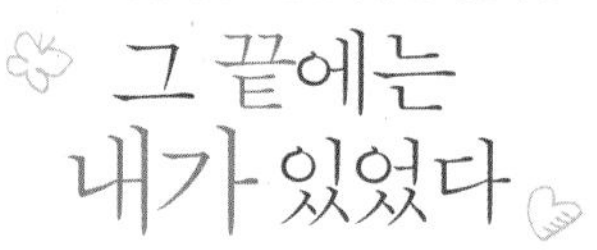

초판 1쇄 발행 **2016년 5월 19일**

지은이 **이점우**

펴낸이 **김선기**
펴낸곳 (주)푸른길
출판등록 1996년 4월 12일 제16-1292호
주소 (08377) 서울특별시 구로구 디지털로 33길 48 대륭포스트타워 7차 1008호
전화 02-523-2907, 6942-9570~2
팩스 02-523-2951
이메일 purungilbook@naver.com
홈페이지 www.purungil.co.kr

ISBN 978-89-6291-351-4 03980

• 이 도서의 국립중앙도서관 출판시도서목록(CIP)은 서지정보유통지원시스템 홈페이지(http://seoji.nl.go.kr)와 국가자료공동목록시스템(http://www.nl.go.kr/kolisnet)에서 이용하실 수 있습니다.(CIP제어번호 : CIP2016010949)